提升专业服务产业发展能力
高 职 高 专 系 列 教 材

水文信息采集与处理

主　编　张　峰
副主编　曹云玲
参　编　高建峰　于　玲　李宗尧
主　审　胡余忠

U0246418

合肥工业大学出版社

内容提要

本书主要介绍水文测验、水文资料整编和水文测报自动化的基本概念、原理与方法,共分 10 个项目,内容包括水文测站与站网、降水观测及数据处理、蒸发观测、水位观测及数据处理、流量测验及数据处理、泥沙测验及数据处理、土壤墒情监测、地下水监测及数据处理、误差分析和水文自动测报系统等。各项目附有学习目标、重点难点、思考与练习题,书末附有"国标"及"规范"部分符号对照表等。本书可作为高等职业院校水文与水资源专业及水利类相关专业的教材,也可供广大从事水文工作的技术人员参考使用。

图书在版编目(CIP)数据

水文信息采集与处理/张峰主编. —合肥:合肥工业大学出版社,2013.7

高职高专城市水利专业系列教材

ISBN 978 - 7 - 5650 - 1426 - 0

I. ①水… II. ①张… III. ①信息技术—应用—水文学—高等职业教育—教材 IV. ①P33 - 39

中国版本图书馆 CIP 数据核字(2013)第 146499 号

水文信息采集与处理

主编 张 峰   责任编辑 陆向军

出 版	合肥工业大学出版社	版 次	2013 年 7 月第 1 版
地 址	合肥市屯溪路 193 号	印 次	2013 年 7 月第 1 次印刷
邮 编	230009	开 本	787 毫米×1092 毫米 1/16
电 话	综合编辑部:0551 - 62903028	印 张	13.25
	市场营销部:0551 - 62903198	字 数	320 千字
网 址	www.hfutpress.com.cn	印 刷	安徽省瑞隆印务有限公司
E-mail	hfutpress@163.com	发 行	全国新华书店

ISBN 978 - 7 - 5650 - 1426 - 0   定价: 26.00 元

如果有影响阅读的印装质量问题,请与出版社市场营销部联系调换。

前　言

本书是根据《教育部财政部关于支持高等职业学校提升专业服务产业发展能力的通知》(教职成〔2011〕11 号)的安徽省财政支持省属高等职业院校发展项目文件精神和国家对高职高专人才培养的规格要求及高职高专教学特点编写的。为适应高职高专教育教学改革的需要，强调必须够用为度，突出实践应用能力，针对目前在校学生的学习现状以及当前的就业形势，从拓展学生知识面，一专多能，不拘泥于本专业发展出发，将水文测验、水文资料整编和水文测报自动化等三门专业课程按照简明、整体观点统一编写。

本书在总结以往的教学经验和实践单位一线工作需要的基础上，根据水文与水资源专业的教学计划要求，按照《水文信息采集与处理》课程教学大纲编写而成。全书分 10 个项目，包括水文测站与站网、降水观测及数据处理、蒸发观测、水位观测及数据处理、流量测验及数据处理、泥沙测验及数据处理、土壤墒情监测、地下水监测及数据处理、误差分析和水文自动测报系统等。

本书由安徽水利水电职业技术学院张峰老师担任主编和统稿，并编写项目 5 流量测验及数据处理和项目 10 水文自动测报系统；安徽水利水电职业技术学院曹云玲老师任副主编，编写项目 3 蒸发观测和项目 4 水位观测及数据处理；安徽水利水电职业技术学院于玲老师编写项目 1 水文测站与站网和项目 2 降水观测及数据处理；安徽水利水电职业技术学院李宗尧老师编写项目 6 泥沙测验及数据处理和项目 9 误差分析；安徽水利水电职业技术学院高建峰老师编写项目 7 土壤墒情监测和项目 8 地下水监测及数据处理。

本书由安徽省水文局胡余忠教授级高级工程师担任主审，并提出了宝贵的意见和建议，在编写过程中得到了各有关单位领导及老师们的大力支持，在此致以衷心的感谢。

编者谨向本书的参考文献的作者表示衷心的感谢。

本书可作为高等职业院校水文与水资源专业及水利类相关专业的教材，也可供广大从事水文工作的技术人员参考使用。

由于编者水平有限，加之时间仓促，书中错误和不足之处在所难免，恳请专家和读者批评指正，以便今后改进。

编　者
2013 年 7 月

目　　录

项目 1　水文测站与站网

学习目标：

　　1. 了解水文信息采集与处理的具体任务；

　　2. 掌握水文测站、水文站网的定义、分类及其他相关概念；

　　3. 了解采集水文信息的基本途径；

　　4. 了解水文站网规划的概念，掌握水文站网布设的原则；

　　5. 掌握水文测站设立的方法。

重点难点：

　　1. 水文站网规划技术；

　　2. 水文测站设立的方法。

1.1　水文测站

1.1.1　定义

　　水文信息采集与处理是研究各种水文要素的测量、计算与资料整编原理和方法的一门学科，或者是研究水文信息采集、处理、存储与检索的一门学科。其目的是为一个国家的水资源及水环境的开发、利用、评价、管理等提供依据。

　　水文信息采集与处理的具体任务包括：(1) 水文站网规划与测站设立的理论与方法；(2) 各种水文要素的观测技术；(3) 各种观测数据的处理技术；(4) 误差分析理论与方法；(5) 水文调查方法；(6) 现代水文自动测报系统的组成与功能等。

　　水文测站是指在流域内一定地点(或断面)按统一标准对指定的水文要素进行系统、规范的观测以获取所需水文信息而设立的观测场所。

　　如图 1-1 所示是淮河蚌埠段的一个水文测站水位自记井。

图 1-1　淮河蚌埠段的一个水文测站水位自记井

1.1.2 水文测站的分类

水文测站是为经常收集水文数据而在河、渠、湖、库上或流域内设立的各种水文观测场所的总称。按观测的方式分为:(1)人工观测站;(2)自动监测站;(3)遥感遥测站;(4)卫星监测站。按所观测的项目分为水位、流量、泥沙、降水、蒸发、水温、冰凌、水质、地下水位等。只观测上述项目中的一项或少数几项的测站,按其主要观测项目分别称为水位站、流量站(也称水文站)、雨量站、蒸发站等。

若根据测站性质划分,水文测站又可分为基本站、专用站两大类。基本站是水文主管部门为掌握全国各地的水文情况而设立的,是为国民经济各方面的需要服务的。专用站是为某种专门目的或用途由各部门自行设立的。这两类测站是相辅相成的,专用站在面上辅助基本站,而基本站在时间系列上辅助了专用站。

1.1.3 采集水文信息的基本途径

1. 驻测

在河流或流域内的固定点上对水文要素所进行的观测,这是我国收集水文信息的最基本方式,缺点是用人多、站点不足、效益低等。

2. 巡测

观测人员以巡回流动的方式定期或不定期地对一地区或流域内各观测点进行流量等水文要素的观测,缺点是增加了漏测的可能性。

3. 间测

中小河流水文站有 10 年以上资料分析证明其历年水位流量关系稳定,或其变化在允许误差范围内,是对其中一要素(如流量)停测一时期再施测的测停相间的测验方式。停测期间,其值由另一要素(水位)的实测值来推算,缺点是适用面窄。

4. 水文调查

为弥补水文基本站网定位观测的不足或其他特定目的,采用勘测、调查、考证等手段进行水文信息收集的工作,缺点是准确度不如实测信息高。

1.2 水文站网

1.2.1 定义

水文测站在地理上的分布网称为水文站网。广义的水文站网是指水文测站及其管理机构所组成的水文信息采集与处理体系。水文测站设立的数目与当时当地经济发展情况有关。如何以最少站数来控制广大地区水文要素的变化,这与水文测站布设位置是否恰当有着密切关系。

1.2.2 水文站网分类

(1)按测验项目分类。水文站网分为水位站网、流量站网、雨量站网、蒸发站网、泥沙站网、地下水观测井网以及实验站网等。

（2）按经办单位分类。站网分为国家站网、群众站网。

（3）按测站性质分类。站网分为基本站网、专用站网。

基本站网是综合国家经济各方面需要,由国家统一规划建立的。要求以最经济的测站数目,能达到内插任何地点的特征值为目的。基本站网中,站与站之间有密切的联系,一个站的站址变动会影响到邻近测站的布局。因此,一旦基本站网建立了,再变动站址就应慎重考虑。要提交变动论据,必须经流域、省或区相应部门领导机关审定。基本站的工作应根据颁布的各类测验技术规程进行观测、测验,获取数据必须统一整编刊印或以其他方式长期存储。

按水文基本站网的性质和任务,又分为控制站、区域代表站、小河站和实验站。1）控制站是为探索特征值及其沿河长的变化规律和防汛需要而在大河上布设的测站;2）区域代表站是为探索中等河流水文特征地区规律而在有代表性的中等河流上布设的水文站,用以解决中等河流水文资料在地区上的移用问题;3）小河站是为探索各种下垫面条件下的小河径流变化规律而在有代表性的小河流上布设的水文测站,用以解决小河水文资料在地区上的移用问题;4）实验站是为对某种水文现象的变化过程或某些水体进行全面深入的实验研究而设立的一个或一组水文测站,如径流实验站、蒸发实验站、水库湖泊实验站、河床演变实验站、沼泽实验站、河口实验站、水土流失实验站、雨量站网密度实验站等。

专用站网是为科学研究、工程建设、管理运用等特定目的而设立的,它的观测项目、要求及测站的撤销与转移,依设站目的而定,可由该部门自行规定。

基本站网与专用站网,它们的作用是相辅相成的。专用站在面上补充基本站,而基本站在时间系列上辅助专用站。群众站网主要是雨量站,它是对国家站网的补充,对及时指导当地生产建设、防汛抗旱起积极作用。

1.2.3　水文站网规划

水文站网规划就是将水文测站按照一定的科学原则布设在流域的合适位置上。水文站网布设后可以把水文测站有机地联系起来,使水文测站发挥出比孤立存在时更大的作用。通过所设水文站网采集到的水文信息经过整理分析后,达到可以内插流域内任何地点水文要素的特征值。水文站网规划的任务是研究水文测站在地区上分布的科学性、合理性、最优化等问题。

1. 基本流量站网的布设原则

（1）线的布设。沿大河干流每隔适当距离就布设一个测站,站间距离应满足沿河长内插径流特征值的精度要求以及沿河长发布水文情报、预报的需要,如图 1-2 所示。适用于流域面积不小于 5 000 km²（南方为 3 000 km²）的大河干流。测站布设要上游稀下游密,在河流水量最大处或沿河长水量有显著变化的地方（如河流下游、在入汇口处等）要设站。

（2）区域的布设。根据气候、下垫面等自然地理因素进行水文分区,在分区内选择有代表性的流域布设测站。利用这些站的资料可以进行相似河流的水文计算,而不必在每条中小河流布站。适用于流域面积为 200 ～ 5 000 km²（南方为 3 000 km²）的中等河流。在测站布设时,应注意以下事项:

1）流域面积对水文特征值影响很大,一般要按不同面积分级布站。

2）区域原则主要是控制水文特征值在面上的变化,布站在面上要分布均匀。

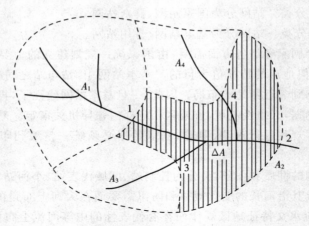

图 1-2　线的布设原则示意图

3）布站在高度上要分布均匀。

4）考虑土壤、植被等对产流的影响，流域形状、坡度对河道汇流的影响。

（3）分类原则。对流域面积小于 200 km² 的小河流，按下垫面分类原则来布站，即按自然地理条件如湿润地区、沙漠、黄土高原等划分大区；按植被、土壤、地质、河床质组成等下垫面因素进行分类；同一类型按流域面积大小分级，并考虑流域坡度、形状等因素进行布站。在布站的数量上，以能妥善确定产流汇流参数的要求为准。由此原则布设的小河流所搜集的资料，可以应用到相似的、无水文资料的小流域上。

2. 基本水位站网布设原则

在水文测验中，水位往往是用于推求流量的工具，大多数流量站，都有水位观测。因此，流量站网的基本水尺，是水位站网的组成部分。

在大河干流、水库湖泊上布设水位站网，主要用以控制水位的转折变化。以满足内插精度要求、相邻站之间的水位落差不被观测误差所淹没为原则，确定布站数目的上限和下限。其设站位置，可按下述原则选择：

（1）满足防汛抗旱、分洪滞洪、引水排水、水利工程或交通运输工程的管理运用等需要。

（2）满足江河沿线任何地点推算水位的需要。

（3）尽量与流量站的基本水尺相结合。

3. 基本泥沙站网布设原则

在泥沙站网上进行测验，是为流域规划、水库闸坝设计、防洪与河道整治、灌溉放淤、城市供水、水利工程的管理运用、水土保持效益的估计、探索泥沙对污染物的解吸与迁移作用以及有关的科学研究，提供基本资料。

泥沙站也分为大河控制站、区域代表站和小河站。

大河控制站以控制多年平均输沙量的沿程变化为主要目标，按直线原则确定布站数量，并选择相应的流量站观测泥沙。

区域代表站和小河站，以控制输沙模数的空间分布，按一定精度标准内插任一地点的输沙模数为主要目标，采用与流量站网布设相类似的区域原则，确定布站数量；同时，考虑河流代表性，面上分布均匀，不遗漏输沙模数的高值区和低值区，选择相应的流量站，观测泥沙。

1.3　水文测站的设立

在水文站网规划工作中,仅能粗略定出水文测站的位置。要把水文测站具体设立起来进行观测,还必须经过查勘,选择测验河段,布设观测断面和各种观测设施。

1.3.1　测验河段选择

对水文观测现场的作业和观测成果,具有显著影响控制作用的河段,称为测验河段。选择测验河段,应遵循以下原则:

(1) 满足设站目的的要求。

(2) 稀遇洪水和枯水季节,均能测得所要信息。

(3) 在保证工作安全和测验精度的前提下,尽可能有利于简化水文信息要素的观测和观测数据的整理分析工作。如具体对水文测站来说,就是要求测站的水位与流量之间呈良好的稳定关系(单一关系),从而可由水位过程推求出流量过程,大大减轻流量测验及资料整编的工作量。为此,要求水文站具有良好的测站控制。

(4) 交通方便,测站易于到达。

如水文测站选择一般考虑以下几个方面:

1) 平原河流。应尽量选择河道顺直、匀整、稳定的河段,其顺直长度应不小于洪水时主横河宽的 3～5 倍,以保证比降一致。河段最好是窄深的单式断面,并尽可能避开不稳定的沙洲和冲淤变化过大的断面。河段内应不易生长水草,不受变动回水影响。目的是尽量保证测验河段内,其断面、糙率、比降保持稳定。

2) 山区河流。应选在石梁、急滩、卡口、弯道的上游附近规整的河段上,避开乱石阻塞、斜流、分流影响处。石梁、急滩,一般在中、低水起控制作用,高水时失去控制;而卡口、急弯则在高水时起控制作用。在选择断面控制时,应综合考虑。

3) 其他因素。避开受人为干扰的码头、渡口等处。对北方河流还应尽量避开易发生冰坝、冰塞的河段。选择测验河段还应尽可能靠近居民点。

1.3.2　测站控制

天然河道中水文现象是十分复杂的,水位流量的关系在许多情况下是不稳定的。这是因为流量不仅随水位的变化而变化,它还受比降、河床糙率、水力因素的影响。而在同一水位下,这些水力因素往往又是变化的。因此,表现出水位流量关系的复杂性。但我们在天然河道中还能够找到一些河段,其水力因素在同一水位下保持不变或虽有变化但可以相互补偿,随水位的变化而变化,从而保持单一性。

假如在测站附近(通常在其下游)有一段河槽,其水力特性能够使得测站的水位流量关系保持单一关系,则这个断面或河段便称为测站控制。如测站控制作用发生在一个横断面上,则称为断面控制。如测站控制作用靠一段河槽的底坡、糙率、断面形状等因素的共同作用来实现,称为河槽控制。很显然,我们选择测站最好能设在形成测站控制的地点或其上游附近。

1. 断面控制

在天然河道中，由于地质或人工的原因，造成河段中局部地形突起，如石梁、卡口等，使得水面曲线发生明显转折，形成临界流，出现临界水深 h_k，从而构成断面控制（图1-3）。

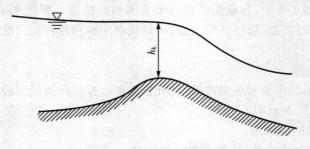

图1-3　低水断面控制示意图

由水力学得知，产生临界流处，弗劳德数 $F_r = 1$，即

$$F_r = \frac{V_k^2}{gh_k} = 1$$

$$V_k = \sqrt{gh_k}$$

设临界水深处河道横断面为矩形断面，断面面积 $A = Bh_k$，则临界流量为

$$Q_k = AV_k = A\sqrt{gh_k} = (B\sqrt{g})h_k^{3/2}$$

式中：B 为矩形河道横断面宽度，m；h_k 为临界水深，m；V_k 为临界流速，m/s。

石梁无冲淤，所以，临界水深 h_k 随临界水位 Z_k 而变，故 Q 为

$$Q = f(h_k) = f(Z_k) \tag{1-1}$$

式（1-1）表明，在石梁处，流量仅是水位的函数。因此，水位流量关系呈单一关系。

必须指出，由于石梁、急滩等都是靠河槽特殊地形产生临界流来维持水位流量关系为单一关系的，一旦临界流条件消失，则它们的控制作用也随之消失。所以，低水时有控制作用，高水时则不然。卡口、弯道及堰坝等在高水时，也能造成水面曲线的转折，产生临界流，从而形成测站控制作用。

由此可见，选择水文测站，最理想的是选在高水、低水都有测站控制的河段上。

那么，为什么测流断面不设在控制断面上或其下游，而设在其上游附近呢？这是因为在断面控制处，水面纵坡较陡，流速大，测深测速都不方便，且误差较大，也不安全；而其下游则没有控制作用。所以，测验河段通常选在其上游附近。

2. 河槽控制

当水位流量关系要靠一段河槽所发生的阻力作用来控制，如该河段的底坡、断面形状、糙率等因素比较稳定，则水位流量关系也比较稳定。这就属于河槽控制。

天然河道中的水流近似为缓变不均匀流，其平均流速为

$$\overline{V} = \frac{1}{n}R^{2/3}S_e^{1/2}$$

式中:n 为糙率;R 为水力半径,m,$R = \dfrac{A}{P}$,对宽浅河道,有:$R \approx \overline{h}$,$\overline{h}$ 为断面平均水深;A 为河道过水断面面积,m²;P 为河道过水断面湿周长,m;S_e 为能面比降,对缓变不均匀流,可用水面比降 S 代替。

于是,通过断面的流量为

$$Q = AV = A\,\frac{1}{n}R^{2/3}S_e^{1/2} = f_1(A,n,\overline{h},S) = f(\Omega,n,Z,S) \tag{1-2}$$

要使式(1-2)最终能够成为 $Q = f(Z)$,必须具备下列条件之一:

(1) 同一 Z 时,断面因素、糙率、水面比降均不变。

(2) 同一 Z 时,断面因素、糙率、水面比降均变化,但对流量的影响作用恰好互相补偿。

具备上述条件而产生河槽控制作用的河段必须有相当长的顺直河段,河床稳定,不生水草,不受变动回水影响等。

1.3.3　测验河段勘测调查

选择测验河段后,应进行现场勘测调查。为了能充分了解河道情况和测量工作的方便,查勘工作最好在枯水期进行。勘测调查工作的主要内容有以下几个:

1. 勘测前的准备工作

明确设站的目的任务,查阅有关文件资料,尤其是有关地形图、水准点、洪水情况等,确定勘测内容与调查大纲,制订工作计划,然后到现场调查。

为全面了解河道概况,对测验河段进行现场调查,调查内容包括以下几点:

(1) 河流控制情况的调查。了解测站控制情况,控制断面位置,顺直河段长度,漫滩宽度,分流串沟等情况。

(2) 河流水情的调查。了解历年最高、最低水位情况,估算最大流量、最小流量;了解变动回水的起源和影响范围、时间,估算变动回水向上游传播的距离;调查沙情、水草生长情况和冰凌情况。

(3) 河床组成,河道的变迁及冲淤情况的调查。

(4) 流域自然地理情况、水利工程、测站工作条件的调查。

2. 野外测量

在勘测中,应进行简易地形测量、大断面测量、流向测量、瞬时水面纵比降测量等工作。

3. 编写勘测报告

把调查的情况及测量出的成果分析整理,提出意见,为选择站址提供依据。

1.3.4　水文测站设立

测站设立就是在测验河段埋设水准点,并引测其高程;测量并绘制河段地形图和水流平面图;确定断面布设方向;布设测验断面、基线、高程基点、各种测量标志;设立水位观测设备、测流渡河设备等,如图 1-4 所示。

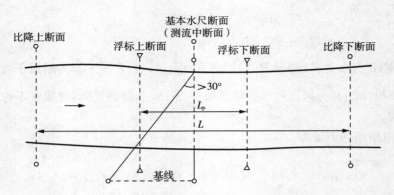

图 1-4　水文测站基线、断面布设示意图

1. **断面布设**

（1）基本水尺断面。

（2）流速仪测流断面。流速仪测流断面应与基本水尺断面重合，且与断面平均流向垂直。若不能重合时，亦不能相距过远。

（3）浮标测流断面。浮标测流断面有上、中、下 3 个断面，一般中断面应与流速仪测流断面重合。上、下断面之间的间距不宜太短，其距离应为断面最大流速的 50 ～ 80 倍。

（4）比降测流断面。比降断面设立比降水尺，用来观测河流的水面比降和分析河床的糙率。上、下比降断面间的河底和水面比降，不应有明显的转折，其间距应使得所测比降的误差能在 ±15% 以内。

2. **基线布设**

在测验河段进行水文测验时，为用测角交会法推求测验垂线在断面上的位置（起点距 L）而在岸上布设的线段，称为基线（图 1-4）。基线宜垂直于测流横断面；基线的起点应在测流断面线上。从测定起点距的精度出发，基线的长度应使测角仪器瞄准测流断面上最远点的方向线与横断面线的夹角不小于 30°（即应使基线长度 L 不小于河宽 B 的 0.6 倍）；在受地形限制的个别情况下，基线长度最短也应使其夹角大于 15°。

基线的长度及丈量误差，都直接影响断面测量精度，间接影响到流沙率、输沙率测验的精度。因此，基线除要求有一定长度外，基线长度的丈量误差不得大于 1/1 500。视河宽 B 而定，一般应为 0.6B。在受地形限制的情况下，基线长度最短也应为 0.3B。基线长度的丈量误差不得大于 1/1 000。

思考与练习题：

1-1　什么是水文测站、水文站网规划？基本流量站网布设的原则是什么？

1-2　水文测验河段选择的原则是什么？

1-3　什么是水文测站控制？测流断面为什么最好要选择在下游有石梁、急滩、卡口、急弯和堰坝的地方？是否能选择在发生临界流的断面上？

1-4　在测验河段上怎样合理布设各种水文断面？依据是什么？

1-5　水文站基线布设的原则是什么？为什么？

1-6　某流域，$A = 7\,500\ km^2$，分为上游山区、中游丘陵区、下游平原区，并有一级支流

A、B、C 三条河流。其中 $A_a = 600\ \text{km}^2$，$A_b = 2\ 500\ \text{km}^2$，$A_c = 1\ 580\ \text{km}^2$，另有二级支流若干条，如下图所示。根据站网布设的规划原则，至少应设几个站？分别设在何处？

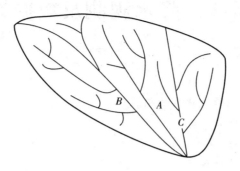

1-7　　在有河槽控制与断面控制时，根据什么理由来选择？（给出推导公式）

项目 2　降水观测及数据处理

学习目标：
1. 了解降水量观测的概念及观测项目；
2. 掌握雨量站的布设方法；
3. 掌握降水观测设备（仪器）及降水量观测方法；
4. 掌握降水量数据处理技术。

重点难点：
1. 降水观测设备及观测方法；
2. 降水量数据处理技术。

2.1　雨量站布设及降水量观测场地

2.1.1　站地布设及场地勘察

降水量观测是水文要素观测的重要组成部分。降水量观测站点的布设是根据各流域的气候、水文特征和自然地理条件所划分成的不同水文分区，在水文分区内布设降水量观测站点。该站点的布设应能控制月、年降水量和暴雨特征值在大范围内的分布规律以及暴雨的时空变化，以满足水资源评估调度及涉水工程规划、洪水和旱情监测预报，降水径流关系的确定等使用要求。

降水量观测站网的布设不能按行政区划进行布设；雨量站网的布设密度按 SL 34—92《水文站网规划技术导则》执行；雨量站应长期稳定；降水量观测资料应进行整编后作为水文年鉴的重要组成内容长期存档；降水量观测场地的查勘工作应由有经验的技术人员进行；查勘前应了解设站目的，收集设站地区自然地理环境、交通和通讯等资料，并结合地形图确定查勘范围，做好查勘设站的各项准备工作。

降水量观测误差受风的影响最大。因此，观测场地应避开强风区，其周围应空旷、平坦、不受突变地形、树木和建筑物以及烟尘的影响。观测场地不能完全避开建筑物、树木等障碍物的影响时，雨量计离开障碍物边缘的距离不应小于障碍物顶部与仪器高差的 2 倍。在山区，观测场不宜设在陡坡上、峡谷内和风口处，应选择相对平坦的场地，使承雨器口至山顶的仰角不大于 30°。难以找到符合上述要求的观测场时，可设置杆式雨量器。杆式雨量器应设置在当地雨期常年盛行风向的障碍物的侧风区，杆位离开障碍物边缘的距离不应小于障碍物高度的 1.5 倍。在多风的高山、出山口、近海岸地区的雨量站，不宜设置杆式雨量器。原有观测场地如受各种建设影响已经不符合要求时，应重新选择。在城镇、人口稠密等地区设置的专用雨量站，观测场选择可适当放宽。

此外,还需进行观测场地查勘。查勘范围为 $2 \sim 3 \, \text{km}^2$。主要内容包括:地貌特征、障碍物分布,河流、湖泊、水工程的分布,地形高差及其平均高程;森林、草地和农作物分布;气候特征、降水和气温的年内变化及其地区分布,初终霜、雪和结冰融冰的大致日期,常年风向风力及狂风暴雨、冰雹等情况,当地河流、村庄名称和交通、邮电通讯条件等。

2.1.2 场地设置

除试验和比测需要外,观测场最多设置两套不同观测设备。仅设一台雨量器(计)时,观测场地面积为 4 m×4 m;同时设置雨量器和自记雨量计时面积为 4 m×6 m;如试验和比测需要、雨量器(计)上加防风圈测雪及设置测雪板、或设置地面雨量器(计)的雨量站,应根据需要或 SD 265—88《水面蒸发观测规范》的规定加大观测场面积。

观测场地应平整,地面种草或作物,其高度不宜超过 20 cm。场地四周设置栏栅防护,场内铺设观测人行小路。栏栅条的疏密以不阻滞空气流通又能削弱通过观测场的风力为准,在多雪地区还应考虑在近地面不致形成雪堆。有条件的地区,可利用灌木防护。栏栅或灌木的高度一般为 $1.2 \sim 1.5 \, \text{m}$,并应常年保持一定的高度。杆式雨量器(计),可在其周围半径 1.0 m 的范围内设置栏栅防护。观测场内的仪器安置要使仪器相互不受影响,观测场内的小路及门的设置方向,要便于进行观测工作。观测场地布置如图 2-1 所示,水面蒸发站的降水量观测仪器按 SD 265—88《水面蒸发观测规范》的要求布置。

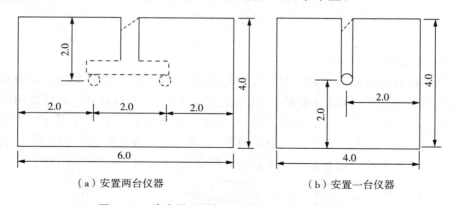

（a）安置两台仪器　　　　　　　（b）安置一台仪器

图 2-1　降水量观测场平面布置示意图(单位:m)

2.1.3 场地保护

在观测场四周按前面规定的障碍物距仪器最小限制距离内,属于保护范围,不应兴建建筑物,不应栽种树木和高秆植物。应保持观测场内平整清洁,经常清除杂物杂草。对有可能积水的场地,应在场地周围开挖窄浅排水沟,以防止场内积水。保持栏栅完整、牢固,定期油漆,及时更换废损的栏栅。

2.1.4 雨量站考证薄的编制

考证薄是雨量站最基本的技术档案,是使用降水量资料必需的考证资料,应在查勘设站任务完成后编制。以后如有变动,应将变动情况及时填入考证薄。考证薄内容包括:测站沿革、观测场地的自然地理环境、平面图、观测仪器、委托观测员的姓名和住址、通讯和交通等。包括考证簿编制一式四份（或三份）和电子文档，分别存本站（委托雨量站可不保存考证簿）、指导站、地区（市）水文领导部门，省（自治区、直辖市）或流域水文领导机关。公历逢"5"的年份，应全面考证雨量站情况，修订考证簿；公历逢"10"的年份也可重新进行考证。雨量站考证内容有变化或迁移时，应随即补充或另行建立考证簿。

2.2　降水观测

2.2.1　降水量

　　降水量是指从云中降落到地面上的液态或固态（经溶化后）降水，未经蒸发、渗透、流失而积聚在水平面上的水层深度，以 mm 为单位，取小数点后一位。为更好地服务于防汛抗旱、水资源管理等，搜集降水的基本资料，称为降水量观测。降水量观测一般包括测记降雨、降雪、降雹的水量，纯雾、露、霜、雾凇、吹雪一般不做降水量处理。必要时，部分测站应测记雪深、冰雹直径、初霜和终霜日期等特殊观测项目。

　　降水量的观测时间以北京时间为准。记起止时间者，观测时间记至 min；不记起止时间者，记至 h。每日降水以北京时间 8 时为日分界，即从昨日 8 时至今日 8 时的降水为昨日降水量。观测员观测所用的钟表或手机的走时误差每 24 h 不应超过 2 min，并应每日与北京时间对时校正。

2.2.2　观测仪器组成与分类

　　降水量观测仪器由传感、测量控制、显示与记录、数据传输和数据处理等部分组成。各种类型的降水量观测仪器，可根据需要，选取上述组成单元，组成具备一定功能的降水量观测仪器。降水量观测仪器按传感原理分类，常用的可分为直接计量（雨量器）（图 2-2）、液柱测量（主要为虹吸式，少数是浮子式）、翻斗测量（单翻斗与多翻斗）等传统仪器，还有采用新技术的光学雨量计和雷达雨量计等。按记录周期分类，可分为日记和长期自记。

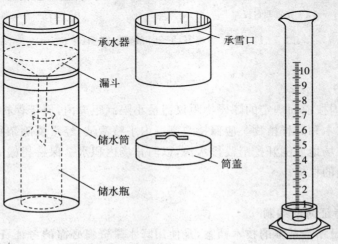

图 2-2　雨量器及量雨杯

其中,雨量器适用于驻守观测的雨量站;虹吸式自记雨量计适用于驻守观测液态降水量;日记型翻斗式自记雨量计适用于驻守观测液态降水量;长期自记型翻斗式自记雨量计适用于驻守和无人驻守的雨量站观测液态降水量,特别适用于边远偏僻地区无人驻守的雨量站观测液态降水量。

2.2.3　雨量器观测降水量

1. 雨量器的构造

雨量器是观测降水量的仪器,它由雨量筒与量杯组成(图 2-2)。雨量筒用来承接降水物,它包括承水器、贮水瓶和外筒。我国采用直径为 20 cm 正圆形承水器,其口缘镶有内直外斜刀刃形的铜圈,以防雨滴溅失和筒口变形。承水器有两种:一种是带漏斗的承雨器,另一种是不带漏斗的承雪器。外筒内放贮水瓶,以收集降水量。量杯为一特制的有刻度的专用量杯,其口径和刻度与雨量筒口径成一定比例关系,量杯有 100 分度,每 1 分度等于雨量筒内水深 0.1 mm(图 2-2)。

2. 雨量器的使用

(1)安装。气象站雨量器安装在观测场内固定架子上。器口保持水平,距地面高 70 cm。冬季积雪较深地区,应备有一个较高的备份架子。当雪深超过 30 cm 时,应把仪器移至备份架子上进行观测。单纯测量降水的站点不宜选择在斜坡或建筑物顶部,应尽量选在避风地方。不要太靠近障碍物,最好将雨量仪器安在低矮灌木丛间的空旷地方。

(2)观测和记录。

1)每天 8:00、20:00 分别量取前 12 h 降水量。观测液体降水时要换取储水瓶,将水倒入量杯,要倒净。将量杯保持垂直,使人的视线与水面齐平,以水凹面为准,读得刻度数即为降水量,记入相应栏内。降水量大时,应分数次量取,求其总和。

2)冬季降雪时,须将承雨器取下,换上承雪口,取走储水器,直接用承雪口和外筒接收降水。观测时,将已有固体降水的外筒,用备份的外筒换下,盖上筒盖后,取回室内,待固体降水融化后,用量杯量取。也可将固体降水连同外筒用专用的台秤称量,称量后应把外筒的重量(或 mm 数)扣除。

3)特殊情况处理。① 在炎热干燥的日子,为防止蒸发,降水停止后,要及时进行观测。② 在降水较大时,应视降水情况增加人工观测次数,以免降水溢出雨量筒,造成记录失真。③ 无降水时,降水量栏空白不填。不足 0.05 mm 的降水量记 0.0。纯雾、露、霜、冰针、雾凇、吹雪的量按无降水处理(吹雪量必须量取,供计算蒸发量用)。出现雪暴时,应观测其降水量。

(3)维护。

1)经常保持雨量器清洁,每次巡视仪器时,注意清除承水器、储水瓶内的昆虫、尘土、树叶等杂物。

2)定期检查雨量器的高度、水平,发现不符合要求时应及时纠正;如外筒有漏水现象,应及时修理或撤换。

3)承水器的刀刃口要保持正圆,避免碰撞变形。

2.2.4　双翻斗式雨量计观测降雨量

1. 工作过程

双翻斗雨量传感器装在室外,主要由承水器(常用口径为 20 cm)、定位螺钉、上翻斗、计量翻斗和计数翻斗等组成(图 2-3)。采集器或记录器(图 2-4)在室内,二者用导线连接,用来遥测并连续采集液体降水量。

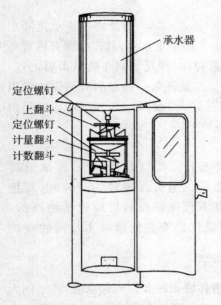

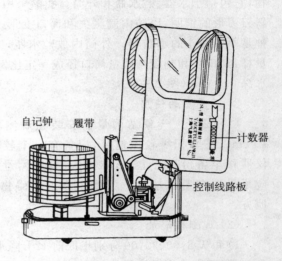

图 2-3　翻斗雨量传感器　　　　　　　　图 2-4　翻斗式遥测雨量计记录器

承雨器收集的降水通过漏斗进入上翻斗,当雨水积到一定量时,由于水本身重力作用使上翻斗翻转,水进入汇集漏斗。降水从汇集漏斗的节流管注入计量翻斗时,就把不同强度的自然降水,调节为比较均匀的降水强度,以减少由于降水强度不同所造成的测量误差。当计量翻斗承受的降水量为 0.1 mm 时(也有的为 0.5 mm 或 1 mm 翻斗),计量翻斗把降水倾倒到计数翻斗,使计数翻斗翻转一次。计数翻斗在翻转时,与它相关的磁钢对干簧管扫描一次。干簧管因磁化而瞬间闭合一次。这样,降水量每次达到 0.1 mm 时,就送出去一个开关信号,采集器就自动采集存储 0.1 mm 降水量。

2. 安装与检查

先将承水器外筒安在观测场内,底盘用三个螺钉固定在混凝土底座或木桩上,要求安装牢固、器口水平。感应器安在外筒内,注意当上翻斗处于水平位置时,漏斗进水口应对准其中间隔板。最后将电缆线与室内仪器连接,电缆线不能架空,必须走电缆沟(管)。

安装完毕,将清水徐徐注入感应器漏斗,随时观察计数翻斗翻动过程,有无不发信号或多发信号现象。检查室内仪器上是否采集到数据。最后注入定量水(60 ~ 70 mm),如无不发信号或多发信号的现象,且室内仪器的数据与注入水量相符合,说明仪器正常,否则需检修调节。

双翻斗雨量传感器与记录器连接作为连续测量降水量的仪器称为双翻斗雨量计。

3. 记录器

如图 2-4 所示,由计数器、记录笔、自记钟、控制线路板等构成。记录器安在室内台架上。

检查记录器:插上控制线路板,将阻尼油(30 号机油)注满阻尼管,接上电源(交流与直流 12V),用短导线在信号输入端断续进行短接;此时记录、计数应能同时工作。然后装上自记纸,用导线将传感器与记录器连接,把计量与计数翻斗倾于同一侧,将计数器复"0",自记笔调到零位。

4. 观测和记录整理

从计数器上读取降水量,供编发气象报告和服务使用,读数后按回零按钮,将计数器复位。复位后,计数器的五位数必须在一条直线上。自记记录供整理各时降水量及挑选极值用。遇固态降水,凡随降随化的,仍照常读数和记录。否则,应将承水器口加盖,仪器停止使用(在观测簿备注栏注明),待有液体降水时再恢复记录。

(1) 自记纸的更换。

1) 一日内有降水(自记迹线上升)0.1 mm,必须换纸。换纸时有降水,在记录迹线终止和开始的一端均用铅笔画一短垂线,作为时间记号;换纸时无降水,在新自记纸换上前拧动笔位调整旋钮,把笔尖调至"0"线上。

2) 换纸时遇强降雨,若自记纸尚有一部分可继续记录,则可等雨停或雨势转小后再换纸。如估计短时间内雨不会停也不会转小,则可拨开笔尖,转动钟筒,在原自记纸的开始端(此处须无降水记录,或有降水自记迹线不致重叠)对准时间,重新记录。待雨停或转小后,立即换纸。换下的自记纸应注明情况,分别在两天的迹线上标明日期,以免混淆。

3) 一日内无降水时,可不换纸。每天在规定的换纸时间,先作时间记号,再拨开自记笔,旋转钟筒,重新对准时间;放回自记笔,拧动笔位调整旋钮(或按微调按钮),使自记笔上升约 1 mm 的格数,以免每日迹线重叠。无降水时,一张自记纸可连续使用 8~10 d。

仅因有雾、露、霜量使自记迹线上升 ≥ 0.1 mm 时,则不必换纸。但应在自记纸背面备注。换纸其他要求同气压计。

(2) 自记纸的整理。

1) 时间差修正:凡 24 h 内自记钟计时误差达 1 min 或以上时,自记纸均须做时间差修正。修正方法同风的自记纸整理。

2) 按上升迹线计算出两个正点记号间水平分格线实际上升的格数,即为该时降水量。如换纸时有降水,致使换纸时间内的降水量未记录上,这一部分量应作为换纸所在时段里的降水量。没有上升迹线的各时段空白。

3) 降雹时按自记迹线读取各时降水量,但应在自记纸背面注明降雹起止时间(夜间不守班的站,夜间降雹可只注明情况)。

5. 调整与维护

调整:新仪器(包括冬季停用后重新使用或调换新翻斗)工作一个月后的第一次大雨,应作精度对比,即将自身排水量与计数、记录值相比。如发现差值超过 ±4% 时,应首先检查记录器工作是否正常,计数与记录值是否相符,干簧管有无漏发或多发信号现象。如确是由于仪器的基点位置不正确所造成时,应作基点调整。

调整方法:旋动计量翻斗的两个定位螺钉。将一个定位螺钉旋动一圈,其差值改变量为

3% 左右；如两个定位螺钉都往外或往里旋动一圈，其差值改变量为 6% 左右。

如差值 $\left(\dfrac{排水量-记数值}{排水量}\times 100\%\right)$ 是 -2% 时，可将其中的一个定位螺钉往外旋动 2/3 圈。

如差值是 $+6\%$ 时，可将两个定位螺钉都往里旋动一圈。

为使调节位置准确，在松开定位螺帽前，需在定位螺钉上作位置记号。调节好后，需拧紧定位螺帽。每一次降水过程将计数值与自身排水总量比较，如多次发现 10 mm 以上降水量的差值超过 $\pm 4\%$，则应及时进行检查。必要时应调节基点位置。

仪器每月至少定期检查一次，清除过滤网上的尘沙、小虫等以免堵塞管道，特别要注意保持节流管的畅通。无雨或少雨的季节，可将承水器口加盖，但注意在降水前及时打开。翻斗内壁禁止用手或其他物体抹试，以免沾上油污。如用干电池供电，必须定期检查电压。如电压低于 10V，应更换全部电池，以保证仪器正常工作。结冰期长的地区，在初冰前将感应器的承水器口加盖，不必收回室内，并拔掉电源。其他同雨量器。

2.2.5 虹吸式雨量计观测降雨量

1. 构造原理

虹吸式雨量计是用来连续记录液体降水的自记仪器，它由承水器（通常口径为 20 cm）、浮子室、自记钟和虹吸管等组成（图 2-5）。

有降水时，降水从承水器经漏斗进水管引入浮子室。浮子室是一个圆形容器，内装浮子，浮子上固定有直杆与自记笔连接。浮子室外连虹吸管。降水使浮子上升，带动自记笔在钟筒自记纸上画出记录曲线。当自记笔尖升到自记纸刻度的上端（一般为 10 mm），浮子室内的水恰好上升到虹吸管顶端。虹吸管开始迅速排水，使自记笔尖回到刻度"0"线，又重新开始记录。自记曲线的坡度可以表示降水强度。由于虹吸过程中落入雨量计的降水也随之一起排出，因此要求虹吸排水时间尽量快，以减少测量误差。

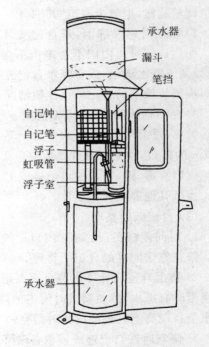

图 2-5 虹吸式雨量计

2. 安装与检查

仪器安装的地方和要求与翻斗式遥测雨量计相同。

内部机件的安装：先将浮子室安好，使进水管刚好在承水器漏斗的下端；再用螺钉将浮子室固定在座板上；将装好自记纸的钟筒套入钟轴；最后把虹吸管插入浮子室的侧管内，用连接螺帽固定，虹吸管下部放入承水器。

开始使用前必须按顺序进行调整检查：

（1）调整零点，往承水器里倒水，直到虹吸管排水为止。待排水完毕，自记笔若不停在自记纸零线上，就要拧松笔杆固定螺钉，把笔尖调至零线再固定好。

(2) 用 10 mm 清水,缓缓注入承水器,注意自记笔尖移动是否灵活;如摩擦太大,要检查浮子顶端的直杆能否自由移动,自记笔右端的导轮或导向卡口是否能顺着支柱自由滑动。

(3) 继续将水注入承水器,检查虹吸管位置是否正确。一般可先将虹吸管位置调高些,待 10 mm 水加完,自记笔尖停留在自记纸 10 mm 刻度线时,拧松固定虹吸管的连接螺帽,将虹吸管轻轻往下插,直到虹吸作用恰好开始为止,再固定好连接螺帽。此后,重复注水和调节几次,务必使虹吸作用开始时自记笔尖指在 10 mm 处,排水完毕时笔尖指在零线上。

3. 观测和记录

自记记录供自动站雨量缺测时,整理各时降水量及挑选极值用。遇固体降水时,处理方法同翻斗式遥测雨量计。

(1) 自记纸的更换。

1) 无降水时,自记纸可连续使用 8～10 d,用加注 1.0 mm 水量的办法来抬高笔位,以免每日迹线重叠。

2) 有降水(自记迹线上升 ≥ 0.1 mm)时,必须换纸。自记记录开始和终止的两端须做时间记号,可轻抬自记笔根部,使笔尖在自记纸上画一短垂线;若记录开始或终止时有降水,则应用铅笔做时间记号。

3) 当自记纸上有降水记录,但换纸时无降水,则在换纸前应做人工吸虹(给承水器注水,产生吸虹),使笔尖回到自记纸"0"线位置。若换纸时正在降水,则不做人工虹吸。

4) 其他同双翻斗式遥测雨量计。

(2) 自记纸的整理。

1) 在降水微小的时候,自记迹线上升缓慢,只有累积量达到 0.05 mm 或以上的那个小时,才计算降水量。其余不足 0.05 mm 的各时栏空白。

2) 其他同翻斗式遥测雨量计。

4. 维护

(1) 在雨季,每月应将承水器内的自然排水进行 1～2 次测量,并将结果记在自记纸背面,以备使用资料时参考。如有较大误差且非自然虹吸所造成,则应设法找出原因,进行调整或修理。

(2) 虹吸管与浮子室侧管连接处应紧密衔接,虹吸管内壁和浮子室内不得黏附油污,以防漏水或漏气而影响正常虹吸。浮子直杆与浮子室顶盖上的直柱应保持清洁,无锈蚀;两者应保持平行,以减小摩擦,避免产生不正常记录。在初结冰前,应把浮子室内的水排尽;冰冻期长的地区,应将内部机件拆回室内保管。

2.3　降水量数据处理

2.3.1　一般规定

审核原始记录,在自记记录的时间误差和降水量误差超过规定时,分别进行时间订正和降水量订正,有故障时进行故障期的降水量处理,统计日、月降水量,在规定期内,按月编制降水量摘录表。用自记记录整理者,在自记记录线上统计和注记按规定摘录期间的时段降水量。

用计算机整编的雨量站,根据计算机整编的规定,进行降水量数据加工整理。测站同时有固态存储器记录和其他形式记录时,如固态存储器记录无故障,则以固态存储器记录为准,固态存储器记录的降水量资料应直接进入计算机整编。

指导站应按月或按长期自记周期进行合理性检查。

(1)对照检查指导区域内各雨量站日、月、年降水量、暴雨期的时段降水量以及不正常的记录线。

(2)同时有蒸发观测的站应与蒸发量进行对照检查。

(3)同时用雨量器与自记雨量计进行对比观测的雨量站,相互校对检查。

按月装订人工观测记载簿和日记型记录纸,降水稀少季节,也可数月合并装订。长期记录纸,按每一自记周期逐日折叠,用厚纸板夹夹住,时段始末之日分别贴在厚纸板夹上。指导站负责编写降水量资料整理说明。

兼用地面雨量器(计)观测的降水量资料,应同时进行整理。资料整理必须坚持随测、随算、随整理、随分析,以便及时发现观测中的差错和不合理记录,及时进行处理、改正,并备注说明。对逐日测记仪器的记录资料,于每日 8 时观测后,随即进行昨日 8 时至今日 8 时的资料整理,月初完成上月的资料整理。对长期自记雨量计或累积雨量器的观测记录,在每次观测更换记录纸或固态存储器后,随即进行资料整理,或将固态存储器的数据进行存盘处理。

各项整理计算分析工作,必须坚持一算两校,即委托雨量站完成原始记录资料的校正,故障处理和说明,统计日、月降水量,并于每月上旬将降水量观测记载簿或记录纸复印或抄录备份,以免丢失,同时将原件用挂号邮寄指导站,由指导站进行一校、二校及合理性检查。独立完成资料整理有困难的委托雨量站,由指导站协助进行。降水量观测记载簿、记录纸及整理成果表中的各项目应填写齐全,不得遗漏,不做记载的项目,一般任其空白。资料如有缺测、插补、可疑、改正、不全或合并时,应加注统一规定的整编符号。各项资料必须保持表面整洁,字迹工整清晰、数据正确,如有影响降水量资料精度或其他特殊情况,应在备注栏说明。

2.3.2　雨量器观测数据处理

有降水之日于 8 时观测完毕后,立即检查观测记载是否正确、齐全。如检查发现问题,应加注统一规定的整编符号。计算日降水量,当某日内任一时段观测的降水量注有降水物或降水整编符号时,则该日降水量也注相应符号。每月初统计填制上月观测记载表的月统计栏各项目。

2.3.3　虹吸式自记雨量计观测数据处理

有降水之日于 8 时观测更换记录纸和量测自然虹吸量或排水量后,立刻检查核算记录雨量误差和计时误差,若超差应进行订正,然后计算日降水量和摘录时段雨量,月末进行月降水量统计。

1 d 内使用机械钟的记录时间误差超过 10 min,且对时段雨量有影响时,进行时间订正。如时差影响暴雨极值和日降水量者,时间误差超过 5 min,即进行时间订正。订正方法:以 20 时、8 时观测注记的时间记号为依据,当记号与自记纸上的相应纵坐标不重合时,算出时差,以两记号间的时间数(以 h 为单位)除以两记号间的时差(以 min 为单位),得每小时的时差数,然后用累积分配的方法订正于需摘录的整点时间上,并用铅笔画出订正后的正点纵坐标线。

下面介绍一下虹吸式雨量计记录雨量的订正。

1. 虹吸量的订正

(1)当自然虹吸雨量大于记录量,且按每次虹吸平均差值达到 0.2 mm,或 1 日内自然虹吸量累积差值大于记录量 2.0 mm 时,应进行虹吸订正。订正方法是将自然虹吸量与相应记录的累积降水量之差值平均(或者按降水强度大小)分配在每次自然虹吸时的降水量内。

(2)自然虹吸雨量不应小于记录量,否则应分析偏小的原因。若偏小不多,可能是蒸发或湿润损失;若偏小较多,应检查储水器是否漏水,或仪器是否有其他故障等。

2. 虹吸记录线进行倾斜订正(倾斜值达到 5 min 时)

(1)以放纸时笔尖所在位置为起点,画平行于横坐标的直线,作为基准线。

(2)通过基准线上正点时间各点,作平行于虹吸线的直线,作为"纵坐标订正线"。基准线起点位置在零线的,如图 2-6、图 2-7 所示;起点位置不在零线的,如图 2-8 所示。

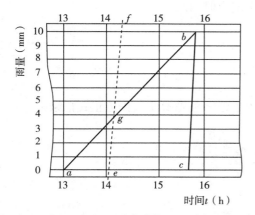

图 2-6 虹吸线倾斜订正示意图
(起点位置在零线,右斜)

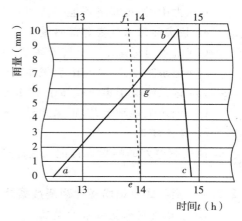

图 2-7 虹吸线倾斜订正示意图
(起点位置在零线,左斜)

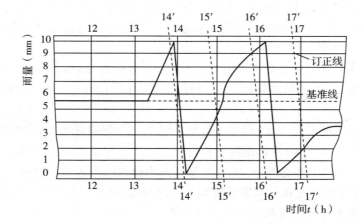

图 2-8 虹吸线倾斜订正示意图(起点位置不在零线)

（3）纵坐标订正线与记录线交点的纵坐标雨量,即所求之值。如在图2-6中要摘录14时正确的雨量读数,则通过基准线14时坐标点,作一直线 ef 平行于虹吸线 bc ,交记录线 ab 于 g 点, g 点纵坐标读数（图中 g 点为3.5 mm）即14时订正后的雨量读数。其他时间的订正值依此类推。

（4）如果遇到虹吸倾斜和时钟快慢同时存在,则先在基准线上做时钟快慢订正（即时间订正）,再通过订正后的正确时间,做虹吸倾斜线的平行线（即纵坐标订正线）,再求订正后的雨量值。

3. 以储水器收集的降水量为准订正

（1）记录线在10 mm处呈水平线并带有波浪状,则此时段记录雨量比实际降水量偏小。

（2）记录线到10 mm或10 mm以上等一段时间后才虹吸,记录线呈平顶状,则从开始平顶处顺趋势延长至与虹吸线上部延长部分相交为止,延长部分的降水量不应大于按储水器水量算得的订正值。

（3）大雨时,记录笔不能很快回到零位,致使一次虹吸时间过长。

4. 按实际记录线查算降水量

（1）虹吸时记录笔不能降至零线,中途上升。

（2）记录笔不到10 mm就发生虹吸。

（3）记录线低于零线或高于10 mm部分。

（4）记录笔跳动上升,记录线呈台阶形,可通过中心绘一条光滑曲线作为正式记录。

5. 器差订正

使用有器差的虹吸式自记雨量计观测时,其记录应进行器差订正。

2.3.4　翻斗式自记雨量计观测数据处理

1. 每日观测雨量记录的整理

当记录降水量与自然排水量之差达 $\pm 2\%$ 且达 ± 0.2 mm,或记录日降水量与自然排水量之差达 ± 2.0 mm,应进行记录量订正。记录量超差,但计数误差在允许范围以内时,可用计数器显示的时段和日降水量数值。如用机械钟,则1 d内使用机械钟的记录时间误差超过10 min,且对时段雨量有影响时,应进行时间校正。若时差影响暴雨极值和日降水量者,时间误差超过5 min,应进行时间校正。

翻斗式雨量计的量测误差随降水强度而变化,有条件的站,可进行试验,建立量测误差与降水强度的关系,作为记录雨量超差时,判断订正时段的依据之一。无试验依据的站,有以下订正方法:

（1）1 d内降水强度变化不大,则将差值按小时平均分配到降水时段内,但订正值不足1个分辨力的小时不予订正,而将订正值累积订正到达1个分辨力的小时内。

（2）1 d内降水强度相差悬殊,一般将差值订正到降水强度大的时段内。

（3）若根据降水期间巡视记录能认定偏差出现时段,则只订正该时段内雨量。

翻斗式自记雨量计降水量观测记录统计见表2-1所列。

每日8时观测后,将量测到的自然排水量填入表2-1(1)栏,然后根据记录纸依序查算表中各项数值,但计数器累计的日降水量,只在记录器发生故障时填入,否则任其空白。若需计数器和记录器记录值进行比较时,将计数器显示的日降水量(或时段显示量的累计值)填入,并计算出相应的订正量。当记录器或计数器出现故障,表中有关各栏记缺测符号,并加备注说明。

表 2-1   年   月   日 8 时至   日 8 时降水量观测记录统计

(1)	自然排水量(储水器内水量)	= mm
(2)	记录纸上查得的日降水量	= mm
(3)	计数器累计的日降水量	= mm
(4)	订正量＝(1)-(2)或(1)-(3)	= mm
(5)	日降水量	= mm
(6)	时钟误差 8 时至 20 时 分 20 时至 8 时 分	
备　注		

2. 长期自记记录资料的整理

在每个自记周期末观测后,应立即检查记录是否连续正常,计算计时误差。若超差,应进行时间订正,然后计算日降水量、摘录时段雨量。统计自记周期内各月降水量。如条件许可,在每场暴雨后应检查记录是否正常,如发现异常,应及时处理,并记录处理时间,以保证后续记录正常。

(1)当计时误差达到或超过每月 10 min,且对日、月雨量有影响时,进行时间订正。当计时出现故障时,不进行时间订正。

(2)订正方法为以自记周期内日数除以周期内时差(以 min 为单位)得每日的时差数,然后从周期开始逐日累计时差达 5 min 之日,即将累计值订正于该日 8 时处,从该日起每日时间订正 5 min,并继续累计时差,至逐日累计值达 10 min 之日起,每日时间订正 10 min,依此类推,直到将自记周期内的时差分配完毕为止。对于划线模拟记录,在记录纸上用铅笔画出订正后的每日 8 时纵坐标线;在需作降水量摘录期间或影响暴雨极值摘录时,时间订正达 5 min 之日,应逐时画出订正后的纵坐标线。对于固态存储器记录,可用电算程序订正。

思考与练习题:

2-1 选择降水量观测场地有哪些具体要求?降水量观测场地如何设置?

2-2 安装雨量仪器的要求有哪些?如何检查和维护雨量仪器?

2-3 液态降水量如何观测?

2-4 虹吸式雨量计记录雨量如何订正?

2-5 如何用日记型自记雨量计观测降水量?

2-6 长期自记雨量计的记录量在什么情况下应进行订正、怎样订正?

项目 3　蒸发观测及数据处理

学习目标：

　　1. 了解蒸发过程；

　　2. 了解影响蒸发的主要影响因素；

　　3. 掌握常用蒸发仪器的使用及蒸发量计算方法；

　　4. 掌握湿度、温度、气压、风等气象要素的观测技术。

重点难点：

　　1. E601B 型蒸发器观测蒸发量；

　　2. 蒸发量的计算方法。

3.1　概　　述

3.1.1　蒸发

　　蒸发是指当温度低于沸点时，从水面、冰面或其他含水物质表面逸出水汽的过程。地球表面的水分如海洋、河川、湖泊、沼泽中的水，植被叶面、枝干截留的水，浸入土壤表层的水等在受热后都会向空中蒸发。水循环的蒸发过程，也应包括植被呼吸时的蒸腾，冰雪表面的升华。蒸发量的大小与近地面层大气的温、湿、风关系密切，下垫面的千差万别则使蒸发问题更为复杂。

　　自然界中蒸发现象颇为复杂，不仅受制于气象条件而且还受制于地理环境的影响。

　　在静止大气中，蒸发速度仅依赖于分子扩散，此时的水分蒸发速度 W 可由下述方程描述

$$W = A\frac{e_s - e}{p} \tag{3-1}$$

　　式（3-1）称为道尔顿定律，它表明蒸发速度与饱和差（$e_s - e$）及分子扩散系数（A）成正比，而与气压 p 成反比。但是在自然条件下，蒸发是发生于湍流大气之中的，影响蒸发速度的主要原因是湍流交换，并非分子扩散。

3.1.2　蒸发的影响因素

　　考虑到自然蒸发的实际情况，影响蒸发速度的主要因子有四个：水源、热源、饱和差、风速与湍流扩散强度。

　　1. 水源

　　没有水源就不可能有蒸发，因此开阔水域、雪面、冰面或潮湿土壤、植被是蒸发产生的基

本条件。在沙漠中,几乎没有蒸发。

2. 热源

蒸发必须消耗热量,在蒸发过程中,如果没有热量供给,蒸发面就会逐渐冷却,从而蒸发面上的水汽压降低,于是蒸发减缓或逐渐停止。因此蒸发速度在很大程度上决定于热量的供给。实际上常以蒸发耗热多少直接表示某地的蒸发速度。以上海为例,如图 3-1 所示,上海夏季和秋季蒸发耗热比较多,亦即蒸发速度比较大,这是因为夏季和秋季上海地区土壤和水的温度比较高,因而有足够多的热源供给蒸发。

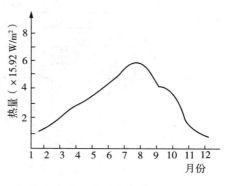

图 3-1　上海蒸发耗热的年变化

3. 饱和差$(e_s - e)$

蒸发速度与饱和差成正比,严格说,此处的 e_s 就由蒸发面的温度算出,但通常以一定气温下的饱和水汽压代替。饱和差愈大,蒸发速度也愈快。

4. 风速与湍流扩散

大气中的水汽垂直输送和水平扩散能加快蒸发速度。无风时,蒸发面上的水汽单靠分子扩散,水汽压减小得慢,饱和差小,因而蒸发缓慢。有风时,湍流加强,蒸发面上的水汽随风和湍流迅速散布到广大的空间,蒸发面上的水汽压减小,饱和差增大,蒸发加快。

除上述基本因子外,大陆上的蒸发还应考虑到土壤的结构、湿度、植被的特性等。海洋上的蒸发还应考虑水中的盐分。

在影响蒸发的因子中,蒸发面的温度通常是起决定作用的因子。由于蒸发面(陆面及水面)的温度有年、日变化,所以蒸发速度也有年、日变化。

3.2　蒸发观测及数据处理

气象站测定的蒸发量是水面蒸发量,它是指一定口径的蒸发器中,在一定时间间隔内因蒸发而失去的水层深度,以 mm 为单位,取小数点后一位。

测量蒸发量的仪器有 E601B 型蒸发器和小型蒸发器。

3.2.1　E601B 型蒸发器观测蒸发量

1. 构造

E601B 型蒸发器由蒸发桶、水圈、溢流桶和测针等组成(图 3-2)。

(1) 蒸发桶。由白色玻璃钢制作,是一个器口面积为 3 000 cm²,有圆锥底的圆柱形桶,器口正圆,口缘为内直外斜的刀刃形。器口向下 6.5 cm 器壁上设置测针座,座上装有水面指示针,用以指示蒸发桶中水面高度。在桶壁上开有溢流孔,孔的外侧装有溢流嘴,用胶管与溢流桶相连通,以承接因降水较大时从蒸发桶内溢出的水量。

(2) 水圈。水圈是安装在蒸发桶外围的环套,材料也是玻璃钢。用以减少太阳辐射及溅水对蒸发的影响。它由四个相同的弧形水槽组成。内外壁高度分别为 13.7 cm 和 15.0 cm。每个

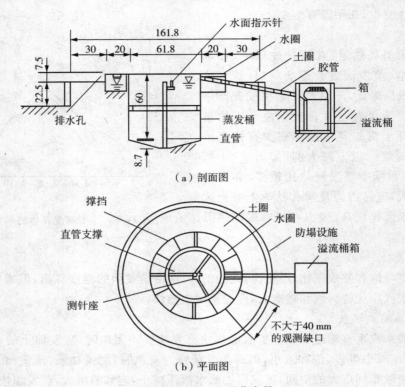

（a）剖面图

（b）平面图

图 3-2   E601B 型蒸发器

水槽的壁上开有排水孔。为防止水槽变形,在内外壁之间的上缘设有撑挡。水圈内的水面应与蒸发桶内的水面接近。

（3）溢流桶。溢流桶是承接因降水较大时而由蒸发桶溢出的水量的圆柱形承水器,可用镀锌铁皮或其他不吸水的材料组成。桶的横截面以 $300 \ cm^2$ 为宜,溢流桶应放置在带盖的套箱内。

（4）测针。测针是专用于测量蒸发器内水面高度的部件,应用螺旋测微器的原理制成（图 3-3）。读数精确到 0.1 mm。测针插杆的杆径与蒸发器上测针座插孔孔径相吻合。测量时使针尖上下移动,对准水面。测针针尖外围还设有静水器,上下调节静水器位置,使底部没入水中。

2. 安装

E601B 型蒸发器安装在观测场内,具体埋设如图 3-3 所示尺寸进行。

安装时,力求少挖动原土。蒸发桶放入坑内,必须使器口离地 30 cm,并保持水平。桶外壁与坑壁间的空隙,应用原土填回捣实。水圈与蒸发桶必须密合。水圈与地面之间,应取与坑中

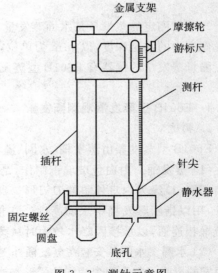

图 3-3   测针示意图

土壤相接近的土料填筑土圈,其高度应低于蒸发桶口缘约 7.5 cm。在土圈外围,还应有防塌设施,可用预制弧形混凝土块拼成,或水泥砌成外围。

3. 观测和记录

每日 20:00 进行观测。观测时先调整测针针尖与水面恰好相接,然后从游标尺上读出水面高度。读数方法:通过游尺零线所对标尺的刻度,即可读出整数;再从游尺刻度线上找出一根与标尺上某一刻度线相吻合的刻度线,游尺上这根刻度线的数字,就是小数读数。

如果由于调整过度,使针尖伸入到水面之下,此时必须将针尖退出水面,重新调好后始能读数。

蒸发量＝前一日水面高度＋降水量(以雨量器观测值为准)－测量时水面高度。

观测后检查蒸发桶内的水面高度,如水面过低或过高,应加水或汲水,使水面高度合适。每次水面调整后,应测量水面高度值,记入观测簿次日蒸发量的"原量"栏,作为次日观测器内水面高度的起算点。如因降水,蒸发器内有水流入溢流桶时,应测出其量(使用量尺或 3 000 cm² 口面积的专用量杯;如使用其他量杯或台秤,则需换算成相当于 3 000 cm² 口面积的量值),并从蒸发量中减去此值。

为使计算蒸发量准确和方便起见,在多雨地区的气象站或多雨季节应增设一个蒸发专用的雨量器。该雨量器只在蒸发量观测的同时进行观测。

有强降水时,通常采取如下措施对 E601B 型蒸发器进行观测:(1)降大到暴雨前,先从蒸发器中取出一定水量,以免降水时溢流桶溢出,计算日蒸发量时将这部分水量扣除掉。(2)预计可能降大到暴雨时,将蒸发桶和专用雨量筒同时盖住(这时蒸发量按"0.0"计算),待雨停或转小后,把蒸发桶和专用雨量筒盖同时打开,继续进行观测。

冬季结冰期很短或偶尔结冰的地区,结冰时可停止观测,各该日蒸发量栏记"B";待某日结冰融化后,测出停测以来的蒸发总量,记在该日蒸发量栏内。但不得跨月、跨年。当月末或年末蒸发器内结有冰盖时,应沿着器壁将冰盖敲离,使之呈自由漂浮状后,仍按非结冰期的要求,测定自由水面高度。

冬季结冰期较长的地区停止观测,整个结冰期改用小型蒸发器观测冰面蒸发,但应将E601B 型蒸发器内的水汲净,以免冻坏。

4. 维护

蒸发器用水的要求:应尽可能用代表当地自然水体(江、河、湖)的水。在取自然水有困难的地区,也可使用饮用水(井水、自来水)。器内水要保持清洁,水面无漂浮物,水中无小虫及悬浮污物,无青苔,水色无显著改变。一般每月换一次水。蒸发器换水时应清洗蒸发桶,换入水的温度应与原有水的温度相接近。

每年在汛期前后(长期稳定封冻的地区,在开始使用前和停止使用后),应各检查一次蒸发器的渗漏情况等。如果发现问题,应进行处理。

定期检查蒸发器的安装情况,如发现高度不准、不水平等,要及时予以纠正。

5. 蒸发自动测量传感器

(1)原理。该传感器由超声波传感器和不锈钢圆筒组成。根据超声波测距原理,选用高精度超声波探头,对 E601B 型蒸发器内水面高度变化进行检测,转换成电信号输出。并配置温度校正部分,以保证在使用温度范围内的测量精度。它的测量范围为 0 ～ 100 mm,分辨率 0.1 mm,测量准确度 ±1.5％(0℃ ～ 50℃)。

(2)安装。该传感器安装在 E601B 型蒸发桶内的专用三角支架上。用 3 个水平调整螺钉将不锈钢筒的底座调整水平,拧紧固定螺钉。应保持不锈钢圆筒最高水位刻度线稍高于蒸发桶溢孔。桶内注水,使水面接近不锈钢筒的最高水位刻度线处。保持水面位于最高和最低刻度线之间。传感器用电缆与采集器相连。

(3)维护。定期检查清洁传感器,发现故障时及时修复。冬季结冰时该仪器不观测,应将传感器取下,妥善保管;解冻后再重新安装使用。若冬季结薄冰的台站,停用传感器,只在 20:00 用测针进行补测。

(4)数据采集与处理。采集器能够采集蒸发桶内水面高度的连续变化,自动计算出每小时和 1 日(20:00 ～ 20:00)的蒸发量(采集器自动把同一时间内降至蒸发器内的降水量减去)。因降水使日蒸发量出现负值时,该日蒸发量按 0 处理。

3.2.2　小型蒸发器观测蒸发量

1. 构造

小型蒸发器为口径 20 cm,高约 10 cm 的金属圆盆,口缘镶有内直外斜的刀刃形铜圈,器旁有一倒水小嘴(图 3-4)。为防止鸟兽饮水,器口附有一个上端向外张开成喇叭状的金属丝网圈。

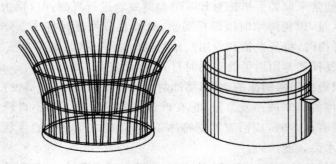

图 3-4　小型蒸发器及蒸发罩

2. 安装

在观测场内的安装地点竖一圆柱,柱顶安一圈架,将蒸发器安放其中。蒸发器口缘保持水平,距地面高度为 70 cm。冬季积雪较深地区的安装同雨量器。

3. 观测和记录

每天 20:00 时进行观测,测量前一天 20:00 时注入的 20 mm 清水(即今日原量)经 24 小时蒸发剩余的水量,记入观测簿余量栏。然后倒掉余量,重新量取 20 mm(干燥地区和干燥季节须量取 30 mm)清水注入蒸发器内,并记入次日原量栏。蒸发量计算式如下:

$$蒸发量＝原量＋降水量－余量$$

有降水时,应取下金属丝网圈;有强降水时,应注意从器内取出一定的水量,以防水溢出。取出的水量及时记入观测簿备注栏,并加在该日的"余量"中。

因降水或其他原因,致使蒸发量为负值时,记"0.0"。蒸发器中的水量全部蒸发完时,按加入的原量值记录,并加">",如"> 20.0"。

如在观测当时正遇降水,在取走蒸发器时,应同时取走专用雨量筒中储水瓶;放回蒸发器时,也同时放回储水瓶。量取的降水量,记入观测簿蒸发量栏中的"降水量"栏内。

没有 E601B 型蒸发器的气象站,全年使用小型蒸发器进行观测;有 E601B 型蒸发器的,且冬季结冰期较长的气象站,停止 E601B 型观测,用小型蒸发器进行冰面蒸发量观测,用称量法测量。两种仪器替换时间应选在结冰开始和化冰季节的月末 20:00 时观测后进行。E601B 型和小型蒸发器测得的蒸发量分别记在"大型"与"小型"栏内。

如结冰期有风沙,在观测时,应先将冰面上积存的尘沙清扫出去,然后称重。称重后须用水再将冻在冰面上的尘沙洗去,再补足 20 mm 水量。

4. 维护

每天观测后均应清洗蒸发器,并换用干净水。冬季结冰期间,可 10 天换一次水。应定期检查蒸发器是否水平,有无漏水现象,并及时纠正。

3.2.3　蒸发量的计算方法

1. 水量平衡法

水量平衡法是基于水量平衡原理的基本思想提出的,即先明确均衡体及各水均衡要素,然后测定或估算各计算时段内除蒸散发外的其他水均衡要素,最后求出水均衡余项蒸散发,该方法也称水均衡法。

$$ET \cdot A = P \cdot A + I - R - D - \Delta S \qquad (3-2)$$

式中:ET 为蒸散发;A 为区域面积;P 为降水;I 为区域外调水;R 为流出区域的地表地下径流;D 为深层渗漏;ΔS 为土壤储水变化量。

2. 蒸渗仪法

蒸渗仪是一种装有土壤和植被的容器,同时测定蒸发和蒸腾。其原理是将蒸渗仪埋设于自然土壤中,并对其土壤水分进行调控来有效地模拟实际的蒸散过程,再通过对蒸渗仪的称重,就可得到蒸散量。这种方法在农田蒸散研究中是最为有效和经济的实测方法。

3. 涡度相关法

涡度相关方法首次由 Swinbank 在 1951 年提出,1961 年 Dyer 做了第一台涡动通量仪。后来经过一系列改进,形成了现在的涡度相关仪。这是一种用特制的涡动通量仪直接测算下垫面显热和潜热的湍流脉动值,而求得蒸散发量的方法。其计算公式为

$$E = -\rho \overline{\omega q} \qquad (3-3)$$

式中:E 为瞬时蒸发值;ρ 为空气密度;$\overline{\omega}$ 为垂直风速脉冲值;q 为湿度的瞬时脉冲值。

4. 红外遥感法

红外遥感法就是利用多时相、多光谱及倾斜角度的遥感资料综合反映出下垫面的几何结构和湿热状况,特别是表面红外温度与其他资料结合起来能够客观地反映出近地层湍流通量大小和下垫面干湿差异,使得遥感方法比常规微气象方法精度高,尤其在区域蒸发计算方面具有明显的优越性。遥感中可见光、近红外光和热红外波段的数据反映了植被覆盖与地表温度的时空分布特征,可用于能量平衡中净辐射、土壤热通量、感热通量组分的计算,1973 年 Brown 和 Rosenbeg 根据热量平衡原理提出了遥感蒸散模式。

3.3　　其他气象要素观测

3.3.1　百叶箱

　　为了避免太阳对温度表直接照射等的影响,测定空气温度和湿度的仪器均安放在百叶箱内。百叶箱是安装温、湿度仪器用的防护设备。它的内外部分应为白色。百叶箱的作用是防止太阳对仪器的直接辐射和地面对仪器的反射辐射,保护仪器免受强风、雨、雪等的影响,并使仪器感应部分有适当的通风,能真实地感应外界空气温度和湿度的变化。

　　百叶箱(图 3-5)通常由木质和玻璃钢两种材料制成,箱壁两排叶片与水平面的夹角约为 45°,呈"人"字形,箱底为中间一块稍高的三块平板,箱顶为两层平板,上层稍向后倾斜。

图 3-5　　百叶箱

3.3.2　温度、湿度观测

　　温度表观测顺序:干球、湿球温度表,最低温度表酒精柱,毛发湿度表,最高温度表,最低温度表游标,调整最高、最低温度表,温度计和湿度计读数并作时间记号。

　　最高、最低温度表每日 20:00 观测一次。观测最高温度表时,应注意表中水银柱有无上滑脱离开窄道的现象。若有,应稍抬起温度表的顶端,使水银往回到正常位置后再读数。观测最低温度时,视线应平直对准游标离球部远的一端,观测酒精柱顶时,视线应对准凹面中点(即最低点)的位置。最高、最低温度表观测后必须调整。

　　最高温度表的调整:手握住表身,球部向下,磁板面与甩动方向平行;手臂向外伸出约30°,用大臂将表在前后 45° 范围内甩动,毛管内水银就可下落入球部,使其示温度接近于当时的干球温度。调整后,放回时应先放球部,后放表身。注意:动作要迅速,避开日光直接照射,甩动角度不得过大。

　　最低温度表的调整:抬高温度表的球部,使得游标回到酒精柱的顶端。放回时,应先放头部,后放球部,以免指标下滑。

通风干湿表是一种携带方便,精度较高,野外测定气温和空气湿度的良好仪器。

1. 仪器构造原理

仪器构造如实物所示。其作用、原理与百叶箱干湿球温度表基本相同。主要不同处是:温度表球部装在与风扇相通的管形套管中,利用机械或电动通风装置,使风扇获得一定转速,球部处于不小于 2.5 m/s(电动通风可达 3 m/s 以上)的恒定速度的气流中。由于球部双层金属护管表面镀有镍或铬,是良好的反射体,能防止太阳对仪器的直接辐射。

2. 观测方法

观测前,先把仪器悬挂在百叶箱或观测场内,感应部分高度 1.50 m。在读数前 4~5 分钟用滴管湿润湿球纱布,然后上好风扇发条(或接通电源)。上发条切忌过紧。观测时应注意不要让风把观测者自身热量带到通风管中去。当气温低于 0℃ 时,为使温度表充分感应外界情况,应于观测前半小时,湿润纱布并上好发条。然后在观测前 4 分钟再通风一次,但不再润湿纱布。观测时应注意湿球是否结冰,示度是否稳定。

当风速大于 4 m/s 时,应将防风罩套在风扇迎风面的缝隙上,使罩的开口部分与风扇旋转方向一致,这样就不会影响风扇的正常旋转。

3. 维护与检查

仪器的金属部分,特别是下端保护管的镀镍面应细心保护,使其不要受到任何损伤。每次观测后,应用纱布擦净外壳,并放回盒中。从盒中取出仪器时,应拿着风扇帽盖下的颈部,不要捏在金属护板处,也不能用手触摸防护管。

注意定期检查风扇旋转是否正常。可以用风扇中央的发条盒旋转速度来判断,在发条盒上绘有短划或箭头,从圆顶上小窗孔可以看到。上发条后,发条盒每转一周的时间,如果与检定证上所给的时间相差不到 5 秒钟,则可认为风扇转速正常。如果转速显著降低则应进行修理。

湿球纱布应经常保持清洁;至少每两周更换一次。换纱布时,只要把球部双层保护管取下,湿球球部就露出,可将洁净纱布换上。

3.3.3　气压观测

观测气压的仪器有水银气压表和空盒气压计。这里主要介绍水银气压计。

水银气压表是一根一端封闭的玻璃管,装满水银,开口的一端插入水银槽中,管内水银柱受重力作用而下降;当作用在水银槽水银面上的大气压强与玻璃管内水银柱作用在水银槽水银面上的压强相平衡时,水银柱就稳定在某一高度上;这个高度就表示出当时的气压。

根据压强公式

$$p = \frac{W}{s} = \frac{\rho_0 g_0 V}{s} = \rho_0 g_0 h \qquad (3-4)$$

式中:W 为水银柱重量;V 为其体积;s 为内管横截面积;h 为水银柱高;ρ_0 为水银密度;g_0 为重力加速度。

在标准状态下($t = 0℃$,纬度 45° 的海平面上),ρ_0 和 g_0 均为常量;这样,气压只是水银柱高度的函数,所以可用水银柱高度 h 表示气压的高低。

水银气压表常用的有动槽式(福丁式)和定槽式(寇乌式)两种。此外,还有供检查用的虹吸式气压表。现简述动槽式(福丁式)水银气压表。

动槽式水银气压表的特点在于有一个"固定零点"。每次观测时,必须将槽内水银面调整到这个零点。它是由内管、外套管与水银槽三部分构成。

内管:为一根直径约 8 mm、长约 900 mm 的玻璃管。这管的顶端封闭,底端开口,开口处的内径较小,经过专门的方法将它洗涤干净并抽成真空后,用十分纯洁的水银灌满。内管装在气压表外部的套管中,用数个软木圈支柱,使它不会晃动;而开口的一端插在水银槽内。

外套管:用黄铜制成,以保护和固定内管,其上刻有标尺。套管的顶端有悬环,上半部前后都开成长方形窗孔,用来观测内管中水银柱的高低,转动手轮能使游尺上下移动,用标尺和游尺来测定气压整数和小数的值。铜套管下部装一支附属温度表,其球部在内管与套管之间,用来测定水银和铜套管的温度。套管的下端与水银槽相连接。

水银槽:分上下两部分,中间有一个玻璃圈,用三根吊环螺丝将两部分紧紧连接起来。通过玻璃圈可看到槽内的水银面,槽的上部主要是一个很软的羊皮制成的皮囊,能通气而不漏水银。皮囊的一头牢固地紧扎在玻璃内管上,另一端扎在上木杯上,此木杯中间凸出成圆筒形,内管即通过此木杯而伸入槽内。用来指示刻度零点的象牙针,就固定在木杯的平面上,其尖端向下。

槽的下部有一个下皮囊,呈圆袋状,袋口扎在下木杯的上部。此木杯分成上下两截,以螺丝紧连着,上下杯均放在铜制槽座内,下皮囊的外面有一铜套管,在铜套管底盘中央有调整螺丝,用来调节水银面。这个螺丝的顶部有一小木托顶住下皮囊,以免皮囊磨坏。

动槽式水银气压表的观测步骤为:

(1)观测附属温度,精确到 0.1℃。

(2)调整水银槽内水银面,使得水银面与象牙针尖恰好相接(象牙针尖与水银面之间既无空隙,水银面上也无小涡)为止。

(3)调整游尺恰好与水银柱顶相切。这时,在顶点两旁应能看出三角形空隙。

(4)读数并记录。先在标尺上读取整数,而后在游尺上找出一根与标尺上某一刻度线相吻合的刻度线,则游尺上这根刻度线上的数字就是当时气压的小数读数。

(5)读数复验后,旋转槽底调整螺丝,使水银面下降到象牙针尖以下约 2 ~ 3 mm。

水银气压表读数,只表示观测得的水银柱高度。因为有仪器差,不一定是标准状态,所以尚需顺序经过仪器差、温度差、重力差修正才是本站气压。又因为各测站的高度不同,各站的气压孰高孰低不能相比,所以还得修正到海平面,称海平面气压修正。

2.3.4 风的观测

风的观测分两部分,即风向和风速的观测。

1. 风向的观测

风向用风向标观测。风向标的主要部件有:头部、水平杆与尾翼三部分,整个风向标可绕垂直轴旋转。它的重心正好在转动轴的轴心上。

当风向与风向标成某一交角时,风对风向标产生压力,这个压力可分解成平行于和垂直于风向标的两个分量,由于风向标头部受风的面积较小,尾翼受风面积较大,因而感受的风压不相同,垂直于尾翼的风压产生风压力矩,使风向标绕垂直轴旋转,直到风向标头部正对风的来向时,由于翼板两边受力平衡,风向标就稳定在一定位置上。这样就可测得风向,并以方位杆作为方位坐标。

对风向标的要求是:一要灵敏,二要稳定(指风向标尽量少做惯性摆动)。

2. 风速的观测

测定风速的仪器叫风速器。其感应部分有压板式、杯型风速器、压力管式风速器、热线微风仪电桥。目前气象台站普遍使用杯型风速器。

杯型风速仪的杯是三个半球形金属杯(亦有用四个圆锥形金属杯的)固定在一个架上,而架子装在下个可以自由转动的轴上,所有风杯都顺一面。风吹时,风杯就顺着球形凸面方向自由旋转。

根据风杯的转速(每秒钟转的圈数)就可以确定风速的大小。风杯转速通常是根据机械装置的指针读数或电传装置来测量的。下面是电传风速仪的风速公式

$$V = 2\pi rkn \tag{3-5}$$

式中:$r = 14.75$ cm(r 为风杯转动半径);k 为实验常数,等于 2.65;n 为风杯转动频率(即每秒风杯转动圈数)。

因为 $2\pi rk$ 为常数,即风杯转一圈的风程。所以 V 与 n 成正比。

3. 轻便风向风速表

轻便风向风速表,是测量风向和一分钟内平均风速的仪器,它用于野外考察或气象站仪器损坏时的备份。

(1) 仪器由风向部分(包括风向标、方位盘、制动小套)、风速部分(包括十字护架、风杯、风速表主机体)和手柄三部分组成(图 3-6)。

(2) 观测和记录。

1) 观测时应将仪器带至空旷处,由观测者手持仪器,高出头部并保持垂直,风速表刻度盘与当时风向平行;然后,将方位盘的制动小套向右转一角度,使方位盘按地磁子午线的方向稳定下来,注视风向标约两分钟,记录其摆动范围的中间位置。

2) 在观测风向时,待风杯转动约半分钟后,按下风速按钮,启动仪器,又待指针自动停转后,读出风速示值(m/s);将此值从该仪器修正曲线上查出实际风速,取一位小数。

3) 观测完毕,将方位盘制动小套向左转一角度,固定好方位盘。

(3) 维护。

1) 保持仪器清洁、干燥。若仪器被雨、雪打湿,使用后须用软布擦拭干净。

2) 仪器应避免碰撞和震动。非观测时间,

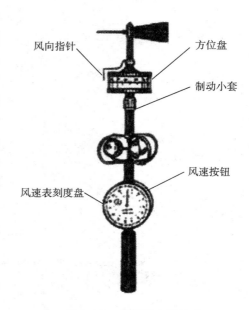

图 3-6　轻便风向风速表

仪器要放在盒内,切勿用手摸风杯。

3) 平时不要随便按风速按钮,计时机构在运转过程中亦不得再按该按钮。

4) 轴承和螺帽不得随意松动。

5) 仪器使用 120 h 后,需重新检定。

思考与练习题:

3-1　影响蒸发的因素有哪些?

3-2　安装蒸发仪器的要求有哪些? 如何检查和维护蒸发仪器?

3-3　计算蒸发量有哪些常用方法?

3-4　如何使用通风干湿表在野外测定气温和空气湿度?

3-5　如何使用水银气压计观测气压?

3-6　如何使用轻便风向风速表观测风向风速?

项目 4　水位观测及数据处理

学习目标：
1. 了解水位的概念；
2. 熟悉水位观测设备(仪器)，掌握水位观测方法；
3. 掌握水位数据处理的方法；
4. 熟悉并掌握现代水位观测技术。

重点难点：
1. 水位的间接观测设备及其使用方法；
2. 水位数据处理的方法；
3. 现代水位观测技术。

4.1　概　　述

4.1.1　水位

水位是指河流或其他水体的自由水面相对于某一基面的高程，以米(m)计。

水位是反映水体、水流变化的重要标志，是水信息采集中最基本的观测要素，以及水文测站常规的观测项目。水位观测资料，可以直接应用于堤防、水库、电站、堰闸、浇灌、排涝、航道、桥梁等工程的规划、设计、施工等过程中。水位是防汛抗旱斗争中的主要依据，水位资料是水库、堤防等防汛的重要资料，是防汛抢险的主要依据，是掌握水文情势和进行水文预报的依据。同时，水位也是推算其他水文要素并掌握其变化过程的间接资料。

在水文测验中，常用水位直接或间接的推算其他水文要素，如由水位通过水位流量关系推求流量；通过流量推算输沙率；由水位计算水面比降等，从而确定其他水文要素的变化特征。

4.1.2　影响水位变化的因素

1. 直接影响因素

由水体自身水量变化直接引起，如降水、融雪、融冰、蒸发、渗漏等。

2. 间接影响因素

一是水体约束条件的改变。如冲淤、人类活动的影响(如闸门开关、河道工程等)、特殊情况下的水位意外变化(如垮坝决堤、分洪、冰塞、冰坝的产生与消失等)。二是水体受干扰。如干支流汇合产生的顶托、潮汐的周期变化、河道横比降、风浪作用等。

4.1.3 基面

基面是确定水位和高程的起始水平面。水位与高程数值一样,计算要有零点,因此必须指明其所用基面才有意义。基面的分类包括:

1. 绝对基面

以河口海滨地点的特征海水面(多年平均海水面)为准,记为 0.0 000 m。如黄海、大沽、废黄河口、吴淞、珠江、罗星塔等标准基面。我国的统一基面为青岛黄海基面。优点是各站水位值可以直接比较。缺点是数字串长,如西藏某站的水位为 3 312.87 m。

2. 假定基面

假定某特定点高程数值,则此高程的零点就是假定基面。优点是一时无法与国家水准点连接时,如 1989 年 11 月在黄壁庄水库测悬浮质沉积物高程时,由于天津市水利勘测设计院在整个流域重新布设水准点,其平差结果要到 1990 年 2 月才公布,这时,只好先用他们设立的水准点,但必须假定其高程。缺点是无法通用。

3. 测站基面

测站基面(图 4-1)为选河流历年最低水位或河床最低点以下 0.5～1.0 m 处的水平面,是水文测站一种专用基面。优点是数字简单,克服了绝对基面的缺点。缺点是不同测站的水位之间无法直接比较,需要进行基面换算。

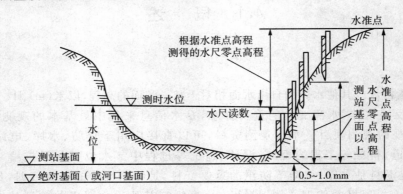

图 4-1   测站基面

4. 冻结基面

取测站第一次使用的基面,一直沿用不再变动(称冻结)。优点是位置不会变动,资料具有历史连续性,且同站水位值之间可以直接比较。也是水文测站一种专用基面。缺点与测站基面缺点相同。

4.2   水位观测

4.2.1 水位的直接观测

人工不同时间读取水尺数,基准时为 8 时,全国统一。水尺是测站观测水位的基本设施,方法简单而准确,其他水位计均以它为基准来衡量精度。按水尺形式可分为直立式

（图 4-2）、倾斜式、短桩式和悬锤式 4 种。其中以直立式水尺构造最简单，且经济、使用方便，为一般测站所普遍采用。水尺布设的原则是满足使用要求，保证观测精度，经济安全。

图 4-2　水尺观测水位

水尺所测读的水位范围，一般应高于历年最高水位 0.5 m，低于历年最低水位 0.5 m；同一组的各支水尺应尽量设在同一断面线上，若受地形限制或其他原因不能设置在同一断面线上时，其最上游与最下游两支水尺间的水位差应不超过 1 cm；同一组的各支比降水尺，若不能设在同一断面线上时，偏离断面的距离不得超过 5 m，同时任何两支水尺的顺流向间距应不超过上、下比降水尺间距的 1%，直立式水尺设置同一组水尺时，应使两相邻水尺有 0.1～0.2 m 的重合部分；一组水尺编号应从岸上向河心依次排列，如 P_1、P_2、…。

4.2.2　水位的间接观测

水位的间接观测设备主要由感应器、传感器与记录装置 3 部分组成。感应水位的方式有浮筒式、水压式、超声波式等多种类型。按传感距离，可分为就地自记式与远传、遥测自记式两种；按水位记录形式，可分为记录纸曲线式、打字记录式、固态模块记录式等。以下按感应分类，介绍三种常用的水位计。

1. 浮子式水位计

浮子式水位计（图 4-3）是利用水面的浮子随水面一同升降，并将它的运动通过比例轮传递给记录装置或指示装置的一种水位自记仪器。

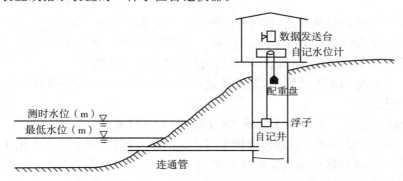

图 4-3　浮子式水位计观测水位

　　浮子式水位计使用历史长,用户量大,产品成熟,是目前使用较多的水位计。该产品具有结构简单、性能可靠、操作使用、保养维修方便、经久耐用、精度高等优点。但使用浮子式水位计需要建立水位计台,有些测站建水位计台困难或建水位计台费用昂贵,使浮子式水位计使用受到限制。在多沙河流上测井易发生泥沙淤积,也影响浮子式水位计的使用。

　　浮子式水位计按记录时间长短分为日记型、旬记型、月记型等。按仪器的构造形式又分为卧式、立式和往复式等。

　　浮子式水位计由感应部分、传动部分、记录部分、外壳等部分组成,结构如图4-4所示。

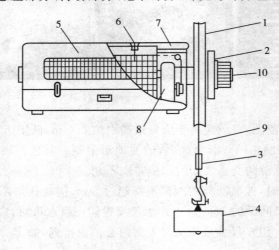

图4-4　浮子式水位计

1—1:2水位轮;2—1:1水位轮;3—平衡锤;4—浮子;5—记录纸及滚筒;
6—笔架;7—导杆;8—自记钟;9—悬索;10—定位螺帽

　　(1)水位感应部分。浮子式水位计的感应部分由浮子、悬索、比例轮和平衡锤组成。

　　浮子应有一定的重量,稳定地漂浮在水面上,随水面升降而升降。绝大多数的浮子都设计成空心状,并有很好的密封性,能够单独浮在水面。也有个别仪器将浮子设计为实心状,使用时,依靠平衡锤的重量将浮子的一部分拉出水面。在北方地区,冬天的井内可能发生冰冻,可采用电加热浮子,通电后释放热量,使井内水体不结冰,以保证水位测量准确。

　　悬索应由耐腐蚀的材料制成,目前普遍使用膨胀系数较小的不锈钢材料制作。

　　比例轮外缘都设计成V形槽形式。比例轮的理论外径是此槽底外径加上悬索的直径。制作比例轮应采用结构稳定、耐腐蚀、磨损的铜铝合金等材料制作。

　　平衡锤的作用是用来平衡浮子,拉紧悬索,保证悬索正常带动比例轮旋转。因此,它的重量选择要合适。

　　(2)水位传动部分。主要由比例轮、变速齿轮(立式仪器使用)、转向轮(往复式仪器使用)等组成。其功能是将水位轮的转动传递到水位的记录部分,使水位的变化能和记录部分的水位坐标或水位编码器的输入准确地对应起来。按此要求,可以分为水位划线记录和水位编码信号输出两种类型。其作用是将浮子所感应的水位变化传递给记录部分。

　　(3)水位记录部分。水位记录部分应能准确地把水位随时间变化的过程记录下来,记录方式有模拟划线和数字记录两种方式。

模拟划线记录方式,是将接收到的水位变化过程以线条的形式刻画在记录纸上的一条水位过程线。记录周期可以是1日、1周、1个月、3个月或更长。目前我国大多采用日记式,记录纸是围绕在水位计滚筒上的一张宽312 mm(26小时)、长400 mm(40 cm或80 cm水位)的坐标纸。时间坐标为每小时12 mm。记录笔由自记钟带动匀速移动,记录笔在记录纸上划出水位过程线(图4-5)。这种记录方式的优点是划线清晰、可靠。不足的是在整理资料时,很容易在纸上形成一痕迹,影响资料保存。记录装置主要由记录纸转筒、牵动齿轮(往复式仪器使用)、自记钟、自记笔及导杆等组成。

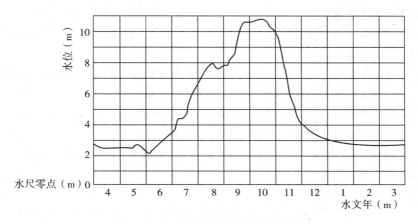

图 4-5　自记水位计观测水位记录

数字记录方式有:穿孔纸带、磁带、半导体固态存贮器、计算机记录等方式。该系统一般配有数字式水位编码器。

水位编码器的作用。水位的升降使浮子和悬索带动水位轮旋转,水位编码器将水位轮的旋转角度转换成模拟量(如电流、电压等)或数字量。其基本原理是:水位的变化带动水位轮旋转,此旋转角度通过齿轮组啮合到水位编码器输入轴,编码器又将其轴的角度转动变化成模拟或数字量输出。这类编码器称为轴角编码器。

浮子式水位计根据信号传递的距离分为现场记录方式和远程记录方式。就远程记录方式来讲,又分为有线传输和无线传输两种方式,选择什么方式,应根据具体情况来定。

2. 水压式水位计

通过测量水体的静水压力,实现水位测量的仪器称为压力式水位计。压力式水位计又分为气泡式压力水位计和压阻式两种。通过气管向水下的固定测点通气,使通气管内的气体压力和测点的静水压力平衡,从而实现了通过测量通气管内气体压力来实现水位测量的这种装置,通常称之为气泡式水位计。

20世纪70年代,一种新型压力传感器迅速发展,该传感器是直接将压力传感器严格密封后置于水下测点,将其静水压力转换成电信号,用防水电缆传至岸上,再用专用仪表将电信号转换成水位值,这种水位计被称为"水下直接感压式压力水位计",又称为"压阻式压力水位计"。

压阻式压力水位计简称压力式水位计,是将扩散硅集成压阻式半导体压力传感器或压力变换器直接投入水下测点感应静水压力的水位测量装置。能用在江河、湖泊、水库及其他密度比较稳定的天然水体中,无需建造水位测井,实现水位测量和存贮记录。

(1)压力水位计的组成。

压阻式压力水位计是以压力变换器作为传感器,无需恒流单元,只需增加一只低温漂高精度的取样电阻,其他组成单元则完全相同。整个装置中的编码输出可分为并行 BCD 码或标准的 RS232 或 RS485 串行口输出。其各单元的功能如下:

1)稳压电源。将交流或直流供电电源转变成压力水位计工作所需要的直流电压,并使之稳定。

2)恒流源。将输入电压变换成不随负载和输入电压变化的恒定电流输出,从而使压力水位计测量值与导线长短无关,且又能减小压力传感器的温度漂移影响。

3)压力传感器。其等效电路相当于一个惠斯登电桥,它将静水压力值转换成与之对应的电压信号输出或电流信号输出。

4)信号转换器。将压力传感器送来的电压信号或压力变换器送来的电流信号经过严格的采样、放大或衰减,使信号变成 A/D 电路所需的电压信号。

5)A/D 单元。即模拟量到数字的转换单元,它是将静水压力对应的电压模拟量信号转换成与静水压力值对应的数字信号。

6)显示及编码。根据需要将水压力对应的数字信号转换成相应的并行 BCD 码或 RS232,RS485 串行输出。

(2)压力式水位计工作原理。

相对于某一个测点而言,测点相对于河口基面的绝对高程,加上本测点实际水深即为水位,即

$$水位 = 测点高程 + 测点处的水深$$

测点处的水深为

$$H = p/r \qquad\qquad (4-1)$$

式中:p 为测点的静水压强,g/cm;H 为测点水深,即测点至水面距离,cm;r 为水体容重,g/cm³。

当水体容重已知时,只要用压力传感器或压力变换器精确测量出测点的静水压强值,就可推算出对应的水位值。

常用的压力传盛器多为固态压阻式压力传感器。它是采用集成电路的工艺,由于硅晶体的压阻效应,因此当硅应变体受到静水压力作用后,其中两个应变电阻变大,另两个应变电阻变小。

气泡水位计工作原理与压阻式压力水位计相同。

3. 超声波水位计

超声波水位计是一种把声学和电子技术相结合的水位测量仪器。按照声波传播介质的区别,可分为液介式和气介式两大类。

声波是机械波,其频率在 20 ~ 20 000 Hz 范围内。可以引起人类听觉的叫做可闻声波;更低频率的声波叫做次声波;更高频率的声波叫做超声波。超声波水位计通过超声换能器,将具有一定频率、功率和宽度的电脉冲信号转换成同频率的声脉冲波,定向朝水面发射。此

超声束到达水面后被反射回来,其中部分超声能量被换能器接收又将其转换成微弱的电信号。这组发射与接收脉冲经专门电路放大处理后,可形成一组与声波传播时间直接关联的发、收信号,根据需要,经后续处理可转换成水位数据,并进行显示或存贮。

换能器安装在水中的称之为液介式超声波水位计,而换能器安装在空气中地称之为气介式超声波水位计,后者为非接触式测量。

(1) 超声波水位计的工作原理。

根据超声波在水中的传递速度和时间,来测定所经过的距离,从而计算出水位。超声波在水中传播速度,可由经验公式(4-2)计算:

$$V = 1\,410 + 4.21T - 0.037T^2 + 1.14S \tag{4-2}$$

式中:V 为超声波在水中的传递速度,m/s;T 为水的温度,以摄氏温度计;S 为水的含盐度,以千分率计。

一般情况下,超声波在水中传播速度大约为 1 500 m/s。

超声波水位计,可以省掉水位自记井、管的建设。对水温和含盐度的影响,可通过相应校正工作消除,因而对水温与含盐度有较大的适应性。但是,超声波水位计的应用,需有一定的水深,否则精度难以保证。由于泥沙对超声波有干扰作用,所以不适用于多沙河流。另外,水面的波动和水流中的漂浮物,对超声波水位的观测精度和工作可靠性也有较大影响。因此,超声波水位计在波浪较大、漂浮物较多的河流不宜使用。

(2) 超声波水位计的结构与组成。

超声波水位计一般由换能器、超声发收控制部分、数据显示记录部分和电源组成。对于液介式仪器,一般把后三部分组合在一起;对于气介式仪器,一般把超声发收控制部分和数据处理部分的一部分与换能器组合在一起,形成超声传感器;把其他部分组合在一起形成显示记录仪。

1) 换能器。液介式超声波水位计一般采用压电陶瓷型超声换能器,其频率一般在 40～200 Hz 之间。而气介式超声波水位计一般采用静电式超声换能器,其频率一般在 40～50 kHz 之间,两者的功能均是作为水位感应器件,完成声能和电能之间的相互转换。为了简化机械结构设计和电路设计并减小换能器部件的体积,通常发射与接收公用一只超声换能器。

2) 超声收发控制部分。超声发收控制部分与换能器相结合,发射并接收超声波,从而形成一组与水位直接并联的发收信号。

该部分可以采用分立元件、专用超声发收集成电路或专用超声发收模块组成。其发射部分主要功能应包括:产生一定脉宽的发射脉冲从而控制超声频率信号发生器输出信号。经放大器、升压变压后,实现将一定频率、一定持续时间的大能量正弦波信号加至换能器。其接收部分主要功能应包括:从换能器两端获取回波信号,将微弱的回波组信号放大再进行检波、滤波,从而实现把回波信号处理成一定幅度的脉冲信号。由于发收公用一只换能器,因此发射信号也进入接收电路,为此接收电路的输入端需要加安全措施以保护接收电路。

高性能的超声发收控制部分应具备自动增益控制电路(ACC),使近、远程回波信号经处理后能取得较为一致的幅度。

3）超声传感器。超声传感器是将换能、超声发收控制部分和数据处理部分组合在一起的部件。它既可以作为超声波水位计的传感器部件，与该水位计的显示记录相连；又可以作为一种传感器与通用型数传（有线或无线）设备相连。

4.3　水位数据处理

4.3.1　观测水位计算

　　直接观测水位＝直接观测水尺读数＋该水尺零点高程（各水尺不同）

　　间接观测水位＝校核时刻直接观测水位＋水位记录中的水位变动量（注意时间修正）

4.3.2　日平均水位计算

1. 算术平均法

　　当1日内水位变化缓慢（水位日变幅小于0.12 m）或水位变化虽大，但属等时距（本日第一次观测至次日第一次观测的整24 h内，各测次之间时距相等）人工观测或自记水位计摘录时，采用此法。可按式（4-3）计算：

$$\overline{Z} = \frac{1}{n}\sum_{i=1}^{n} Z_i \qquad\qquad (4-3)$$

2. 面积包围法

　　当不能用算术平均法计算时均可采用面积包围法计算日平均水位。将1日内 0～24 h 水位过程线所包围的面积 A 除以 24 h。A 用各梯形面积求和而得，如图4-6所示。

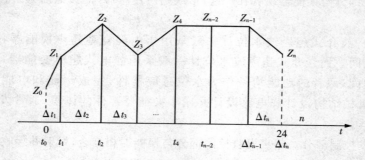

图4-6　面积包围法计算的示意图

计算公式如下：

$$\overline{Z} = \frac{1}{48}\left[Z_0 \Delta t_1 + Z_1(\Delta t_1 + \Delta t_2) + \cdots + Z_{n-1}(\Delta t_{n-1} + \Delta t_n) + Z_n \Delta t_n \right] \qquad (4-4)$$

其中

$$\Delta t_i = t_i - t_{i-1}$$

　　计算时需注意与算术平均法的计算公式不同的地方之一是 Z_0、Z_{24} 必须参加计算，如无这两个时刻的观测数据，则须通过直线内插的方法先求出来。

4.3.3　校核原始记录及各项特征值

水位是最基本的资料,流量、含沙量、水质参数等都以此为依据,所以必须依据水文情势的规律性,对水位原始记录及各项特征值进行校核,使全部水位记载及统计数据不发生数值上的错误。校核的重点是水情变化加剧、水尺更换时的水位数值。

首先在测站考证的基础上,对原始数据进行校核,以使全部水位和统计数据不发生数值上的错误,并对测验河段及断面河干、断流及结冰等有关情况考查清楚。校核所计算的逐时水位,日平均水位及所挑选的月、年最高最低水位及其发生日期,标注的冰情、河干、断流等情况是否正确,并按数据出错的具体情况,进行复核或全面校核。对水情变化较急剧,更换水尺时的水位数值尤其需加注意,对每月的特征水位、日平均水位及冰情的起止日期等须逐个校核。

4.3.4　水位数据处理

1. 水位资料的插补

(1) 直线插补法。适用于水位变化平缓或水位变化大,但呈一致(上涨或下落)趋势。

$$\Delta Z = \frac{Z_2 - Z_1}{n+1} \qquad (4-5)$$

式中:ΔZ 为每日插补水位值,m;Z_1 为缺测前一日水位值,m;Z_2 为缺测后一日水位值,m;n 为缺测日数。

(2) 水位关系曲线法。适用于缺测时间较长。

用本站与邻站的同时水位或相应水位的相关曲线插补。绘相关曲线时,最好用当年的实测资料,如果当年资料不够或关系曲线并非简单的直线,而是在涨、落水位过程各有不同的趋势时,可利用往年的水位过程相似时期的资料。当河道冲淤剧烈时,此法难以得到满意的结果。应当注意的是插补所得的数据,无论是采用哪种方法,都应在逐日平均水位表附注栏加以说明。

2. 逐日平均水位表的编制

(1) 计算月、年平均水位。将逐日平均水位值填入表中,在结冰河流的测站,应将每日主要冰情按技术规定的符号记在每日水位值之右侧。并统计月、年的特征值,包括月、年平均水位,最高、最低水位及其出现日期。其中月、年平均水位按式(4-6)、式(4-7)计算为

$$月平均水位 = \frac{月每日平均水位之和}{月总日数} \qquad (4-6)$$

$$年平均水位 = \frac{年每日平均水位之和}{年总日数} \qquad (4-7)$$

〔注意〕年每日平均水位之和不等于各月平均水位×12,因为各月天数不同。

(2) 各种保证率水位的计算。

1年中有多少天的日平均水位是高于或等于某一水位,则该水位值就是多少天的保证率水位(如180天保证率水位);或1年中日平均水位高于或等于某一水位天数与该年总日数相除得保证率,该水位即是此保证率水位(如90%保证率水位)。该水位可用于如通航、考虑

船底吃水深度的设计、桥梁高度的设计、引水渠底的设计等。挑选方法主要采用计算机排队法,亦可采用列表法、图解法(图4-7)。

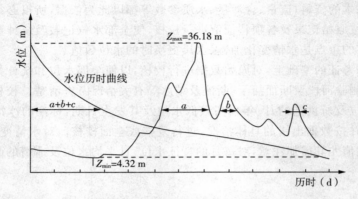

图4-7　某站某年逐日水位过程线及保证率水位曲线

3. 水位流量过程线的绘制

水位过程线是以水位 Z 为纵轴,时间 t 为横轴点绘的水位与时间的关系图,即 $Z=f(t)$,有逐日平均水位过程线与逐时水位过程线两种。逐时水位过程线是水位观测后随时点绘的,供进行流量数据处理时掌握和分析水文情势时使用,也是流量数据处理时的一项重要的参考资料。逐日平均水位过程线为水位数据处理成果之一,它简明地反映了全年的水情变化,在图上应标明最高、最低水位,河干、断流、冰情等有关的重要情况。

〔注意〕逐日水位是日平均水位,而最高、最低水位是瞬时水位,并且要用特定的符号表示出来;图幅名称、坐标要正确、完整,图幅比例恰当、绘制的曲线要粗细均匀、光滑,如图4-7所示。

4. 洪水水位摘录表的编制

它包括在洪水水文要素摘录表中,对洪水涨落比较急剧,日平均水位不能准确表示其变化过程的,需编制此表。摘录时应注意保持洪峰过程的原状。对水位测次不太多的站,可以直接取用全部水位记录;水位测次很多的站,可选摘。摘录时,对每年的主要大峰,最好在一个相当长的河段内都相应地加以摘录,以能使上、下游配套,便于做合理性检查;而对一般洪峰,则要求相邻站能配套。暴雨形成的洪峰能与相应的降雨量摘录配套。为了满足水文预报和水文分析计算的需要,一般应摘录以下各种类型的洪峰:洪峰流量和洪峰总量最大的峰;含沙量和输沙的洪峰量最大的峰;孤立的洪峰;连续的洪峰;汛期开始的第一个洪峰;较大的凌汛和春汛的洪峰;久旱以后的洪峰。

摘录时应完整地摘录几次主要洪水的各种要素。摘录期间均自涨水前起至该次洪水落平时止。为了上下游,干支流对照分析方便,尽量摘录相应的峰与相应的时段,同时要尽量精简摘录点数,以节省刊印表长。

5. 水位的合理性检查

(1)单站合理性检查。根据本年逐日或逐时水位过程线,检查水位变化的连续性,有无突涨突落现象,峰形变化是否正常,年头年尾是否与前、后年衔接。还应检查一年中洪水期、平水期、枯水期(或冰期)的变化趋势是否符合测站特性。

必要时,可与历年水位过程线比较,或与雨量、冰凌资料对照检查。

当水位过程线有不合理或反常现象,应分析其原因。如水位不连续,是由于水准点或水尺零点高程的变动;观测、记载或计算的错误;水尺断面迁移或换尺时横比降的影响;突然决堤;数据处理时抄表绘图错误等原因。又如洪峰前、后水位相差较大,是由于断面冲淤;测站控制的变化;下游拦河坝倒坍等原因。

(2)综合合理性检查。

1)上下游水位过程线对照。在无支流加入的河段上,相邻测站水位变化是相应的。若发现水位变化过程不相应,要检查原因。在有支流汇入的河段,下游站要与上游干、支流站同时对照、比较,必要时可参照区间降水量资料。

2)上下游水位相关图检查。此法适用的条件是上下游水流条件相似,河床无严重冲淤,无闸坝影响,水位关系密切。

3)特征水位沿河长演变图检查。当一条河流,测站较密、比降平缓、各站绝对基面一致时,可用此法检查。其特征水位沿河长演变应是从河源平滑递降至河口。

6.编写水位数据处理说明

简要地说明本年水位资料观测、处理的成果和问题,水情有特殊变化的应做说明。其内容包括:全年使用的水尺名称、编号、形式、位置;引据水准点、基本水准点及校核水准点的高程,并对经改正后肯定了的水尺零点高程进行备注说明;水位观测方法及各个时期的观测次数;处理水位数据中发现的问题及解决的办法;初步分析和检查的结果以及数据中存在的问题;对数据准确程度的说明及其他有关问题。

思考与练习题:

4-1　水位与基面有什么关系?绝对基面、假定基面、测站基面及冻结基面等有何联系和区别?

4-2　采用水尺观读水位,如何保证水位观测的正确?

4-3　为什么必须进行测站考证?考证内容有哪些?

4-4　日平均水位计算方法有几种?各在什么情况下适用?

4-5　水位数据处理包括哪些内容?什么叫保证率水位?如何挑选保证率水位?

项目 5　　流量测验及数据处理

学习目标：

　　1. 掌握流量的含义，熟悉流量测验的方法；

　　2. 了解流速脉动、流速分布和流量模型的概念；

　　3. 掌握断面测量的方法；

　　4. 了解流速仪法测流的原理，掌握流速仪法测流技术及相应水位计算；

　　5. 熟悉浮标法测流及超声波法测流技术；

　　6. 掌握稳定水位流量关系的流量数据处理方法 —— 单一曲线法；

　　7. 熟悉不稳定水位流量关系的流量数据处理方法；

　　8. 掌握人工控制河道流量的推求方法；

　　9. 熟悉水位流量关系曲线的移用及合理性检查。

重点难点：

　　1. 河道大断面的测量；

　　2. 流速仪法测流、浮标法和超声波法测流技术；

　　3. 稳定水位流量关系的流量数据处理方法；

　　4. 不稳定水位流量关系的流量数据处理方法。

5.1　概　述

5.1.1　流量

　　流量是单位时间内流过江河某一横断面的水量，单位 m^3/s。流量是根据河流水情变化的特点，在水文站上用适当测流方法进行流量测验取得实测数据，经过分析、计算和整理而得的重要水情信息。它是反映水资源和江河、湖泊、水库等水体水量变化的基本数据，也是河流最重要的水文特征值。主要用于研究掌握江河流量变化的规律，为国民经济各部门服务。

5.1.2　流量测验方法

　　测流方法很多，按其工作原理，可分为下列几种类型：

　　1. 流速面积法

　　它是一种最基本的方法，由测定流速和测量过水断面面积两部分工作组成，通过断面测量借以推算流量，即 $Q=AV$。流速面积法包括：流速仪法、浮标法、航空摄影法、比降面积法、积宽法等。

2. 水力学法

通过测量水建筑物和水工建筑物的有关水力因素,并事先率定出流量系数,利用水力学中的出流公式计算流量。该法较物理法简便,适合遥测和计算机控制进行数据处理。例如三角形剖面堰为

$$Q = \left(\frac{2}{3}\right)^{\frac{3}{2}} C_D C_V \sqrt{g}\, b h^{\frac{3}{2}} \tag{5-1}$$

3. 物理法

利用声、光、电、磁等物理学原理测定流量。主要有超声波法、电磁法和光学法。其优点是仪器不干扰原来的水流结构,可以快速、连续地测流,操作安全。

4. 化学法

在测验河段上游施放一种已知浓度的化学指示剂,水流的紊动作用能够使之在水中稀释扩散并充分混合,其稀释的程度与水流流量成正比。测出下游充分混合后的化学指示剂浓度,计算出流量。其优点是不需要测定断面、流速,因而野外工作量小,所需时间短。

5. 直接法

有容积法和重量法,适用于流量极小的沟洞。

5.1.3　流速脉动与流速分布

1. 流速脉动

水体在河槽中运动,受到诸如断面形状、坡度、糙率、水深、弯道、风、气压、潮汐等因素的影响而产生紊流。紊流内部水质点的瞬时流速,其大小、方向都随时间变化,即 $v = f(t)$,如图 5-1 所示。

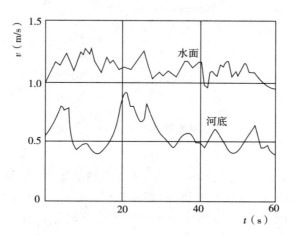

图 5-1 　水面及河底流速脉动示意图

脉动流速随时间不断变化,时大时小,时正时负,但足够长时段平均流速值(时均流速 $\overline{V}$)是稳定的。

$$\overline{V} = \frac{1}{T} \int_0^T v \mathrm{d}t \tag{5-2}$$

任一点的流速可另外表示为

$$v = \overline{V} + \Delta v \qquad\qquad (5-3)$$

且满足

$$\lim_{T \to \infty} \sum_0^T \Delta v = 0$$

脉动强度 y 的计算公式为

$$y = \frac{1}{V^2}(v_{max}^2 - v_{min}^2) \qquad\qquad (5-4)$$

式中：v_{max}、v_{min} 分别为测点瞬时最大、最小流速。

在横断面图上点绘各点的 y 值并连出其等值线，如图 5-2 所示。由图 5-2 可以发现：河底大于河面，岸边大于中乱（粗糙度引起）；山区河流大于平原河流（坡度大、流速急引起）；封冻时盖面冰下 y 值也很大（边界约束、摩擦增加引起）。掌握流速随时间变化规律，据以合理控制测速历时，消除脉动影响，测得能代表实际情况的流速。它对于进行流量测验具有重大意义。

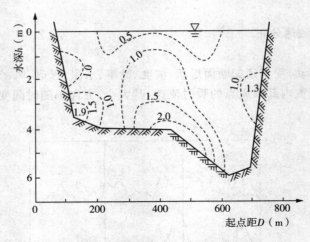

图 5-2   横断面图上 y 值等值线示意图

2. 流速分布

流速分布是指流速在断面上沿水深和横断面方向的变化规律。影响流速分布的因素主要有糙率、冰冻、气流、水深、水草生长情况、河床地形、河床组成物、潮汐、上下游河道形势等。掌握流速分布可以解决泥沙运动、河床演变及水文测验等问题。

（1）垂线上的流速分布。

研究河流的垂线平均流速，确定垂线上测速点的位置（图 5-3）。以下几种线型与实际流速分布情况比较接近。

抛物线型：

$$v = v_{max} - \frac{1}{2P}(h_x - h_m)^2 \qquad\qquad (5-5)$$

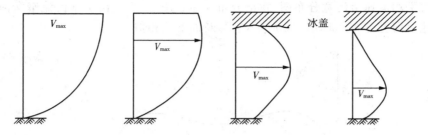

图 5－3　河流的垂线流速分布示意图

对数型：

$$v = v_{max} + \frac{v_*}{K} \ln \eta \qquad (5-6)$$

椭圆型：

$$v = v_0 \sqrt{1 - P\eta^2} \qquad (5-7)$$

指数型：

$$v = v_0 \eta^{1/m} \qquad (5-8)$$

式中：v 为分布曲线上任意一点的流速；v_{max} 为垂线上的最大测点流速；v_0 为垂线上的水面流速；v_* 为动力流速；h_x 为垂线上的任意点水深；h_m 为垂线上最大测点流速处的水深；$\eta = \dfrac{y}{h}$ 为由河底向水面起算的相对水深；P 为抛物线焦点的坐标，常数；K 为卡尔曼常数。

（2）横断面上的流速分布。

绘等流速线，找出分布规律。如图 5－4 所示给出了某河流的断面流速脉动分布。我们发现：1）河底与岸边流速最小；2）水面流速、近两岸边的流速小于中乱流速；3）水深最大处水面流速最大；4）垂线上最大流速、畅流期出现在水面至相对水深 0.2 m 的范围；封冻期向下移至半深处（盖面冰使水面摩擦阻力增大的原因）。

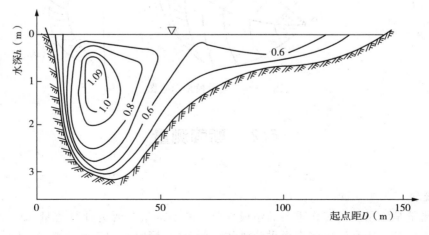

图 5－4　断面流速脉动分布

绘垂线平均流速沿河宽分布图,找出分布规律。图5-5给出了某河流窄深河道上的垂线平均流速沿河宽分布,如图5-5所示,它与断面形状相似。

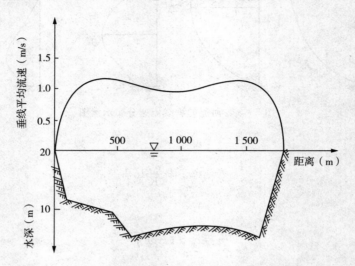

图5-5   某河流窄深河道上的垂线平均流速沿河宽分布

(3)流量模型。

假设将流速在横断面上的分布以一个立体图形来表示(图5-6)。以水流横断面、水面和流速矢端曲面(双重曲面)所包围的体积,表示单位时间内通过水道横断面之水的体积。其作用可以直观、容易理解流速仪法测流时测速点和测速垂线布设的意义。

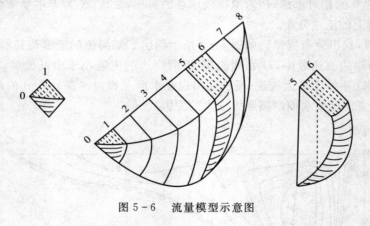

图5-6   流量模型示意图

5.2   断面测量

5.2.1   概念

断面测量是流量测验工作重要的组成部分。断面测量主要为计算流量($Q=AV$),计算河流的输沙量 W_s,研究河床演变提供防洪数据服务的,同时也用于航道整治,为流量测验及数据处理提供依据(如合理布设测速垂线、分析测站特性、选择数据处理方法等)。

断面测量包括水深测量和水深在测深断面上的分布,即在测深断面上布设测深垂线。实施断面测量,首先在测深断面上布设测深垂线,并确定其在测深断面上的位置,接着测定测深垂线的水深。断面测量内容包括水深(从水面到河底的垂直距离)、起点距(测深断面上测深垂线到起点桩之间的距离)和水位。

断面测量常用术语:测得水深(从测深器具上直接读出的、未经任何改正的水深);实际水深(水体自由表面到其固体床面之间的垂直距离,简称水深);有效水深(畅流期即水深,冰期则是冰盖底至河底的垂直距离);河底高程(河床上某一点相对于某一基面的高度);横断面(垂直于水流方向的、由河床与两岸边坡组成的横截面);纵断面(顺河流方向的河床最低点连线与其水面线组成的纵截面);水道断面(自由水面线与河床线之间的范围,包括过水面积和死水面积);大断面(历年最高水位以上 $0.5 \sim 1.0$ m 的水面线、岸线和河床线之间的范围);复式横断面(由至少两个河槽组成的河道断面)。如图 5-7 所示。

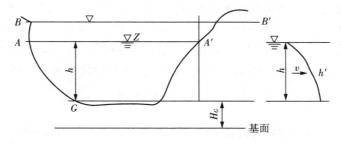

图 5-7   大断面示意图

图中,AA' 为水面线;BB' 为历年最高水位以上 $0.5 \sim 1.0$ m 的水面线;G 为河床点;h 为实际水深;h' 为测得水深;AGA' 为水道断面;$BAGA'B'$ 为大断面。

大断面测量的要求:水道断面测量(水下部分);水上部分(水准仪测量);测量次数,对于河床稳定测站($Z \sim A$ 关系点距偏离平均曲线不大于 $|3\%|$),每年汛前或汛后施测一次;对河床不稳定测站,每年汛前、汛后、每次较大洪水后,均要施测 1 次。

5.2.2   水深测量

1. 测深垂线的布设

测深垂线的布设要能控制断面形状的变化,可正确绘出断面图;能控制河床变化的转折点,且主槽部分比滩地密;大断面测量时水下部分的最少测深垂线数目见表 5-1 所列。

表 5-1   大断面测量时水下部分的最少侧深垂线数目

水面宽(m)		<5	6	50	100	300	1 000	$>1 000$
最少测深垂线数	窄深河道	5	6	10	12	15	15	15
	宽浅河道			10	15	20	25	>25

测深垂线数目与分布对断面测量误差的影响为

$$\delta_Q = \frac{Q'-Q}{Q} = \frac{A'\overline{V}-A\overline{V}}{A\overline{V}} = \frac{A'-A}{A} = \delta_A \tag{5-9}$$

式中：$\overline{V}$ 为断面平均流速，m/s；A'，A 分别为测量不准确和准确的断面面积，m^2；Q'，Q 分别为相应的测量不准确和准确的断面流量，m^3/s；δ_Q，δ_A 分别为相应的流量、面积的相对误差。

2．水深测量的方法

（1）直接用测深器具。1）测深杆。适用于水深小于 10 m（国际标准为 5～6 m）、流速小于 3.0 m/s 的河流。其测深精度较高，当流速、水深都较小时，应尽量使用。在河底较平整的测站，每条垂线应连测两次，两次测深的不符值如不超过最小读数的 2%，则取其平均值；超过 2%，应增加测次。2）测深锤。当水深、流速较大时，可用测深锤测深。测深锤重量一般为 5～10 kg，视水深、流速大小而定。每条垂线施测两次水深，取其平均值，两次测量的不符值不应超过最小读数的 3%；河道不平稳时，不应超过 5%。否则，应适当增加测次，取多次测量的平均值。3）测深铅鱼。有缆道或水文绞车设备的测站，可将铅鱼悬吊在缆道或水文绞车上测水深。水深读数可在绞车的计数器上读取。铅鱼的重量及钢丝悬索的直径应根据水深、流速的大小及过河、起重设备的荷载能力确定。其测深精度与测深锤测深的精度相同。

（2）间接测深 —— 回声测深仪。超声波具有定向反射的功能，根据超声波在水中的传播速度 c 和测得的往返时间 t 计算出水深 h。如图 5-8 所示，超声波自换能器 A 发射到达河底又反射回到换能器 B，声波所经过的距离为 $2L$，超声波的传播速度 c 用式（5-10）计算为

$$c = 1410 + 4.21T - 0.037T^2 + 1.14s \tag{5-10}$$

当测得超声波往返的传播时间为 t 时，可得 $L = \dfrac{ct}{2}$。从图 5-8 中得到水深 h 为

$$h = (L^2 - b^2)^{1/2} + a \tag{5-11}$$

式中：h 为水深，m；a 为换能器吃水深，m；L 为换能器至河底的直线距离，m。

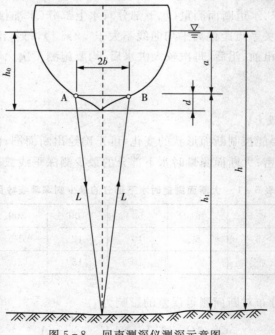

图 5-8　回声测深仪测深示意图

A-发射声波；B-接收声波

超声波测深仪适用于水深较大,含沙量较小,泡漩、可溶固体、悬浮物不多时的江河湖库的水深测量。使用超声波测深仪前应进行现场比测,测点应不少于 30 个,并均匀分布在所需测深变幅内,比测随机不确定度不大于 2%,系统误差不大于 1% 时,方可使用。在使用过程中,还应定期比测,每年不少于 2 ~ 3 次。超声波测深仪具有精度好、工效高,且不易受天气、潮汐和流速大小的限制等优点。但在含沙量大或河床是淤泥质组成时,记录不清晰,不宜使用。

5.2.3 起点距的确定

起点距是指测验断面上某一垂线至断面上的固定起始点的水平距离。大断面和水道断面上各垂线的起点距,均以高水时的断面桩(一般为左岸桩)作为起算零点。两岸断面桩之间的总距离,两次测量的不符值应小于 1/500;在测量水道断面时,两水边线间距(即河宽)的误差也应在 1/500 以内。测定起点距的方法很多,有直接量距法、断面索法、建筑物标志法、地面标志法、计数器测距法、仪器测角交会法(如经纬仪、平板仪、六分仪)等。

1. 无线电定位法

无线电定位法的工作原理是利用在岸上两个固定点的电台发射脉冲无线电波到达测船上接收机的时间先后,测出其时间差来确定测船的位置。

由岸上固定的发射台 A、B 发射脉冲电波,其信号被船上 P 点的接收机(定位仪)所接收。当同时收到两台脉冲信号时,则 P 与 A、B 是等距的;若不等距,则 P 收到 A、B 脉冲信号的时间便有先后,近台先收到,远台后收到,精确测出两台发射脉冲信号到接收机的时间差 ΔT(以 μs 计),则

$$\Delta L = c\Delta T \tag{5-12}$$

式中:ΔL 为两发射台到接收机的距离之差,m;ΔT 为接收机先后收到两台信号时的时差,× 10⁻⁶ μs;c 为电磁波传播速度(其值为 3 亿 m/s)。

实际应用时,定位系统是由在岸上安设的 A、B、C 3 个电台及船上安装的定位仪组成的。根据几何原理知,当一动点到两定点的距离之差为一定值时,动点的几何轨迹就是双曲线。利用两组电台,如 AB 与 BC,将每隔一定时差(或距离差)的曲线绘出,即可获得两簇双曲线。当船在某一位置 P 时,分别测得 AB 及 BC 的时差为 Δt_{AB} 及 Δt_{BC},此两条双曲线的交点 P 即为测船的位置。

无线电定位法受地形、天气的影响小,测量范围广,精度能满足小比例尺测图要求,常用于海上或江面宽阔的大江河及河口的定位。

2. 全球定位仪(GPS)法

全球定位系统由卫星空间星座、地面监控系统和用户设备三大部分组成。

卫星空间星座由 24 颗人造地球卫星组成,其中 3 颗为备用卫星,它们分布在 6 个等间隔的轨道面内,卫星倾角为 55°,近圆形轨道平均轨道高度为 20 200 km,卫星运行周期为 12 恒星时(11 h 58 min)。其主要功能是通过原子钟产生基准信号和提供精确的时间标准,发送导航定位信号,接受、存储、发送地面监控系统的导航信号、调度命令等。

地面监控系统由 1 个主控站、3 个住人站和 5 个监测站。其主要功能是跟踪观测卫星,计算编制描述卫星运动轨道的信息(包括计算出任一时刻的卫星位置及其速度)的卫星星历;

监测和控制卫星的运行状况;保持精确的 GPS 时间系统;向卫星注入导航电文和控制指令等。其中导航电文是用户用来定位和导航的数据基础,它包括卫星星历、时钟改正、电离层时延改正、工作状态信息等。

用户设备即 GPS 接收机,用来接收 GPS 卫星信号。GPS 卫星信号是一种用于导航定位的调制波。这种调制波经过变换、放大和处理,以便测量出 GPS 信号从卫星到接收机天线的传播时间,从而解译出 GPS 卫星所发送的导航电文,适时地计算出接收机所处位置的三维坐标,甚至三维速度和时间。

全球定位系统的工作原理是采用距离交会法,利用 GPS 接收天空视场中的 3 颗人造 GPS 定点卫星(A、B、C)的特定信号来确定其在地球上所处位置的坐标。

用户 P 在某一时刻 t_i 用 GPS 接收机同时测得接收机至上述 3 颗 GPS 定点卫星(A、B、C)的距离 S_{AP}、S_{BP}、S_{CP},而且该时刻卫星在空间的位置也是已知[其坐标分别为(X_A,Y_A,Z_A),(X_B,Y_B,Z_B),(X_C,Y_C,Z_C)](图 5-9)。这样就得到距离为

$$\left.\begin{array}{l} S_{AP} = \sqrt{(X_P-X_A)^2+(Y_P-Y_A)^2+(Z_P-Z_A)^2} \\ S_{BP} = \sqrt{(X_P-X_B)^2+(Y_P-Y_B)^2+(Z_P-Z_B)^2} \\ S_{CP} = \sqrt{(X_P-X_C)^2+(Y_P-Y_C)^2+(Z_P-Z_C)^2} \end{array}\right\} \quad (5-13)$$

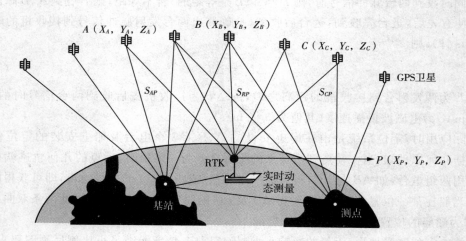

图 5-9　DGPS 测量系统原理示意图

GPS 定位仪使用和携带都很方便,定位快速、准确,不受天气情况的干扰等优点。

5.2.4　断面测深数据的整理

(1)断面测深数据的检查:测深垂线数目与测得水深、起点距、编号要一一对应;测深偏角是否有改正;水位是否有改正;计算河底高程;计算水道断面面积、大断面面积。

(2)测深偏角、水位改正:湿绳改正(图 5-10);干绳改正;悬索位移改正;水位改正,对一般河流,要求变化的面积不小于 5% 开始测流时的面积;对中小河流,要求平均水深不大于 0.5 m,水位变化不小于 5 cm。采用时间直线插补法进行改正。

（3）水道断面面积计算如图 5-11 所示。

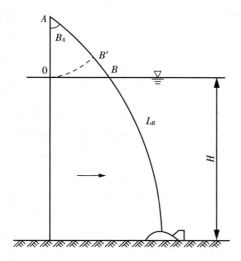

图 5-10　测绳改正示意图

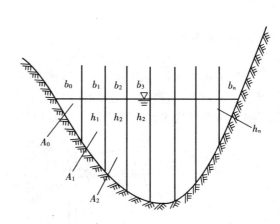

图 5-11　水道断面面积计算示意图

1）将经过上述整理后的数据按一定的比例绘出预留水上部分位置的水道断面图。

2）两个岸边部分按三角形面积计算为

$$A_0 = \frac{1}{2} b_0 h_1$$

$$A_n = \frac{1}{2} b_n h_n$$

3）其余部分按梯形面积计算为

$$A_i = \frac{1}{2} b i (h_i + h_{i+1}), i = 1, 2, \cdots, n-1$$

4）累加求和为

$$A = \sum_{i=0}^{n} A_i$$

（4）大断面面积计算，是为了推求 $Z \sim A$ 关系曲线，其分为水道断面面积计算和水上断面面积计算两部分。水上断面面积计算，自水面以上开始水平分层，左右岸每个折点处内插出起点距，梯形面积求和计算。如采用计算机计算，水平分层，可采用水道断面面积计算的方法计算全部大断面面积（图 5-12）。Z 作为纵轴，由历年最低水位开始，绘 $Z \sim A$ 关系曲线。

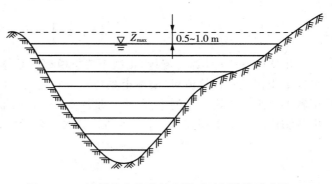

图 5-12　计算机方法进行大断面面积计算示意图

5.3 流速仪法测流

5.3.1 流速仪

流速仪分为转子式流速仪和非转子式流速仪。

转子式流速仪是利用水流作用到水中流速仪的迎水面,由于感应元件(转子)的各部分所受水压力不同,产生压力差而使流速仪转子转动。转子的转速与水流速度成正比,测定转子的转速即可推求得水流速度。按转动部分的形状,分为旋杯式流速仪和旋桨式流速仪。

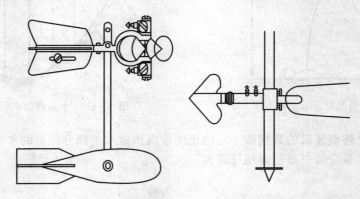

图 5-13   旋杯式流速仪及旋桨式流速仪

非转子式流速仪是利用声、光、力、电、磁作用于水流的效应测定水流通过的速度。按传感部分的工作原理划分为水压测速仪、采样流速仪、声学流速仪、光学流速仪、电学流速仪等。

5.3.2   流速仪法测流原理

河流横断面上的流速分布是不均匀的。以 h 代表水深变量,B 代表水面宽度变量,横断面上流速分布可用函数式(5-14)表示,则通过全断面的流量可用积分法式(5-15)求得:

$$v = f(h, b) \tag{5-14}$$

$$Q = \int_0^A v \mathrm{d}A = \int_0^B \int_0^h v \mathrm{d}h \mathrm{d}b = \int_0^B v_m h \, \mathrm{d}b \tag{5-15}$$

用式(5-15)计算的流量,相当于流量模型的总体积。因式(5-14)的关系比较复杂,一般很少用积分式计算流量,实际上是把积分式变成有限差的形式计算流量。如图5-6所示,用若干个垂直于横断面的平面,将流量横切成 n 块体积,每一体积即为一部分流量 q,只要测出各测速垂线上水深、流速,q 是容易计算的。全断面的流量 Q 即为

$$Q = \sum_{i=1}^n q_i \tag{5-16}$$

这就是流速仪法测流所用的基本方法。在实际测流时,不可能将部分面积分成无限多,而是分成有限个部分,所以实测流速只是逼近真值;河道测流需时间较长,不能在瞬时完成,

因此实测流量是时段的平均值。测流工作实质上是测量横断面及流速两部分工作的组合。

5.3.3　流速仪法测流的步骤及内容

（1）测量水深、起点距。

（2）观测测速垂线上各测速点的流速，有斜流时要测流向。

（3）水位观测，以及其他影响测流的有关因素，如风。

（4）检查、分析实测成果，进行断面流量计算。

5.3.4　流速测量

1. 测速垂线的数目与布设

由式（5-16），实用的流量测验方法为

$$Q = \sum_{i=1}^{n} q_i = \sum_{i=1}^{n} v_i A_i \tag{5-17}$$

式中：v_i，A_i 分别为部分流速和部分面积。

水情较平稳时，n 越大，Q 越精确，但所花费时间越多，Q 的瞬时性越差。为此，在保证满足一定测验精度要求或使测流历时最短的情况下，研究断面测速垂线数目、测点数目和测点测速历时等之间的最佳组合方案。测速垂线的布设原则：

（1）根据所要求的流量精度及断面的形状，测速垂线布设：应能控制断面地形和流速沿河宽分布的主要转折点。

（2）测速垂线布设位置应大致均匀，但主槽应较河滩为密。在测流断面内，大于总流量1% 的独股分流、串沟应布设测速垂线。

（3）测速垂线的位置应尽可能固定，以便于测流成果的比较，了解断面冲淤与流速变化情况，研究测速垂线与测速点数目的精简等。

（4）当断面形状或流速横向分布随水位级不同而有较明显的变化规律时，可分高、中、低水位级分别布设测速垂线。

2. 测速方法的选择

（1）根据垂线数目、测点多少、繁易程度分类。精测法：多线多点，为精简测流提供依据。常测法：较少的垂线和测点数目，正常情况下采用的方法。简测法：特殊水情时，如抢测洪峰、垮坝洪水，在保证精度的前提下，用尽可能少（或少到一条都不能再少的程度）的垂线和测点数目测流的方法。

（2）根据测速方法的不同分类。积点法：指在断面的各条垂线上将流速仪放在不同水深点处逐点测速，然后计算流速和流量。测速垂线上测速点的数目，根据流量精度的要求、水深及悬吊流速仪的方式等情况而定。测速点的数目越少，流速测验误差越大。按测速点的不同，有十一点法、六点法、五点法、三点法、两点法和一点法。积深法：流速仪在垂线上均匀升降而测定流速。积宽法：将一架特制的一转多信号旋桨流速仪固定在水下某一深度沿测流横断面匀速移动进行连续施测流速。

3. 测速历时的确定

测速历时长短取决于控制流速脉动对测速精度的影响。如图 5-14 所示给出了某河流的测站断面上不同水深处测速历时情况下的测速相对误差。如图 5-14 所示可以看出：

（1）在某测点上测速历时愈长，实测的时均流速愈接近真值。

（2）流速脉动越大，测速的误差也越大。

（3）历时越短，流速脉动产生的误差递增率也越大。

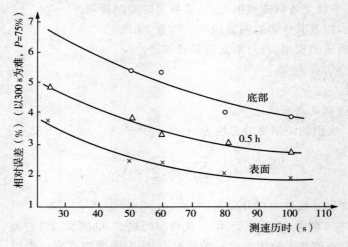

图 5-14　不同水深处测速历时情况下的测速相对误差

因此，精测法以 100 s 为基准，常测法、简测法用 50 s，特殊情况不能少于 20 s。各测站进行试验分析，根据黑龙江、广东、山东、吉林、江西、四川等省水文部门及长江水利委员会的分析试验，其所得结果大致相同。如以测速历时 300 s 为准：累积频率 75% 的相对误差，在水面时，测速历时 100 s 误差为 ±1.9%，50 s 为 ±2.5%，30 s 为 ±3.6%。

5.3.5　用分析法计算流量

假定相邻两测点之间、相邻两测速垂线之间、相邻两测深垂线之间的流速、面积均呈直线变化。具体为步骤如下：

1. 计算垂线平均流速

积深法的结果即垂线平均流速；积点法需根据垂线流速分布采用下列公式计算：

一点法

$$V_m = V_{0.6} \tag{5-18}$$

二点法

$$V_m = \frac{1}{2}(V_{0.2} + V_{0.8}) \tag{5-19}$$

三点法

$$V_m = \frac{1}{3}(V_{0.2} + V_{0.6} + V_{0.8})$$

或

$$V_m = \frac{1}{4}(V_{0.2} + 2V_{0.6} + V_{0.8}) \qquad (5-20)$$

五点法

$$V_m = \frac{1}{10}(V_{0.0} + 3V_{0.2} + 3V_{0.6} + 2V_{0.8} + V_{1.0}) \qquad (5-21)$$

六点法

$$V_m = \frac{1}{10}(V_{0.0} + 2V_{0.2} + 2V_{0.4} + 2V_{0.6} + 2V_{0.8} + V_{1.0}) \qquad (5-22)$$

十一点法

$$V_m = \frac{1}{10}\left(\frac{1}{2}V_{0.0} + \sum_{i=1}^{9}V_{0,i} + \frac{1}{2}V_{1.0}\right) \qquad (5-23)$$

式中：V_m 为垂线平均流速，$V_{0.0}$，$V_{0.2}$，$V_{0.4}$，$V_{0.6}$，$V_{1.0}$ 均为与脚标数值相应的相对水深处的测点流速。

2. 用平均分割法计算部分面积、流速、流量

（1）部分面积的计算。

岸边部分，由岸和距岸第一条测速垂线所构成的岸边部分（两个，左岸和右岸）面积，至少包括一个岸边块；中间部分，以相邻两条测速垂线划分部分、将各个部分内的测深垂线间的断面积（块面积）相加，得出各个部分的部分面积；若两条测速垂线（同时也是测深垂线）间无另外的测深垂线，则该部分面积就是这两条测深（同时是测速垂线）间的面积（即块面积），如图 5-15 所示。

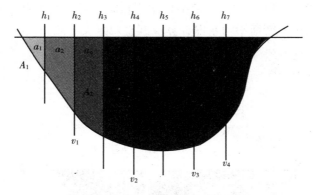

图 5-15　部分面积计算示意图

（2）部分平均流速的计算。

岸边部分，由距岸第一条测速垂线所构成的岸边部分（两个，左岸和右岸，多为三角形）

$$V_1 = \alpha V_{m_1} \qquad (5-24)$$

$$V_{n+1} = \alpha V_{mn} \qquad (5-25)$$

式中：α 为岸边流速系数，其值视岸边情况而定。斜坡岸边 $\alpha = 0.67 \sim 0.75$，一般取 0.70，陡岸 $\alpha = 0.80 \sim 0.90$，死水边 $\alpha = 0.60$。

　　中间部分,由相邻两条测速垂线与河底及水面所组成的部分,部分平均流速为相邻两垂线平均流速的平均值,即

$$V_i = \frac{1}{2}(V_{m_{i-1}} + V_{m_i})$$

(5－26)

（3）部分流量的计算。

　　如图5－16所示给出了部分流速及部分流量计算的直观示意。由上述所求各部分的部分平均流速与部分面积之间得到部分流量,即

$$q_i = V_i A_i$$

(5－27)

式中:q_i,v_i,A_i分别为第i个部分的流量、平均流速和断面积。

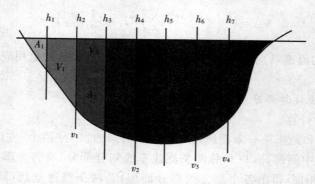

图5－16　部分流速及部分流量计算示意图

（4）断面流量及其他水力要素的计算。

　　断面流量Q用式(5－14)计算,断面平均流速和断面平均水深分别用式(5－28)、式(5－29)计算,图5－17给出了断面平均水深计算及其直观意义示意图。

$$V = \frac{Q}{A}$$

(5－28)

$$H = \frac{A}{B}$$

(5－29)

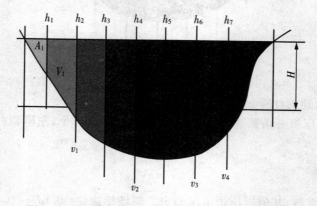

图5－17　断面平均水深计算及其直观意义示意图

3. 用中间分割法计算部分流速、面积、流量

如图 5-18 所示给出了中间分割法部分流量的计算示意,部分流量计算如下:

$$q_1 = v_1 \times h_2 \times b'_1, b'_1 = (b_1 + b_2)/2$$

$$q_2 = v_2 \times h_4 \times b'_2, b'_2 = (b_2 + b_3)/2$$

$$q_3 = v_3 \times h_6 \times b'_3, b'_3 = (b_3 + b_4)/2$$

$$q_4 = v_4 \times h_7 \times b'_4, b'_4 = (b_4 + b_5)/2$$

$$Q = q_1 + q_2 + q_3 + q_4$$

式中:$b_1{}', b_2{}', b_3{}', b_4{}'$ 为部分宽。

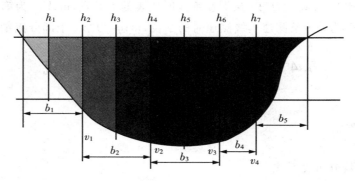

图 5-18　中间分割法部分流量计算示意图

5.3.6　相应水位计算

相应水位是指在一次测流过程中,与该次实测流量值相等的瞬时流量所对应的水位(图 5-19)。根据测流时水位涨落不同情况可分别采用算术平均法或加权平均法计算。

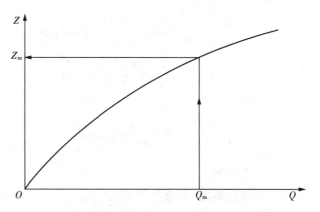

图 5-19　相应水位定义的示意图

1. 算术平均法

$$Z_m = \frac{\sum_{i=1}^{n} Z_i}{n} \tag{5-30}$$

2. $b'V_m$ 加权法

$$Z_m = \frac{\sum\limits_{i=1}^{n} b_i' V_{m_i} Z_i}{\sum\limits_{i=1}^{n} b_i' V_{m_i}} \qquad\qquad (5-31)$$

3. 部分流量加权法

$$Z_m = \frac{\sum\limits_{i=1}^{n} q_i \overline{Z}_i}{Q} \qquad\qquad (5-32)$$

式中:Z_m 为相应水位,m;b_i' 为第 i 条测速垂线所代表的水面宽,m;V_{m_i} 为第 i 条测速垂线的平均流速,m/s;Z_i 为第 i 条测速垂线测速时的水位,m;q_i 为第 i 个部分流量,m³/s。

5.4   浮标法测流和超声波法测流

5.4.1   浮标法测流

1. 测流原理

将流速的指数分布关系式

$$v = v_0 \eta^{\frac{1}{m}} \qquad\qquad (5-33)$$

代入到流量计算公式为

$$
\begin{aligned}
Q &= \int_0^A v \, dA = \int_0^B \int_0^h v \, dh \, db \\
&= \int_0^B \int_0^h v_0 \eta^{\frac{1}{m}} \, dh \, db = \int_0^B \int_0^1 v_0 \eta^{\frac{1}{M}} h \, d\eta \, db \\
&= v_0 \frac{1}{\left(\frac{1}{m}+1\right)} \int_0^B h \left[\eta^{\left(\frac{1}{m}+1\right)} \right]_0^1 \, db \qquad\qquad (5-34) \\
&= \frac{v_0 m}{m+1} \int_0^B h \, db = \frac{m}{m+1} v_0 \, \overline{h} B \\
&= K_f Q_f
\end{aligned}
$$

式中:Q_f 为浮标虚流量;K_f 为浮标系数;其余符号意义同前。

2. 测定 Q_f(各类浮标示意如图 5-20 所示)

(1)施放浮标。

(2)观测浮标流速 V_f,并确定其在测流断面上的位置。

(3)施测浮标测流断面面积。

(4)观测水位。

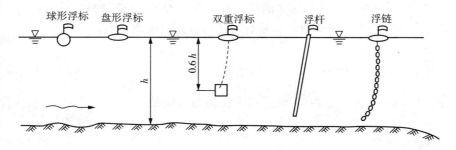

图 5 - 20　各类浮标示意图

（5）图解法计算浮标虚流量 Q_f（如图 5 - 21 所示）。

$$q_{f_i} = v_{f_i} A_i$$

$$Q_f = \sum_{i=1}^{n} q_{f_i}$$

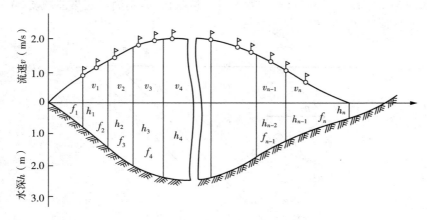

图 5 - 21　图解法计算浮标虚流量

3. 推求 K_f

（1）实验法。采用同流量比测数据计算（不同水位、风向、风力等参数情况）

$$K_f = \frac{Q_{流速仪}}{Q_f} \tag{5-35}$$

（2）经验法。引用典型有代表性站的观测数据，给出适用同类分区的半经验、半理论公式为

$$\overline{K}_f = \overline{K}_0(1 + A\overline{K}_v) \tag{5-36}$$

式中：$\overline{K}_f$ 为断面平均浮标系数；$\overline{K}_0$ 为断面平均水面流速系数；A 为浮标阻力分布系数；$\overline{K}_v$ 为断面平均空气阻力参数。

（3）水位流量关系曲线法。将流速仪不同测流方案分别绘制水位流量关系曲线，用浮标测量其相应水位,从这些水位流量关系曲线上查读流量 Q,Q 与 Q_f 的比值即 K_f。

（4）水面流速系数法。由水面流速系数的试验数据间接确定 K_f。

4. 计算流量

$$Q = K_f Q_f \qquad (5-37)$$

该法主要适用于水面漂浮物多,流速仪无法施测的情况。

5.4.2　超声波法测流

1. 测流原理

超声波法是利用超声波在水中的传播特性(如穿透性、方向性、多普勒效应等)测定层平均流速,并结合断面资料来推求流量的方法。实际应用情况有:(1)利用超声波在顺、逆水传播时间的变化来反映流速的变化,包括时差法、频差法及相位差法。(2)利用声波束偏移测定流速,即声束偏移法。(3)利用多普勒原理测定流速,多普勒法。

2. 时差法(脉冲时差法)

（1）测流方法。在河流两岸边水下某深度处,相对地装置一对电声可逆换能器 A、B,其间距为 L,如图 5-22 所示。开启超声波发射机和接收机,分别测出超声波顺流($A \to B$)和逆流($B \to A$)传播时间 T_1 和 T_2。

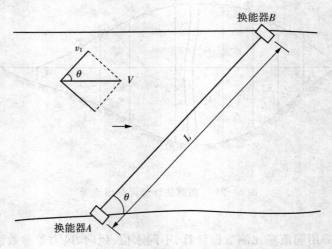

图 5-22　时差法测流原理示意图

（2）流速计算。设水层平均流速为 V,水流方向与 B 的夹角为 θ,水流在 AB 方向的分速为 v_1,$v_1 = v\cos\theta$,超声波在静水中传播速度为 C。当由 A 向 B（顺流）及反过来由 B 向 A（逆流）发射超声波,声波顺流与逆流传播时间分别为

$$T_1 = \frac{L}{C+v_1}$$

$$T_2 = \frac{L}{C-v_1}$$

则

$$v_1 = \frac{L}{2}\left(\frac{1}{T_1} - \frac{1}{T_2}\right)$$

$$v = \frac{v_1}{\cos\theta} = \frac{L}{2\cos\theta}\left(\frac{1}{T_1} - \frac{1}{T_2}\right) \tag{5-38}$$

3. 频差法（重复脉冲频率法、环路法）

（1）测流方法。通过测定顺水、逆水循环发声、收声的频差来确定水层平均流速和断面的流量。如上游换能器作送波器向对岸发射超声波，当下游换能器接收到声波后通过专门电路系统，使上游送波器立即再次发射，如此便可形成电 — 声 — 电的环路。单位时间声波循环的次数就是频率，则顺水与逆水发声的频率分别为

$$f_1 = \frac{1}{T_1}$$

$$f_2 = \frac{1}{T_2}$$

顺水与逆水发声的频差 Δf 为

$$\Delta f = f_1 - f_2 = \frac{1}{T_1} - \frac{1}{T_2} \tag{5-39}$$

（2）流速计算。

从式（5-38）得

$$v = \frac{v_1}{\cos\theta} = \frac{L}{2\cos\theta}\left(\frac{1}{T_1} - \frac{1}{T_2}\right) = \frac{L}{2\cos\theta}\Delta f \tag{5-40}$$

4. 流量计算

（1）多层测流法。沿河流两边不同深度上相对安设多对换能器，在断面上测出各水层的平均流速 v_i，用 v_i 乘以对应河宽 b_i，得单深流量 $v_i b_i$，以纵坐标为水深，横坐标为单深流量，绘制垂直流量分布图（图 5-23）。用求积仪量出垂直流量分布曲线图的面积，即全断面的流量，以公式表示为

$$Q = \int_0^h v_i b_i \mathrm{d}h \tag{5-41}$$

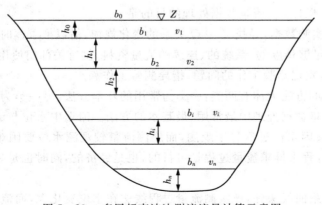

图 5-23　多层超声波法测流流量计算示意图

（2）单层测流法。沿河流两边分别选择一个合适的固定位置，安放一对换能器，以换能器测得的该层平均流速 v_1，用 v_1 代表全断面平均流速 $\bar{v}$，则 $Q = v_1 A$，A 为断面面积。

必须选择一个安装换能器的位置，使得 $v_1 = \bar{v}$（或使 $\bar{v} = \alpha v_1 + c$）。

我国朗梨水文站经比测得出下列关系。

$0.2h$ 单层法：

$$\bar{v} = 0.913 v_{0.2} + 0.005$$

$0.6h$ 单层法：

$$\bar{v} = v_{0.6}$$

1973 年英国在泰晤士河上游某站用多层（7 层）法测速的 15 次资料分析结果表明 h 换能器的位置应放在 $0.641\bar{h}$ 处，$\bar{h}$ 为断面平均水深。

超声波法测流能够测得全断面的瞬时流速、流量及其连续变化过程，并可直接以数字或过程线的形式显示结果；方法简单，内、外业工作量小；不需要过河设备，操作安全，劳动强度大大改善；不破坏天然水流状态，不妨碍通航；测速历时短，不仅对抢测洪峰提供了有利条件，还适用于受回水顶托、冰凌、潮汐和受水工建筑物影响的河段的测流；测速范围大，有测低速和高速的能力；便于遥测遥控，为迅速提供江河水情、及时做出洪水预报、指挥防洪抢险创造了有利条件。不足之处是超声波在静水中传播速度为 C，在河道流水中受到水温、压力、水中杂质的影响，在水位变化急剧、含沙量大，水中漂浮物和气泡很多的情况下，将带来较大的误差；超声波法测流对站址的选择和技术要求都比较严格。

5.5　稳定 $Z \sim Q$ 关系的流量数据处理

5.5.1　流量数据处理

实测流量数据是一种零星的、不连续的、可能含有错误的原始数据，不能反映流量的完整变化过程和变化规律，自然不能满足国民经济各部门对这种资料的要求。流量数据处理就是对原始流量数据按科学的方法和统一的技术标准与格式进行整理、分析、统计、审查、汇编和刊印的全部技术工作。流量数据处理的目的是：

（1）利用少数实测数据，寻找 $Z \sim Q$ 关系的变化规律，借以推求逐时流量资料。

（2）得到具有足够精度的、系统的、连续的流量资料，供有关部门使用。

（3）通过处理，发现测验工作的问题，指导测验工作。

流量数据处理的方法大体有两类：一类为常用的基本方法，另一类为辅助方法。水位流量关系曲线法是流量数据处理中最常用、最基本的方法。河渠中水位与流量关系密切，一般都有一定的规律；又因水位过程易于观测，而施测流量较观测水位要困难。因此，建立水位流量关系，用水位过程来推求流量过程是可行的，也是经济的，同时也是采用测站控制、选择站点的首要目的。

除水位流量关系曲线法外，连实测流量过程线法在水位变化大，而流量变化不大的个别测站亦作为流量推求的基本方法。上下游测站水文要素相关法、降水径流关系法等也是流量数据处理中的常用方法,但这些方法是流量数据处理中的辅助方法。它们主要用于缺测数据的插补和延长或数据的合理性检查。

流量数据处理的主要工作环节有两个,一个是定线,一个是推流。定线工作就是根据实测的流量数据率定出与流量关系密切的水文要素之间的关系,用其水文要素和率定的关系推求流量的工作叫推流。很显然,对于水位流量关系曲线法,就是根据实测流量与相应水位,按照一定的水力规律定出水位流量关系曲线,根据水位过程,在率定的水位流量关系曲线上,推求流量过程,从而可以计算出各种流量的特征值。

数据处理的内容包括:(1)收集校核原始资料;(2)编制实测成果表;(3)确定关系曲线,推求逐时、逐日值;(4)编制逐日表及洪水水文要素摘录表;(5)合理性检查;(6)编制数据处理说明书。

5.5.2 人工渠道 $Z \sim Q$ 关系分析

对宽浅矩形断面渠道($b \geqslant h, h \approx R$),有

$$A = bh = K_1 h \tag{5-42}$$

$$V = \frac{1}{n} R^{\frac{2}{3}} S^{\frac{1}{2}} = K_2 h^{\frac{2}{3}} \tag{5-43}$$

$$Q = AV = K_1 h K_2 h^{\frac{2}{3}} = K_3 h^{\frac{5}{3}} \tag{5-44}$$

对三角形、梯形、抛物线形等断面渠道,考虑一般形式作概化处理,具有以下特性:
(1)$A = K_1 h^\alpha (\alpha \geqslant 1)$,呈凹向下方的单调增值曲线。
(2)$V = K_2 h^\beta (0 < \beta < 1)$,呈凹向上方的单调增值曲线。
(3)$Q = K_3 h^\gamma (\gamma > 1)$,呈凹向下方的单调增值曲线。
以上概化关系可以推广用于天然河道的稳定水位流量关系的分析。

5.5.3 天然河道稳定的 $Z \sim Q$ 关系分析

1. 水位面积关系曲线分析

因为 $\alpha \geqslant 1$,所以 $\frac{dA}{dh} > 0$,表示面积随水深的增加而增大,同增 dz 时,$dA_1 \leqslant dA_2$。

$$dA = BdZ, \frac{dZ}{dA} = \frac{1}{B} \tag{5-45}$$

$\frac{d^2 A}{dh^2} \geqslant 0$,表示 $Z \sim A$ 关系曲线凹向下方。由此,可以得到以下推论:
(1)河槽为矩形或 U 形,$Z \sim A$ 关系曲线为一直线(图 5-24)。
(2)河槽处于两岸悬崖突出处(瓶口式),$Z \sim A$ 关系曲线发生反曲。
(3)河槽为复式断面,当水位漫滩时,$Z \sim A$ 关系曲线发生突变。

2. 水位流速关系曲线分析

因为 $\beta < 1$,故 $\frac{dV}{dh} > 0$ 表示流速随水深的增加而增大,$\frac{d^2 V}{dh^2} < 0$,即 $Z \sim V$ 关系曲线为一

条凹向上方的曲线。考虑到当 $h \to \infty$ 时,其 $\dfrac{dV}{dh} \to 0$。说明当水深增加到一定程度后,流速随水深的增加增大甚微,因此高水位时流速近于常数。因此,$Z \sim V$ 关系曲线为一条以铅垂线为渐近线的凹向上方的曲线,如图 5-25 所示。由此,可以得到以下推论:

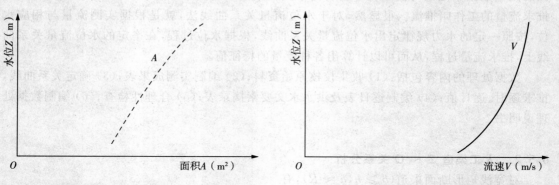

图 5-24　天然河道稳定的 $Z \sim A$ 关系　　　　图 5-25　天然河道稳定的 $Z \sim V$ 关系

(1) 在漫滩时,$Z \sim V$ 关系曲线有明显反曲(图 5-26)。
(2) 在断流水位下有深潭时,$Z \sim V$ 关系曲线也发生反曲(图 5-27)。

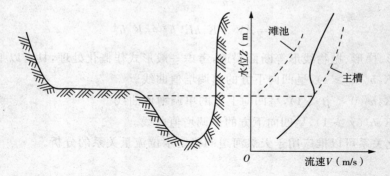

图 5-26　天然河道漫滩时的 $Z \sim V$ 关系

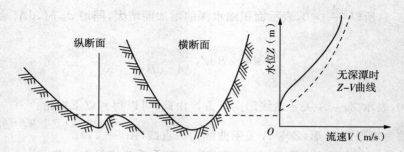

图 5-27　天然河道断流水位下有深潭时的 $Z \sim V$ 关系

设深潭面积为 A_0,$A = A_0 + A_1$,$\overline{V} = \dfrac{Q}{(A_0 + A_1)}$,若 A_1 很小,A_0 占比重大,对 V 影响大;若若 A_1 很大,A_0 占比重小,对 V 影响小。

（3）由于 V 与 S、n 等因素有关，因而当这些因素或测站控制条件发生变化时，也会造成 $Z \sim V$ 关系曲线的反曲。

3. 水位流量关系曲线分析

因为 $\gamma > 1$，故 $\dfrac{\mathrm{d}Q}{\mathrm{d}h} > 0$，说明流量随水深的增加而增大。$\dfrac{\mathrm{d}^2 V}{\mathrm{d}h^2} > 0$，即 $Z \sim Q$ 关系曲线为一条凹向下方的曲线（图 5-28）。由此，可以得到以下推论：

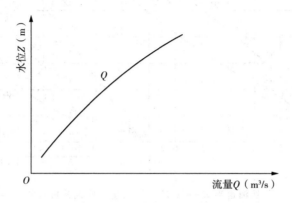

图 5-28　天然河道稳定的 $Z \sim Q$ 关系

（1）在漫滩时，由 $Z \sim A$ 和 $Z \sim V$ 两关系线共同作用决定，判断 $Z \sim Q$ 关系曲线是否有反曲（图 5-29）。其原因为

$$\mathrm{d}Q = \frac{\partial Q}{\partial A}\mathrm{d}A + \frac{\partial Q}{\partial V}\mathrm{d}V$$

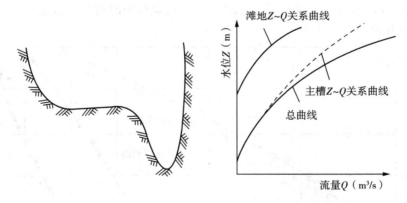

图 5-29　天然河道漫滩时的 $Z \sim Q$ 关系

漫滩时，$\mathrm{d}A > 0$，$\mathrm{d}V < 0$，上式的右边两项之和可以为"$+$"、也可以为"$-$"，所以曲线是否反曲，取决于 $\mathrm{d}Q$ 的结果。

（2）当水力原因使 $Z \sim A$，$Z \sim V$ 关系不稳定而发生反曲或转折时，$Z \sim Q$ 关系曲线也发生反曲或转折（图 5-30）。

4. $Z \sim A$、$Z \sim V$、$Z \sim Q$ 关系曲线分析目的

三线反映了测站特定河道水力、水文特性，处理定线时应考虑这些特性。

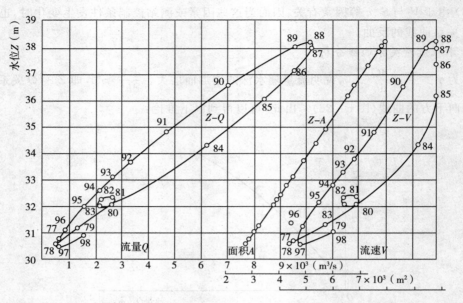

图 5-30　天然河道当 $Z \sim A$、$Z \sim V$ 发生反曲或转折时的 $Z \sim Q$ 关系

5.5.4　稳定 $Z \sim Q$ 关系的流量数据处理(单一曲线法)

1. 判断单一曲线的标准

在普通方格纸上,纵坐标是水位,横坐标是流量。(1)点绘的 $Z \sim Q$ 关系点据密集地分布成一狭窄带状,且 75% 以上的中高水流速仪测流点距与平均关系线的偏离不超过 ±5%,75% 的低水点或浮标测流点距偏离不超过 ±8%(流量很小时可适当放宽)。(2)关系点没有明显的系统偏离(图 5-31)。

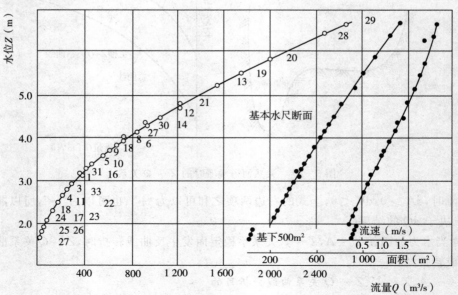

图 5-31　浙江衢州水文站某年 $Z \sim Q$ 关系

2. 单一曲线法的定线方法

(1) 图解法 —— 人工定线；(2) 解析法 —— 人工或计算机选配方程定线。

3. 单一曲线法的定线步骤

(1) 在同一张图纸上依次点绘 $Z \sim Q$、$Z \sim A$、$Z \sim V$ 关系曲线。3 条曲线的比例尺选择，应使它们与横轴的夹角分别近似为 $45°$、$60°$、$60°$ 且互不相交；测点右侧注明测次号；3 条曲线左右顺序为 $Z \sim Q$、$Z \sim A$、$Z \sim V$。

(2) 分析 $Z \sim Q$、$Z \sim A$、$Z \sim V$ 的曲线特征。是否符合单一曲线的标准；有无特殊情况出现；分析突出点(明显偏离所定平均曲线的反常关系点)，产生的原因是测验和数据处理各环节中出现差错或者是因特殊水情造成关系点的突然变化，判别标准采用 ISO 标准用 2 倍标准差，处理的方法：系水力因素变化所致，则应作可靠资料看待；系测算错误造成，则应设法予以改正；无法改正者，暂时不用，留待核实之后再确定是否舍弃。

(3) 通过点群中心定一条单一线。应秉持误差最小原则且光滑无反曲(否则，就有特殊情况出现)。

(4) 进行曲线检验(仅对 $Z \sim Q$ 关系曲线)。包括符号检验、适线检验、偏离数值检验，两条曲线(或两列数组)需要合并定线时，还要进行 t 检验。

(5) 高低水延长。测站测流时，由于施测条件限制或其他种种原因，致使最高水位或最低水位的流量缺测或漏测。为取得全年完整的流量过程，必须进行高低水时 $Z \sim Q$ 关系的延长。高水延长的结果，对洪水期流量过程的主要部分包括洪峰流量在内有重大的影响，高水部分的延长幅度一般不应超过当年实测流量所占水位变幅的 30%。低水流量虽小，但如延长不当，相对误差可能较大且影响历时较长，低水部分延长的幅度一般不应超过 10%。延长方法采用偏离数值检验的方法，年头年尾衔接要注意光滑曲线过渡。

(6) 编制流率表。

流率表读数方便、统一，不会因人而异，规范化。其编制应统一格式，注意 $Z \sim Q$ 关系的递增性($Z_2 \geqslant Z_1$，$\Delta Q_2 \geqslant \Delta Q_1$)。

(7) 推流。直接在流率表上查读，由 $Z_1 \rightarrow Q_1 \rightarrow \overline{Q}$，$\overline{Q}$ 的计算与日平均水位计算方法相同。

5.5.5　$Z \sim Q$ 关系曲线的检验

1. 统计检验的相关概念

不确定度 —— 在一定置信概率下，测量值可能出现的误差上界值 X。

置信水平 —— 测量值出现在统计容许区间内的概率值 P，即测量值出现在其真值 $X_0 \pm X$ 的统计区间内的可能性，即测量值误差不超过某一上界值 X 的可能性(概率)。

显著性水平 —— 当原假设正确时，被拒绝概率的最大值 α，即测量值误差在超过误差上界值 X 的可能性(概率)，$\alpha = 1 - P$，属小概率。

临界值 —— 确定 α 值的位置(误差上界值)；正态分布：u_K；t 分布：t_K。

双侧检验 —— 小概率出现在分布曲线的两侧，需检验两侧值。例：糖果厂出厂袋装糖果，(500 ± 5)g；国庆 50 周年天安门广场阅兵，受阅方队战士身高，(178 ± 2)cm 等，如图 $5 - 32(u_K = u_{1-\alpha/2})$ 所示。

单侧检验 —— 小概率仅出现在分布曲线的一侧，只需检验这一侧值，如图 $5 - 32$ 所示。

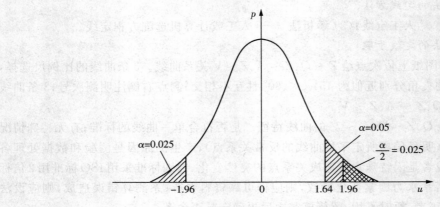

图 5-32　双侧检验与单侧检验

假设检验的一般步骤:(1)建立原假设 H_0。(2)根据测量值的分布,选择适当统计量。(3)由给定的 α,计算临界值(u_K 或 t_K)。(4)计算样本统计量 u 或 t。(5)比较,当 $|u| \geqslant u_K$,属小概率,所以拒绝原假设;当 $|u| < u_K$,不属小概率,即接受原假设(t 和 t_K 同样)。

2. 符号检验

符号检验的目的是为了判断两随机变量 X 和 Y 的概率分布是否存在显著性差异,其内容是检验所定 $Z \sim Q$ 关系曲线两侧测点数目的分配是否均衡合理。

$$u = \frac{|K - 0.5n| - 0.5}{0.5\sqrt{n}} \qquad (5-46)$$

符号检验的方法包括查表法和计算法,现将计算法介绍如下:

(1)将全部点据按照从低水位到高水位的顺序编号,把分布在 $Z \sim Q$ 关系曲线左侧的点据记为"—",右侧的点据记为"+",线上的点可平均分配于关系曲线的两边各 0.05。统计出现"+"、"—"号的点据个数 n_+ 和 n_-,原假设为"+"、"—"出现的概率相等。

(2)取 $K = \max(n_+, n_-)$[或取 $K = \min(n_+, n_-)$],计算 u 值。

(3)根据相关标准要求所指定的显著性水平 α,查表得

$$u_K : \alpha = 0.05, u_K = u_{1-\alpha/2} = 1.96$$

(4)计算 u 并与 u_K 相比较。当 $|u| \geqslant u_K$ 时,拒绝原假设,定线不合理,需修改、重新定线;当 $|u| < u_K$ 时,接受原假设,定线合理,通过。

说明:符号检验是双侧检验,因为"+"太多或"—"太多,都将被拒绝。

3. 适线检验

适线检验的目的是为了检查定线有无系统偏离,其内容是检验各级 $Z \sim Q$ 关系曲线两侧测点数目的分布是否均衡合理。

$$u = \frac{|k - 0.5(n-1)| - 0.5}{0.5\sqrt{n-1}} \qquad (5-47)$$

现将适线检验的列表统计计算法介绍如下:

(1)按照水位从低到高、依次将分布在 $Z \sim Q$ 关系曲线旁相邻两个点距的偏离符号("+"、"—")进行逐个对比,把"+"、"—"变号的记为"1",同号的记为"0"(曲线上点距平均分

配在两侧的有利分配原则：线上的点平均分配在曲线左侧、右侧时首先尽可能使得异号的个数为多，目的是保证适线检验能够通过；其次要使符号检验中的"＋"、"－"总体大致均衡，也要在符号检验允许的差值内），共 $n-1$ 个。原假设为"1"，"0"出现的概率相等。

（2）列表统计异号个数 K（表 5-2），计算 u。

表 5-2   符号、适线检验表

序号	1	2	3	4	5	6	7	8	9	10	11	…	$n-1$	n
符号	＋	＋	－	－	－	＋	－	＋	－	＋	…		＋	－
适线	0	1	0	0	1	0	1	1	1	1	…	…		1

（3）根据相关标准要求所指定的显著性水平 α，查表得 u_K，$\alpha=0.05$，查表时用 $\alpha=0.10$，$u_K=1.64$。

（4）比较 u 与 u_K。当 $|u| \geqslant u_K$，拒绝原假设，定线不合理，需修改、重新定线；当 $|u| < u_K$，接受原假设，定线合理，通过。

说明：适线符号检验是单侧检验，因为"＋"、"－"变化少，即各级 $Z \sim Q$ 关系曲线两侧测点数目的分布不均衡将被拒绝。

4. 偏离数值检验

偏离数值检验的目的是为了检验测点偏离关系线的平均偏离值（即平均相对误差）是否在合理范围内，借以用数据论证曲线定得是否合理。检验方法如下：

设测点与关系线的相对偏离值为

$$X_i = \frac{Q_i - Q_{ci}}{Q_{ci}} \tag{5-48}$$

式中：Q_i 为实测流量；Q_{ci} 为与同 Q_i 水位下关系曲线上的流量。

则平均相对偏离值（即平均相对误差）为

$$\overline{X} = \frac{1}{n} \sum_{i=1}^{n} X_i \tag{5-49}$$

$\overline{X}$ 的标准差为

$$S_{\overline{X}} = \sqrt{\frac{\sum_{i=1}^{n} (X_i - \overline{X})^2}{n(n-1)}} \tag{5-50}$$

将 $\overline{X}$ 与 $S_{\overline{X}}$ 进行比较，若 $X < S_{\overline{X}}$，则认为关系曲线定得合理。用最小二乘法定线时，因为 $\overline{X} = 0$，故此项检验可以不做。

5. t 检验

t 检验的目的是为了判断稳定的 $Z \sim Q$ 关系是否发生了显著变化（即测站条件是否发生变动）、定线是否有明显偏离等。通过此检验，可以正确绘制和使用 $Z \sim Q$ 关系曲线。检验的内容：假定两组变量的总体方差（标准差 S）相同，总体均值相等的条件下，进行两组样本均值的比较。

$$t = \frac{\overline{X_1} - \overline{X_2}}{S\sqrt{\dfrac{1}{n_1} + \dfrac{1}{n_2}}} \qquad (5-51)$$

$$S = \sqrt{\frac{\displaystyle\sum_{i=1}^{n_1}(X_{1i} - \overline{X_1})^2 + \sum_{j=1}^{n_2}(X_{2j} - \overline{X_2})^2}{n_1 + n_2 - 2}} \qquad (5-52)$$

式中：X_{1i}，X_{2j}，分别为一、二数组测点对 $Z \sim Q$ 关系曲线相对偏差；$\overline{X_1}$，$\overline{X_2}$ 分别为一、二数组测点系列的平均相对偏离值；n_1，n_2 分别为一、二数组测点数；S 为一、二数组测点数的综合标准差；t 为统计量。

t 检验的方法：(1) 求两数列的 X_{1i}，X_{2j}。(2) 求 $\overline{X_1}$，$\overline{X_2}$。(3) 计算 S 及 t。(4) 由 α 及 $(n = n_1 + n_2 - 2) \to t_K$。(5) 比较 t 与 t_K，当 $|t| \geqslant t_K$，拒绝原假设，原定曲线已发生明显变化，必须分别定线；当 $|t| < t_K$，接受原假设，原定曲线无明显变化，可合并定线或原定曲线可继续使用。

5.5.6　$Z \sim Q$ 关系曲线的延长和流量插补

1. 用 $Z \sim A$、$Z \sim V$ 关系高水延长

适用于河床稳定，$Z \sim A$、$Z \sim V$ 关系点集中，曲线趋势明显的测站。其中，高水时的 $Z \sim A$ 关系曲线可以根据实测大断面资料确定，高水时 $Z \sim V$ 关系曲线常趋近于常数，可按趋势延长。于是，某一高水位下的流量，便可由该水位的断面面积和流速的乘积来确定。这样，可延长 $Z \sim Q$ 关系曲线，如图 5-33 所示。

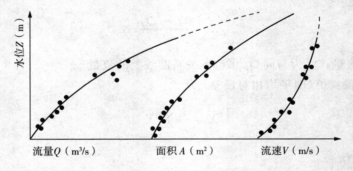

图 5-33　$Z \sim Q$、$Z \sim A$、$Z \sim V$ 关系高水延长

2. 用水力学公式高水延长

此法可避免 $Z \sim A$、$Z \sim V$ 关系高水延长中 $Z \sim V$ 顺趋势延长的任意性，用水力学公式计算出外延部分的流速值来辅助定线。

(1) 曼宁公式外延

$$V = \frac{1}{n}(R^{\frac{2}{3}} S^{\frac{1}{2}}) \qquad (5-53)$$

延长时，用式 (5-53) 计算流速，用实测大断面资料延长 $Z \sim A$ 关系曲线，从而达到延长 $Z \sim Q$ 关系的目的。

计算流速时，因水力半径 R 可用大断面资料求得，故关键在于确定水面比降 S 和糙率 n

值。根据实际资料，如 S、n 均有资料时，直接由公式计算并延长；当二者缺一时，通过点绘 $Z \sim n$（或 $Z \sim S$）关系曲线并延长之，再算出 V；如两者都没有时，则将 $\dfrac{1}{nS^{\frac{1}{2}}}$ 看成一个未知数，因 $\dfrac{1}{nS^{\frac{1}{2}}} = \dfrac{Q}{AR^{\frac{2}{3}}}$，依据实测资料的流量、面积、水力半径计算出 $\dfrac{1}{nS^{\frac{1}{2}}}$，点绘 $Z \sim \dfrac{1}{nS^{\frac{1}{2}}}$ 曲线，因高水部分 $\dfrac{1}{nS^{\frac{1}{2}}}$ 接近于常数，故可按趋势延长。

（2）斯蒂文斯（Stevens）法。由谢才流速公式导出流量为

$$Q = CA\,(RS)^{\frac{1}{2}} \tag{5-54}$$

式中：C 为谢才系数；其余符号意义同前。

对断面无明显冲淤、水深不大但水面较宽的河槽，以断面平均水深 $\bar{h}$ 代替 R，则式（5-54）可改写为

$$Q = KA\,\bar{h}^{\frac{1}{2}} \tag{5-55}$$

式中：$K = CS^{\frac{1}{2}}$，高水时其值接近常数。

故高水时 $Q \sim A\bar{h}^{\frac{1}{2}}$ 呈线性关系，据此外延。由大断面资料计算 $A\bar{h}^{\frac{1}{2}}$ 并点绘不同高水位 Z，在 $Q \sim A\bar{h}^{\frac{1}{2}}$ 曲线上查得 $A\bar{h}^{\frac{1}{2}}$ 值，并以 $Q \sim A\bar{h}^{\frac{1}{2}}$ 曲线上查得 Q 值，根据对应的 (Z, Q) 点距，便可实现 $Z \sim Q$ 关系曲线的高水延长。

3. $Z \sim Q$ 关系曲线的低水延长法

低水延长一般是以断流水位作控制进行 $Z \sim Q$ 关系曲线向断流水位方向所作的延长。断流水位是指流量为零时的相应水位。假定关系曲线的低水部分用式（5-56）表示为

$$Q = K\,(Z - Z_0)^n \tag{5-56}$$

式中：Z_0 为断流水位，m；n、K 分别为固定的指数和系数。

在 $Z \sim Q$ 曲线的中、低水弯曲部分，依次选取 a、b、c 三点，它们的水位和流量分别为 Z_a，Z_b，Z_c 及 Q_a，Q_b，Q_c。并令其满足 $Q_b{}^2 = Q_a Q_c$，代入式（5-56），求解得断流水位为

$$Z_0 = \dfrac{Z_a Z_c - Z_b{}^2}{Z_a + Z_c - 2Z_b} \tag{5-57}$$

求得断流水位 Z_0 后，以坐标 $(Z_0, 0)$ 为控制点，将关系曲线向下延长至当年最低水位即可。

5.6　不稳定 $Z \sim Q$ 关系的流量数据处理

不稳定的 $Z \sim Q$ 关系，是指测验河段受断面冲淤、洪水涨落、变动回水或其他因素的个别或综合影响，使水位与流量间的关系不呈单值函数关系。

5.6.1　受洪水涨落影响的 $Z \sim Q$ 关系

1. 受洪水涨落影响的流量公式

由水力学知，当洪水波在顺直、匀整的河道中传播时，其水流流态为渐变不稳定流，运动

方程为

$$S = \frac{Q^2}{K^2} + \frac{1}{g}\frac{\partial V}{\partial t} + \frac{V}{g}\frac{\partial V}{\partial S} \qquad (5-58)$$

式中：$\frac{Q^2}{K^2}$ 为摩阻项；$\frac{1}{g}\frac{\partial V}{\partial t}$ 为波动项；$\frac{V}{g}\frac{\partial V}{\partial S}$ 为动能项；$\frac{1}{g}\frac{\partial V}{\partial t} + \frac{V}{g}\frac{\partial V}{\partial S}$ 为惯性项约占 1%。

渐变流时，动能项 $\frac{V}{g}\frac{\partial V}{\partial S}$ 比摩阻项 $\frac{Q^2}{K^2}$ 小得多，可忽略不计。对于平原河流中的洪水，波动项 $\frac{1}{g}\frac{\partial V}{\partial t}$ 也只有摩阻项 $\frac{Q^2}{K^2}$ 的百分之几，甚至更小，即使在一般河流中、下游，它所占比重也很有限，可忽略不计。于是，运动方程简化为

$$S = \frac{Q^2}{K^2} \qquad (5-59)$$

$$Q = K\sqrt{S} \qquad (5-60)$$

实践表明，水面比降 S 可以看作由 3 部分组成，即河道纵比降、水深的沿程变化和洪水波引起的附加比降。前两部分之和为稳定流时的水面比降，以 S_c 表示。可以证明，附加比降 ΔS 可表示为

$$\Delta S = \frac{1}{U}\frac{\mathrm{d}Z}{\mathrm{d}t} \qquad (5-61)$$

$$S = S_c + \frac{1}{U}\frac{\mathrm{d}Z}{\mathrm{d}t} \qquad (5-62)$$

式中：U 为洪水波的传播速度，m/s；$\frac{\mathrm{d}Z}{\mathrm{d}t}$ 为水位的涨落率，即单位时间内水位的变化，m/s。

将式（5-62）代入式（5-61）中，并以 Q_m 表示实测流量，整理后得

$$Q_m = K\sqrt{S_c + \frac{1}{U}\frac{\mathrm{d}Z}{\mathrm{d}t}}$$

$$= K\sqrt{S_c}\sqrt{1 + \frac{1}{S_c U}\frac{\mathrm{d}Z}{\mathrm{d}t}} \qquad (5-63)$$

$$= Q_c\sqrt{1 + \frac{1}{S_c U}\frac{\mathrm{d}Z}{\mathrm{d}t}}$$

式中：Q_c 为稳定流的流量 $Q_c = K\sqrt{S_c}$；$\sqrt{1 + \frac{1}{S_c U}\frac{\mathrm{d}Z}{\mathrm{d}t}}$ 为校正因素。

式（5-63）即受洪水涨落影响的流量公式。

2. 受洪水涨落影响的 $Z \sim Q$ 关系分析

洪水涨落影响，是指在涨落水过程中因洪水波传播引起不同的附加比降，使断面流量与同水位下稳定流量相比，呈现有规律的增大或减小，$Z \sim Q$ 关系呈逆时针绳套曲线（简称洪水绳套曲线）。

（1）点绘 $Z \sim Q$、$Z \sim A$、$Z \sim V$ 关系曲线分析。

从图 5-30 中可见如下关系：1）$Z \sim A$ 关系单一，$Z \sim V$、$Z \sim Q$ 关系散乱，但一一对应。2）一次洪水中，涨水点在落水点右边，依时序可连成逆时针走向的绳套曲线。3）洪水绳套曲线与水位过程线关系密切。将各测点的涨落率 $\dfrac{\mathrm{d}Z}{\mathrm{d}t}$ 标注在测点旁，涨水点 $\dfrac{\mathrm{d}Z}{\mathrm{d}t} > 0$，落水点 $\dfrac{\mathrm{d}Z}{\mathrm{d}t} < 0$，峰顶、谷底处 $\dfrac{\mathrm{d}Z}{\mathrm{d}t} = 0$；$\left| \dfrac{\mathrm{d}Z}{\mathrm{d}t} \right|$ 越大，绳套越宽；反之，越窄。表现为对同一测站的各次洪水而言，水位涨落急剧者，所形成的绳套曲线较胖。对应于水位过程线的峰、谷点，因其涨落率为零，故其流量应与同水位下稳定流的流量相同。

（2）洪水绳套曲线上各水力要素极值出现次序。各水力要素极值出现的顺序是：最大比降（最大涨率）、最大流速、最大流量、最高水位，即 $S_{\max} \to V_{\max} \to Q_{\max} \to Z_{\max}$。

（3）洪水绳套曲线分类。1）单式绳套。单次洪水所形成的绳套。2）复式绳套。若一次洪水上涨后尚未退完，另一次洪水又接踵而至，形成连续洪峰所形成的绳套。特点是后一个绳套较前一个绳套稍为偏左，其原因是出现连续洪水时，因河槽调蓄作用使河谷壅水，导致后一次洪水的稳定比降减小。因此，同水位稳定流的流量也较前一次洪水时小（图 5-34）。

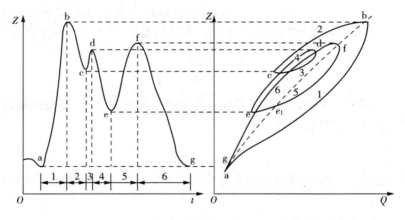

图 5-34　复式绳套情况下的 $Z \sim Q$ 关系

顺便指出，由于复式洪水的后一次洪水受到洪水涨落与河槽调蓄的双重影响，所以可将它作为受洪水涨落与变动回水的混合影响来进行分析。

5.6.2　受变动回水影响的 $Z \sim Q$ 关系

测流断面下游水体水位的变化，将导致该断面水面比降和流量的变化，在 $Z \sim Q$ 关系图上使同水位下比降或落差大的关系点偏右、小的偏左，下游水体水位的变化对 $Z \sim Q$ 关系的这种影响，称为变动回水影响。

天然河流中，产生变动回水的原因一般有：洪水期干、支流的相互顶托，下游湖、库或海洋等水体水位的变化，下游渠道闸门的启闭，下游河道童水或水草丛生与冰凌壅塞等。

由于下游水体水位变化与由此引起的测流断面比降的变化是一个缓变过程，因此受变动回水影响的水流一般可认为是恒定渐变流，其流量与各水力要素间的关系可用曼宁公式表示，即

$$Q = \frac{1}{n} A R^{\frac{2}{3}} S_e^{\frac{1}{2}}$$

在断面稳定、河道顺直时,式中的糙率 n、断面面积 A 和水力半径 R 一般均为水位 Z 的函数,且流速水头的沿程变化也可忽略,因此能面比降 S_e 便可用水面比降 S 来代替。

如上所述,在某水位时因变动回水影响程度不同,则流量也随之不同,两流量之比为

$$\frac{Q_1}{Q_2} = \frac{\frac{1}{n} A R^{\frac{2}{3}} S_1^{\frac{1}{2}}}{\frac{1}{n} A R^{\frac{2}{3}} S_2^{\frac{1}{2}}} = \left(\frac{S_1}{S_2}\right)^{\frac{1}{2}} \qquad (5-64)$$

实际上,河流纵比降指数的平均值只是近似等于 1/2,为适应不同河流特性,将式(5-64)写成普遍形式为

$$\frac{Q_1}{Q_2} = \left(\frac{S_1}{S_2}\right)^e \qquad (5-65)$$

式中:e 表示水流的沿程能量损失与流速之间的指数关系。

一般河流的水面比降等于河段上下游两断面之间的水位差 ΔZ(即落差)与断面间距的比值,故式(5-65)也可用落差的形式来表示。为区别起见,指数 e 改用 β 来代替,表示为

$$\frac{Q_1}{Q_2} = \left(\frac{\Delta Z_1}{\Delta Z_2}\right)^{\beta} \qquad (5-66)$$

可见,受变动回水影响的河流流量不仅与测流断面的水位有关,还与测验河段的比降或落差有关,因此也可将流量表示为

$$Q = f(Z, \Delta Z) \qquad (5-67)$$

式(5-66)、式(5-67)即受变动回水影响的流量数据处理的基本关系式,对应的数据处理方法便称为落差法。

1. 比降代表性分析

比降的代表性,是指用落差法对受变动回水影响的流量数据进行处理时,由于上、下比降断面的位置不同,用所测落差代表数据处理断面处水面比降的一致程度。分析的目的是研究在不同一致程度下,反映在式(5-66)中落差指数 β 的具体含义。下面分两种情况进行分析:

(1)落差所代表的比降与数据处理断面处比降一致时。当基本水尺断面处于两比降水尺断面中间,且河道整齐、断面均匀时,则可认为所测比降与中断面比降近似相等,此时为

$$S_{em} \approx S_m \approx \overline{S} \approx \frac{\Delta Z}{L}$$

式中:S_{em},S_m,$\overline{S}$ 分别为中断面的能面比降、水面比降及河段平均比降(图5-35)。

由于 $\overline{S}$ 与 ΔZ 成正比,故流量比公式可写为

$$\frac{Q_1}{Q_2} = \left(\frac{S_{e1}}{S_{e2}}\right)^{\frac{1}{2}} = \left(\frac{\Delta Z_1}{\Delta Z_2}\right)^{\frac{1}{2}}$$

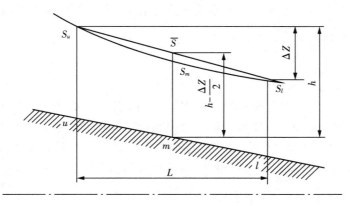

图 5 - 35 测流断面位置与水面比降的关系

（2）落差所代表的比降与数据处理断面处比降不一致时。在图 5 - 35 中，若数据处理断面位于上比降断面，则各断面水面比降的关系为

$$S_u > S_m > S_l$$

式中：S_u，S_m，S_l 分别为上、中、下断面的水面比降。

对于顺直的宽浅河流，当某一水位时，设不同比降所对应的落差分别为 ΔZ_1、ΔZ_2 对应的流量分别为 Q_1、Q_2，则

$$Q_1 = \frac{1}{n} A_u R_u^{\frac{2}{3}} S_{u1} \approx \frac{B_1}{n L^{1/2}} h_1^{\frac{5}{3}} \Delta Z_1^{\frac{1}{2}}$$

$$Q_2 = \frac{1}{n} A_u R_u^{\frac{2}{3}} S_{u2} \approx \frac{B_2}{n L^{1/2}} h_2^{\frac{5}{3}} \Delta Z_2^{\frac{1}{2}}$$

式中：B_1、B_2 分别对应于落差 ΔZ_1、ΔZ_2 时的中断面水面宽。当比降变化不大、两比降断面相距不远时，可以认为 $B_1 \approx B_2$；h_1、h_2 分别对应于 ΔZ_1、ΔZ_2 时中断面的平均水深；L 为两比降水尺之间的距离。

两流量之比为

$$\frac{Q_1}{Q_2} = \left(\frac{S_{u1}}{S_{u2}} \right)^{\frac{1}{2}} = \left(\frac{h_1}{h_2} \right)^{\frac{5}{3}} \left(\frac{\Delta Z_1}{\Delta Z_2} \right)^{\frac{1}{2}}$$

如图 5 - 35 所示可知，当水面曲线的曲率很小时计算为

$$h_1 \approx h - \frac{\Delta Z_1}{2}$$

$$h_2 \approx h - \frac{\Delta Z_2}{2}$$

如图 5 - 35 所示，计算为

$$\frac{Q_1}{Q_2} = \left[\frac{h - \dfrac{\Delta Z_1}{2}}{h - \dfrac{\Delta Z_2}{2}} \right]^{\frac{5}{3}} \left(\frac{\Delta Z_1}{\Delta Z_2} \right)^{\frac{1}{2}} \tag{5-68}$$

式(5-68)中,等式右端第一项与水位和落差有关,称为断面改正因数。若将它对流量的影响反映到落差指数中去,计算为

$$\frac{Q_1}{Q_2} = \left(\frac{\Delta Z_1}{\Delta Z_2}\right)^{\beta} \tag{5-69}$$

可见,式(5-69)与式(5-66)相同,只是这时的 β 除含有前述的摩阻损失与流速的指数关系"1/2"外,还包括断面改正因数的影响。因此,这时的 β 值可能与"1/2"有较大的差别。只有当 h 很大或 ΔZ_1 与 ΔZ_2 相差很小时,断面改正因数才接近于1,也才有 $\beta \approx 1/2$。

同理,若数据处理断面在下比降断面时,分析方法与上面完全相似,不同的是这时的断面改正因数应表示为 $\left[\left(h+\frac{\Delta Z_1}{2}\right)\bigg/\left(h+\frac{\Delta Z_2}{2}\right)\right]^{\frac{5}{3}}$。

2. 受变动回水影响的 $Z \sim Q$ 关系分析

对于受变动回水影响的 $Z \sim Q$ 关系,由于同水位下流量的大小受到落差变化的影响,而落差的变化又主要是下游水体水位变化的结果,因此其 $Z \sim Q$ 关系除与本站水情变化有关外,还与下游水体水情的变化有关。随着下游水体对测验河段的影响程度和时间的不同,$Z \sim Q$ 关系曲线的走向也不相同,有的呈逆时针绳套,有的呈顺时针绳套,有的呈"8"字形,有的呈反"8"字形(图5-36)。

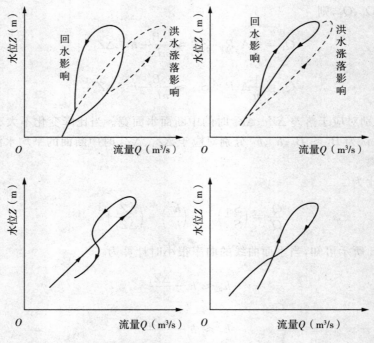

图5-36 受变动回水影响的 $Z \sim Q$ 关系

分析受变动回水影响与受洪水涨落影响两种 $Z \sim Q$ 关系曲线,便可发现:两者的共同点都是因水面比降的变化而影响流速、进而影响流量的。若把各实测点的水面比降(或落差)标注在 $Z \sim Q$ 关系图上,都可发现右侧点比降大,左侧点比降小。因此,有些 $Z \sim Q$ 关系,既可当成受洪水涨落影响,也可被视为受变动回水影响。特别是因河槽调蓄作用引起的变动

回水影响与洪水涨落影响,往往更难区分。这时,在数据处理方法的选择上就有较大的灵活性。例如,有时把复式洪水绳套当成受变动回水影响来处理,采用落差法进行流量的数据处理。

　　然而,变动回水影响与洪水涨落影响两者之间也存在着明显的差异,主要表现在:(1)水流流态不同。前者被视为缓变恒定流,后者被当作渐变非恒定流。(2)反映比降变化的因素不同。前者主要是分析落差,而后者着重分析洪水特性,通常用涨落率来反映比降的变化。(3)影响源地不同。变动回水影响来自下游水体水位的变化,洪水涨落影响乃源于上游洪水波的运动。(4)$Z \sim Q$ 关系曲线的特征不同。受洪水涨落影响时,关系线可按时序连成逆时针绳套曲线,变动回水影响却没有这种特征。

5.6.3　受断面冲淤影响的 $Z \sim Q$ 关系

　　测站受冲淤影响时,$Z \sim A$ 关系曲线将发生变动,从而使 $Z \sim V$、$Z \sim Q$ 关系曲线亦发生变动。

　　1. 冲淤情况分类

　　(1)经常性冲淤。表现为冲淤变化频繁,冲淤虽有程度不同之分,但分不出相对稳定的阶段,反映在关系曲线图上,测点分布非常散乱。

　　(2)不经常性冲淤。这种冲淤只发生在几次较短的时间里,两次冲淤之间,有较长的稳定时间,关系测点随时间可分成几条有规律的带组,冲淤变化期间,测点表现为从一带组过渡到另一个带组,如图 5-37 所示。

　　(3)普遍冲淤。测流断面与测流河段冲淤变化一致,即冲淤前后的河底坡降及断面形态基本相似。此时,冲淤前后的关系曲线呈纵移状态。如图 5-38 所示。

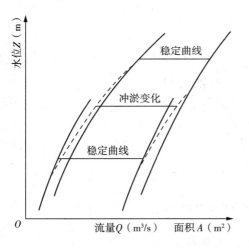

图 5-37　不经常性冲淤

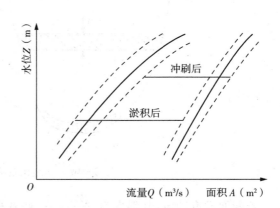

图 5-38　普通冲淤受断面冲淤影响的 $Z \sim Q$ 关系

　　(4)局部冲淤。冲淤前后断面形状及测验河段剧烈改变,河底比降明显变化。反映在关系曲线上,冲淤前后的趋势大幅度改变,无一定规律可循。

　　有时测流断面虽有冲淤,但高水时控制良好,或因冲淤增减的面积占高水面积的比重很小,常使关系曲线上部为单一线,下部呈扫帚形,如图 5-39 所示。

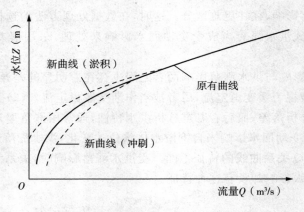

图 5 - 39　局部冲淤 $Z \sim Q$ 关系曲线

2. 冲淤情况的分析

为了正确的制定 $Z \sim A$、$Z \sim Q$ 关系曲线,应对冲淤情况进行分析,分析方法有:切线比较法、冲淤过程线及横断面图比较法等。

(1)切线比较法。此法适用于底部冲淤的情形。此时各级水位下河面宽基本上是固定的。由以前分析知:稳定面积曲线的斜率等于水面宽的倒数。当河底有冲淤时,上述关系发生变化。如图 5 - 40 所示,当水位增加 ΔZ,引起面积增大 ΔA_1,河底部分因冲刷又增大 ΔA_2,在 $Z \sim A$ 关系曲线上,两点连线的斜率为

$$\frac{\Delta Z}{\Delta A} = \frac{\Delta Z}{\Delta A_1 + \Delta A_2}$$

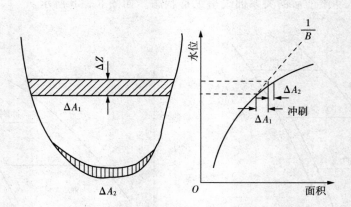

图 5 - 40　切线比较法冲淤分析示意图

若断面没有冲淤,其斜率为 $\dfrac{\Delta Z}{\Delta A_1} = \dfrac{1}{B}$,两者相等,其关系为

$$\frac{\Delta Z}{\Delta A} < \frac{\Delta Z}{\Delta A_1} = \frac{1}{B} \tag{5 - 70}$$

用 $Z \sim A$ 两相邻测点的连线作为实测斜率,与稳定斜率相比较,若两者重合,表示不发生冲淤;若相互交叉,说明断面发生冲淤变化。判断的标准是用后一个测点与前一个测点相比较。

由式(5 - 70)可得出如下结论:在实测斜率小于河宽倒数时,涨水表示冲刷,落水表示淤

积;反之,实测斜率大于河宽倒数时,涨水表示淤积,落水表示冲刷。

利用上述方法,可对下述曲线冲淤进行分析,如图 5-41 所示,序号表示时间先后,短虚线为用河宽倒数表示的斜率。短实线为面积曲线的斜率。

如图 5-40 所示可以看出:若以标准 $Z \sim A$ 曲线为准,标准线的左半部,即 1、2、3、B 连线,属于淤积阶段;右半部,即 B、4、5、6、7 连线,属于冲刷阶段。若不以标准曲线为准,而以时间顺序分析冲淤情况,可用切线比较法,判断出各点或各时段的冲淤情况。其方法是将同水位河面宽倒数绘到实测面积曲线点处,与各点处切线进行比较,如 1、2、3、…、7 等点处的短虚线与短实线所示。

分析时,从 A 点开始。$A \sim 2$ 点,实测曲线斜率大于各点的河宽倒数,为涨水段,由上述法则,此段属于淤积,2 点处两短线重合,属不冲不淤,实际上该点达到淤积最大处。

$2 \sim 3$ 点,实测曲线斜率小于河宽倒数,仍为涨水段,根据法则判断属冲刷,即后一时间的断面与前一时间相比都在冲刷,但都还没有恢复到涨水的标准 $Z \sim A$ 线上,在 3 点达最高水位,此处的斜率为最小值,趋于零。

$3 \sim 4$ 点,斜率均为负值,上述判断冲淤性质的法则不适用,但可直观看出,该阶段水位在降落,断面面积反而增大,故可判断出属于冲刷。在 B 点,实际面积曲线与标准面积曲线相交,说明断面面积已回到与标准断面面积相等的程度,在 4 点处面积曲线斜率达最大值,为无限大。

$4 \sim 5$ 点,实测曲线斜率大于河宽倒数,为落水段,故仍属冲刷,如图 5-41 所示上看出,冲刷的势头在减小,在 5 点处,两种斜率重合,此处处于不冲不淤的稳定阶段,实际上是冲刷最小处。

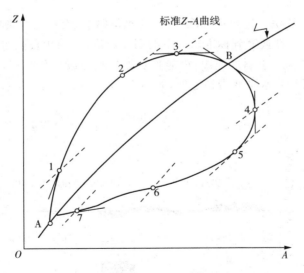

图 5-41　$Z \sim A$ 曲线冲淤分析

$5 \sim 7$ 点,实测曲线斜率小于河宽倒数,仍为落水段,由法则判断属淤积。

由以上分析,利用切线比较法,以判断任何点处和任何阶段的冲淤变化情况。在分析过程中均需要绘制稳定状态下的 $Z \sim A$ 曲线的斜率。

稳定斜率(河宽倒数)的绘制:先找出该点的河面宽,则稳定斜率 $= \dfrac{1}{B} = \dfrac{1}{B} \dfrac{\Delta Z}{\Delta Z}$,设 ΔZ 为

$1m$，可求出 $B\Delta Z$ 表示的面积。如图 5-24 所示的空白处，按关系曲线图的纵横比例，横坐标上取 $B\Delta Z$ 面积数字的长度，纵坐标取 $1m$ 的长度，连斜线即稳定的斜率线，再用推平等线的办法将其平移到测点处，即得虚线表示的斜率线。

（2）冲淤过程线法。用表示冲淤的某一指标为纵坐标，时间为横坐标，依时序绘制变化过程线，能明显的表示出冲淤变化情况。其绘制方法有以下几种：

1）平均河底高程过程线法。此法是将实测断面相应水位减去平均水深，得平均河底高程；以平均河底高程为纵坐标，测流平均时间为横坐标。该过程线上升变为淤积期，下降变为冲刷期，水平变为稳定期。此法适用于矩形或 U 形断面，发生普遍冲淤的情形，如图 5-42 所示。

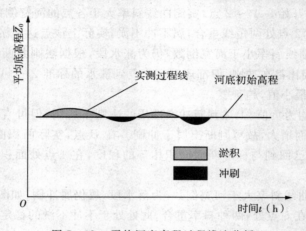

图 5-42　平均河底高程过程线法分析

2）同 $Z \sim A$ 过程线法。选择一标准水位，此水位以上，面积无冲淤变化。将各实测断面面积，加减一条形面积，都换算到标准水位下的面积数值，此面积称同水位下的面积，将其作为纵坐标，时间为横坐标，绘制过程线，也能直观地反映冲淤变化过程。该过程线上升变为冲刷期，下降变为淤积期，水平变为稳定期，如图 5-43 所示。

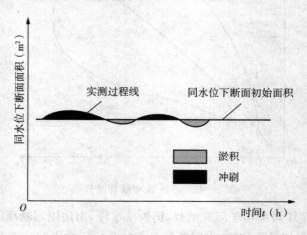

图 5-43　同 $Z \sim A$ 过程线法分析

3）横断面图比较法。对一次洪峰断面冲淤变化进行分析时，将各实测断面套绘在一起，可以看出断面内冲淤变化的部位和演变方向。此法工作量大，主要在分析突出点时使用，绘图时,纵坐标以河底高程表示,横坐标以起点距表示,如图 5-44 所示。

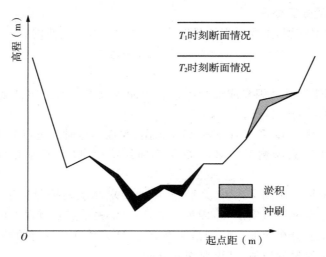

图 5-44　横断面图比较法分析

5.6.4　受水草生长、结冰及混合因素影响的 $Z \sim Q$ 关系

1. 水草影响

在平原地区,某些气温较高,雨量丰沛的河流,水草生长茂盛。水草生长的主要影响,是使过水面积减小,糙率增大,因塞水使比降减小,从而导致流量减小。反映在 $Z \sim Q$ 关系图上,受水草影响的各关系点都分布在畅流期 $Z \sim Q$ 关系曲线的左侧。

分析受水草生长影响时,应注意:(1)水草生长的时期。例如,有的测站水草生长发生在中低水位时期,随水草生长的盛衰不同, $Z \sim Q$ 关系曲线分成几条,而高水时因其影响甚小,使 $Z \sim Q$ 关系曲线又合成一条。(2)水草生长的位置。水草生长位置不同,对 $Z \sim Q$ 关系的影响也不同,如果控制断面及其附近生长水草,则其影响与河道淤积或河底结冰相似;若水草生长在河道两侧或滩地,则仅高水时才有影响;若测验河段内或其附近水草丛生,则对 $Z \sim Q$ 关系影响更大。

2. 结冰影响

在我国北方的结冰河流,当测站受结冰影响时,有时发生水位大幅度上涨,而流量反而有减小现象,造成冰期流量关系曲线反常, $Z \sim Q$ 关系成反比变化。这是因为冰期水流的过水断面面积减小,糙率增大,使得相同水位下的流量减小,关系点偏于畅流期 $Z \sim Q$ 关系曲线的左侧。冰情不同,对流量的影响程度也不同。例如,下游发生冰塞、冰坝时使水位上升,形成回水顶托影响。又如有些小河,其冰期流量随气温的日变化而发生相应的变化。

3. 混合因素影响

同一测站的 $Z \sim Q$ 关系,同时受到两种或两种以上因素的明显影响,称为受混合影响。例如,冲淤与洪水涨落,冲淤与变动回水,洪水涨落与变动回水混合影响等。

在混合因素影响下,关系曲线更加复杂,测点分布更加散乱,给制定关系曲线带来很大难度。但仔细分析各因素在不同时期的消长过程,并从中探求某种主要因素的变化规律,找出各个时期的主要影响因素,还是可以制定出比较合理的关系曲线的。

5.6.5 时序型流量数据处理

时序型流量数据处理,主要根据流量变化的连续性,按照实测的 $Z \sim Q$ 关系点的时序连成关系曲线。

1. 连时序法

连时序法适用于受某一因素或综合因素影响而连续变化时。本法要求测流次数较多、并能控制 $Z \sim Q$ 关系的转折点。

定线时,先绘制 $Z \sim Q$、$Z \sim A$、$Z \sim V$ 关系图,并依测点时序进行分析,找出各个时段的影响因素,按照各种因素影响下的 $Z \sim Q$ 关系曲线特性,以参证因素的变化作参考,连绘 $Z \sim Q$ 关系曲线。

连线时,主要依据是实测 $Z \sim Q$ 关系点,因此要求测次能控制流量变化的转折处。但是,连线时并不一定全部通过实测点,因为实测 $Z \sim Q$ 关系点是有误差的,甚至可能会有错误,因此连线时一定要分析定线。特别是实测 $Z \sim Q$ 关系点与分析的影响因素有较大出入时,同时又涉及本站流量的极值,则更要深入分析。

分析定线时,水位过程线是必不可少的。在水位过程线上,要醒目地注明各实测流量测次位置,特别是峰、谷附近。因为实测点在峰谷前后的位置,有时会对 $Z \sim Q$ 关系线有较大影响。

分析受断面冲淤或结冰影响时,还应参考用连时序法绘出 $Z \sim A$ 关系曲线变化趋势,帮助绘 $Z \sim Q$ 关系曲线。如高水时缺测断面资料,须结合测站特性,分析冲淤变化规律,先就面积曲线进行插补,再根据插补的面积曲线与 $Z \sim V$ 关系曲线求出 $Z \sim Q$ 关系曲线。如图 5-45 所示为主要受冲淤影响连时序法绘制的 $Z \sim Q$ 关系曲线。

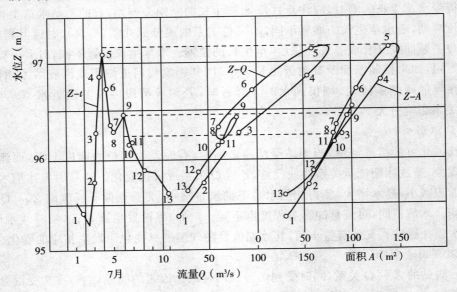

图 5-45　连时序法所绘 $Z \sim Q$ 关系曲线

对于受洪水涨落影响的 $Z \sim Q$ 关系曲线,主要是按洪水绳套曲线的特性进行连线。这时,连时序法也称为绳套曲线法。

洪水绳套曲线的分析主要是水位过程线，因为水位过程线的斜率是水位的涨落率。从式(5-64)中知，对于同一测站，涨落率是反映洪水特性的重要参数。根据受洪水涨落影响的 $Z \sim Q$ 关系特性洪水绳套一定是逆时针绳套；同一测站，大致相似的洪水过程，形成的绳套曲线大致相似；不同的涨落率绳套的幅度不同，一般涨落率大者，绳套的宽度亦大；复式绳套一般较前一个绳套偏左，如图 5-46 所示。

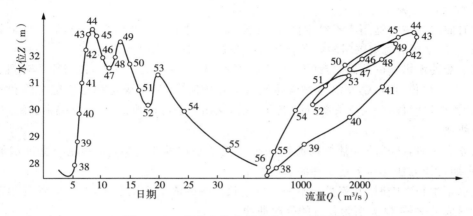

图 5-46　绳套曲线法所定 $Z \sim Q$ 关系曲线

分析受变动回水影响时，主要参考比降的变化。在同水位下，一般比降大者流量大，$Z \sim Q$ 关系点在右边。对于实测流量点较少或者对实测点有怀疑的地方，特别是 $Z \sim Q$ 关系曲线的走向难以确定时，必须分析比降（落差）来确定 $Z \sim Q$ 关系曲线。如图 5-47 所示为受变动回水影响时连时序曲线的实例。从与 48 测次同水位落差的分析知，图中所定连时序线基本上是合理的。

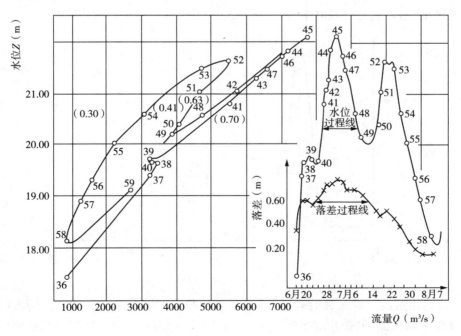

图 5-47　变动回水影响时的连时序线

　　受混合影响时,应选其主要的一种影响因素(同时也照顾其他次要因素)的变化趋势作参考。在这种情况下,曲线的变化将更复杂,绘制曲线时,须进行深入分析,分别处理。

　　流量的推求是用水位在不同时段相应的水位流关系曲线上查读,因此各段曲线适用时间必须清楚。

　　2. 临时曲线法

　　临时曲线法主要适用于不经常性冲淤的测站,有时也用于处理结冰、水草生长影响的测站。在 $Z \sim Q$ 相对稳定的时段内各自定出一条曲线,称为临时曲线。

　　对于受冲淤影响的测站,定线时,首先在 $Z \sim A$、$Z \sim Q$ 关系图上,依时序了解测点的分布规律;结合水位过程线,了解水情发生重大变化的时期,分析确定相对稳定时段和测点分组;通过各稳定时段 $Z \sim Q$ 关系点的点群中心,定出各稳定时段的 $Z \sim Q$ 关系曲线,方法同单一曲线法。

　　结冰影响时,冰期的流量与畅流期同水位流量相比偏小,其断面变化与受冲淤影响相似,稳定期定线方法亦与上述受冲淤影响相似。

　　受水草生长影响时,其流量与不受水草生长影响的流量相比偏小,各影响程度相对稳定的时段形成的 $Z \sim Q$ 关系为各自的临时曲线。

　　两条稳定的临时曲线之间的时期称为过渡期。过渡期 $Z \sim Q$ 关系的处理方法有以下几种:

　　(1)自然过渡。常见于冲淤程度不大和受水草生长影响的测站。两条曲线有一部分重合。两条曲线间的过渡期就在重合部分,如图 5-48 所示。对于受冲淤影响的测站,若高水时发生冲淤,但冲淤影响不大,甚至对流量的影响不及测验误差大,因此水位流量关系的差异不明显,低水时,冲淤的影响才显现出来,对水草生长的影响也主要是对低水影响。由于影响是逐渐地,所以就有一段时期,两条 $Z \sim Q$ 关系曲线自然衔接起来。

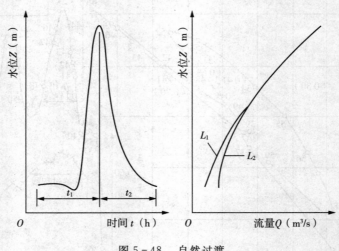

图 5-48　自然过渡

　　(2)连时序过渡。在过渡时段时,可参照水位趋势与该时段内的实测点用连时序法连出。过渡线可以反曲,但在开始与终了都应与临时曲线相切。如过渡时段跨过峰顶,则应与峰顶水位相切,如图 5-49 所示。

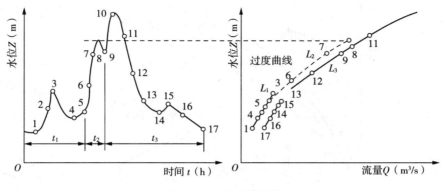

图 5 - 49 连时序过渡

（3）内插曲线过渡。在过渡段水位平缓或有小起伏等情况下绘过渡线不便时，可采用几条均匀内插曲线推流，如图 5-50 所示，内插曲线应尽量通过相应的实测点，并注明每条内插曲线的使用日期。

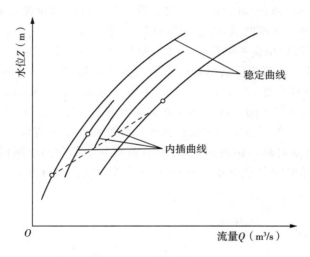

图 5 - 50 内插曲线过渡

定线后，应将各条曲线依时序编号，并注明每条曲线的使用时间和水位的上下界限。推流时，用水位在各相应的临时曲线上推求流量。

3. 改正水位法和改正系数法

（1）改正水位法。改正水位法可用于受经常性冲淤但变化较均匀缓慢的测站，并用于受水草生长影响或结冰影响的时期。本法要求有足够的实测流量点，影响因素变化过程的转折处要求有实测点加以控制。

定线时，先绘制标准曲线。在点绘的 $Z \sim Q$ 关系图上，绘制一条单一的 $Z \sim Q$ 关系曲线，称为标准曲线，如图 5-51 所示。

量取各测次点子与标准曲线的纵差，即水位改正数。测点在标准曲线上方者，水位改正数为负值，反之为正值。以时间为横坐标，水位改正数为纵坐标，点绘水位改正数过程线，连线时宜连成平滑连续的曲线。

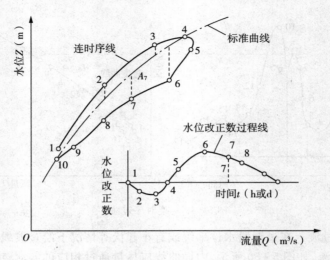

图 5-51   改正水位法 $Z \sim Q$ 关系

流量的推求是根据不同的时间在水位改正数过程线查得水位改正数,以水位加水位改正数得改正水位后,再从标准曲线(或已编制的 $Z \sim Q$ 关系表)上查读流量。

标准曲线的确定可以根据不同的情况选用不同的方法。受普遍冲淤的河段,可用导向原断面法定标准曲线。如河床纵横断面变化前后大致相似,即认为冲淤前后整个控制河段(包括测流断面)呈纵移状态,$Z \sim A$、$Z \sim Q$ 关系点子也是等距纵移的。如图 5-52 所示,先在 $Z \sim A$ 关系图中选择居中的一次大断面或实测水道断面作为标准,绘出其 $Z \sim A$ 关系曲线作为面积的标准曲线,然后自第一测次的点子向标准曲线作垂直线,求得其纵差。将相应测次的流量点子向同方向移动相同的纵差距离,就得到全部导向原断面后的水位流量关系点子,如图 5-52 所示中"+"点所示。这些点子已较原实测点集中,可通过点群中心绘出 $Z \sim Q$ 关系标准曲线。

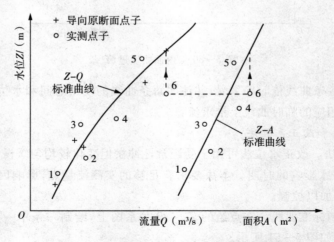

图 5-52   导向原断面法确定标准曲线

也可在各 $Z \sim A$ 关系点上,绘出其斜率等于河宽倒数的短斜线,即该点的 $Z \sim A$ 关系曲线的切线,然后顺各点的切线方向,居中定出一条 $Z \sim A$ 关系的标准曲线。

　　在某次洪水涨落期间,河槽断面发生突变现象,冲淤前后两断面形状不同,采用一条 $Z \sim A$ 关系曲线效果不好。这时最好选择突变前后两个实测断面作为标准,将突变前后的流量点子分别导向两个断面,定出两条 $Z \sim Q$ 关系的标准曲线。

　　当断面受局部冲淤影响,或者冲淤程度小,其水位流量关系点子分布成一条明显条状时,可直接通过点群中心定一条 $Z \sim Q$ 关系标准曲线。这时得到的水位改正数过程线,则不能完全代表冲淤变化过程的性质。

　　对于受水草生长影响时,是以不受水草生长影响时的 $Z \sim Q$ 关系曲线为标准曲线;对结冰期的标准曲线,一般选用畅流期的 $Z \sim Q$ 关系曲线。两者的水位改正数应全部为负值。当改正数等于零时,表示流量不受水草生长或结冰影响。

　　(2)改正系数法。改正系数法主要适用于冰期 $Z \sim Q$ 关系不稳定,但没有冰塞、冰坝、壅水现象时,或河槽中受水草生长影响时。定线与推流方法与改正水位法相似,现以本法用于冰期推流情况为例说明。

　　改正系数法亦要定出标准曲线,如图 5-53 所示,其标准曲线为畅流期的 $Z \sim Q$ 曲线;计算实测冰期流量 Q_m 与其同水位标准曲线上查得流量 Q_c 的比值 K,即 $K = \dfrac{Q_m}{Q_c}$;参考水位过程点绘改正系数过程线。图 5-53 所示即是改正系数法的标准曲线和 K 值过程线。

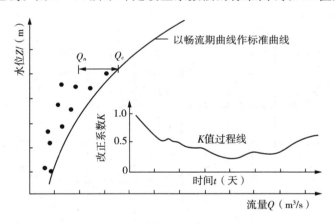

图 5-53　改正系数法

　　推求流量时,从水位查得标准曲线上的流量 Q_c,由时间在过程线上查得 K,Q_c 与 K 相乘即得该时刻相应的流量。

　　4.连实测流量过程线法

　　连实测流量过程线法是一种撇开水位、直接连接各次实测流量点成过程线,从而推求逐时、逐日流量的方法。

　　在畅流期,当受断面冲淤、变动回水等因素影响,使 $Z \sim Q$ 关系紊乱,流量变化不甚剧烈,流量测次较多、能控制流量变化过程,即可用此法。在封冻期,当 $Z \sim Q$ 关系紊乱,流量变化平缓、测次较多时,宜用此法。流冰期,测验困难使用其他方法受到限制时也可使用此法。

　　连绘流量过程线时,应参照水位过程线,如图 5-54 所示。从中可发现突出点并插补出峰、谷点,必要时还应点绘出缺测部分的局部 $Z \sim Q$、$Z \sim A$ 关系曲线进行分析,绘出连时序线以插补流量值。

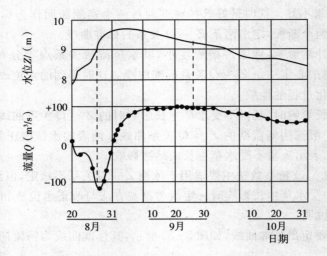

图 5 - 54　畅流期连实测流量过程线法

冰期用此法定线推流时,可直接连接各实测点为过程线。从图 5-55 中可以看出水位虽有起伏变化,但流量变化甚微。

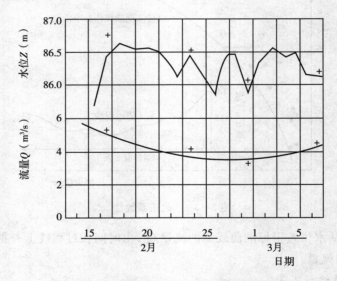

图 5 - 55　封冻期连实测流量过程线法

在冰期与畅流期的过渡时段,在流量测点稀少或没有测点时,应考虑水位过程线的趋势,才能连出流量过程线,如图 5-56 所示。

5.6.6　水力因素型流量数据处理

1. 校正因素法

将受洪水涨落影响的实则流量通过校正因素的校正后,便可转化成同水位下稳定流的流量。

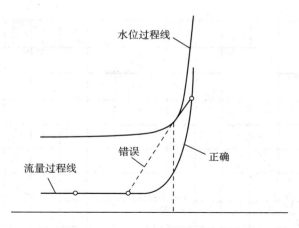

图 5-56　融冰时的流量过程线连法

已知 Z、Q_m、$\dfrac{\Delta Z}{\Delta t}$，求 Q_c、$\dfrac{1}{US_c}$，试算求解如下：

(1) 通过 $\dfrac{\Delta Z}{\Delta t}=0$ 的点，(峰顶、谷底是已知的，而其余 $\dfrac{\Delta Z}{\Delta t}$ 有正有负，其间必有 $\dfrac{\Delta Z}{\Delta t}=0$ 的点)，初定 $Z \sim Q_c$ 关系曲线。

(2) 在初定的 $Z \sim Q_c$ 关系曲线上，根据各测点的水位 Z_i，查出其相应的 Q_{ci}。

(3) 计算各测点的 $\left(\dfrac{1}{US_c}\right)$。

(4) 点绘 $Z_i \sim \left(\dfrac{1}{US_c}\right)_i$ 的关系点据，并通过点群中心定线 $Z \sim \dfrac{1}{US_c}$。

(5) 检验 $Z \sim \dfrac{1}{US_c}$，有三种方法：1) 根据各测点的水位 Z_i，在 $Z \sim \dfrac{1}{US_c}$ 查出其相应的

$\dfrac{1}{US_c}$。2) 计算 $Q_{ci}=\dfrac{Q_{mi}}{\sqrt{1+\left(\dfrac{1}{S_c U}\right)_i \left(\dfrac{\Delta Z}{\Delta t}\right)_i}}$（称为校正点）。3) 根据各测点的水位 Z_i、校正点

Q_{ci}，点绘在初定 $Z \sim Q_c$ 关系图中，并判断：1) 若这些点据集中在初定 $Z \sim Q_c$ 关系曲线两侧，符合订单一线要求，则通过；2) 若这些点据散乱，不符合订单一线要求，则修正；3) 若这些点据仍然涨水点在落水点右边，依时序仍可连成逆时针走向的绳套曲线，只是绳套幅度变小，则将 $Z \sim \dfrac{1}{US_c}$ 修大，直至符合订单一线要求；4) 若这些点据落水点在涨水点右边，依时序可连成顺时针走向的绳套曲线，则将 $Z \sim \dfrac{1}{US_c}$ 修小，直至符合订单一线要求；5) 若这些点据无论怎样调整，都无法达到符合订单一线的要求，则重新定 $Z \sim Q_c$ 关系曲线（图 5-57）。

已知 Z、$\dfrac{\Delta Z}{\Delta t}$、$Z \sim Q_c$、$Z \sim \dfrac{1}{US_c}$，求 Q_m，解：1) 由 Z，从 $Z \sim \dfrac{1}{US_c}$ 关系线上查的。2) 由 Z，从 $Z \sim Q_c$ 关系线上查得。3) 代入式(5-63)，求得 Q_m。

校正因数法适用于单式绳套，测次较少的情况。该法的关键是如 $\dfrac{\Delta Z}{\Delta t}$ 选取不准确，对定线推流都有影响（选弦线 ac' 的斜率与测点 b 的斜率相当，代表性较好），如图 5-58 所示。

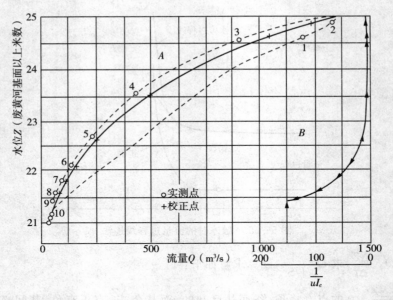

图 5-57 校正因素法 $Z \sim Q$ 关系

2. 涨落比例法

当校正因素法中的 $\dfrac{1}{US_c} = K$ 为常数

时,式(5-69)为

$$Q_m = Q_c \sqrt{1 + K \dfrac{\mathrm{d}Z}{\mathrm{d}t}} \qquad (5-71)$$

定线、推流方法同校正因素法。

3. 特征河长法

天然河流的某一河段中,当水流为恒
定流时,有 $Q = f(Z)$、$W = f(Z)$,水位与流
量、槽蓄量均呈单值函数关系。受洪水涨
落影响,水流为非稳定流时,$Q = f(Z, X)$、
$W = f(Z, X)$,非单值函数关系。

特征河长法就是建立在特征河长概念
上的方法,是处理受洪水涨落影响的水位

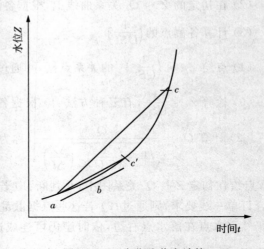

图 5-58 水位涨落率计算

流量关系的方法。特征河长,是指能使河段中断面水位、河槽蓄量和下断面流量三者之间保
持单值函数关系所对应的这一河段的长度,如图 5-59 所示。可以看出,当中断面水位不变
时,槽蓄量也不变,当出现附加比降时,虽下游水位减小,但比降增大,使下断流量仍保持
不变。这样,便为建立中断面水位与下断面流量或上断面水位与中断面流量之间的单值函
数关系奠定了可靠的理论基础。

对于天然河段的水流,若呈稳定流时,河段中各断面的水位之间都有固定的关系,并且
对应于一个固定的河槽蓄量,河段内各断面的流量都相等。因此,稳定流时水位、流量、蓄量
互呈单值函数关系。但在不稳定流时,上述关系就不成立了。

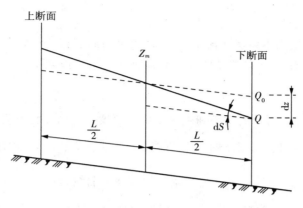

图 5 - 59　特征河长

特征河长法适用于受洪水涨落影响,断面与河段均较稳定,断面附近的上游无支流入汇。它能使绳套形水位流量关系转换成单值关系。

设下断面水位流量关系为 $Q = f(Z, S)$,则

$$\mathrm{d}Q = \frac{\partial Q}{\partial S}\mathrm{d}S + \frac{\partial Q}{\partial S}\mathrm{d}Z \qquad (5-72)$$

因下断面流量为常数,故 $\mathrm{d}Q = 0$。又 $\mathrm{d}Z = -\dfrac{L}{2}\mathrm{d}S$,应用谢才公式 $Q = K\sqrt{S}$,代入式(5-72)为

$$L = \frac{Q_0}{S}\left(\frac{\partial Z}{\partial Q}\right)_0$$

假定 $S = S_0$,则 L 为

$$L = \frac{Q_0}{S_0}\left(\frac{\partial Z}{\partial Q}\right)_0 \qquad (5-73)$$

式中:Q_0 为水位为 Z 时恒定流的流量;S_0 为相应于 Q_0 时的水面比降;$\left(\dfrac{\partial Z}{\partial Q}\right)_0$ 为恒定流时 $Z \sim Q$ 关系曲线在水位 Z 下处的斜率。

由式(5-73)可见,特征河长只是由恒定流下的参数所决定。显然,这一结果具有一定的近似性,实际上 L 还应与洪水波的附加比降有关。

由于使用特征河长法的角度不同,定线、推流的具体做法有两种:

(1) 上游站水位法。

此法是特征河长概念的直接应用,上游站距测流断面的距离为特征河长的一半。特征河长的长度可用式(5-73)估算。实际上,上游站的位置还需通过试错较准确的确定。所谓试错,就是在上游站设立若干组水尺,分别建立上游各水尺断面的水位与测流断面流量的关系,找出 $Z_上 \sim Q$ 关系为单一线的上游站。推流时,用上游站水位 Z 直接在建立的 $Z_上 \sim Q$ 关系曲线上查读流量。这种方法由于所设水尺组较多,观测工作量大,因此实际

应用不多。

（2）本站水位后移法。

本站水位后移法是用本站实测流量，与本站测流时间后移一个时段的水位建立关系，使绳套曲线转化成单一的 $Z \sim Q$ 关系曲线。后移时间为洪水波在 1/2 特征河长的传播时间，$\Delta T = \dfrac{\tau}{2}$。

τ 值大小取决于特征河长的大小和洪水波传播速度 U。由于特征河长、洪水波速并不是常数，因此 $\dfrac{\tau}{2}$ 并不是常数。当实际的 $\dfrac{\tau}{2}$ 较所取后移时间 ΔT 长时，后移之后的 $Z \sim Q$ 关系点的分布仍为逆时序绳套，只是此时的绳套幅度较原绳套曲线为小。当后移时间大于 $\dfrac{\tau}{2}$ 时，则后移之后的 $Z \sim Q$ 关系点为顺时序绳套。根据此规律来试算和调整后移时间。

为初步定出后移时间，可以在实际 $Z \sim Q$ 关系图中，选取几个具有代表性的、涨落率较大的测点，分别量出各测点距离稳定的 $Z \sim Q$ 关系曲线的水位差 ΔZ，除以相应的涨落率 $\dfrac{\mathrm{d}Z}{\mathrm{d}t}$，即 $\Delta Z / \dfrac{\mathrm{d}Z}{\mathrm{d}t} = \Delta T$，并取几点平均值即可作为初试值。图 5-60 中，ΔT_1、ΔT_2 分别为 2、5 测次相应初算 1/2 的特征河长传播时间。几点初算后移时间的平均值，即可作为后移时间的初试值。

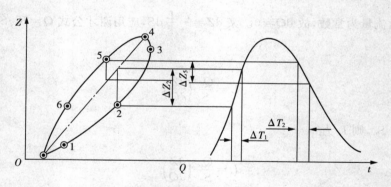

图 5-60　后移时间估算方法

定线时，把实测流量与实测流量相应的平均测流时间后移 ΔT 之后的水位，点绘关系图或拟合曲线。若选几个后移时间进行试算，则选取关系点平均关系线相对偏差的标准差最小时的后移时间为最终确定的后移时间。若关系线符合精度要求，则此关系线即为所求的实测流量与本站后移时间 ΔT 的水位关系曲线，ΔT 即所求 $\dfrac{\tau}{2}$。图 5-61 为长江奉节水文站用本站水位后移法定线实例。

推流时，只需将水位后移 $\Delta T = \dfrac{\tau}{2}$，即可在所率定的关系曲线上推求出流量。例如，若已确定 $\dfrac{\tau}{2} = 5\,h$，用 13 时的水位，在已定的 $Z \sim Q$ 关系上查得流量为 8 时的流量。

4. 定落差法

定落差法适用于断面比降均匀，河底比较平坦，在不受回水影响时，水面比降接近河底

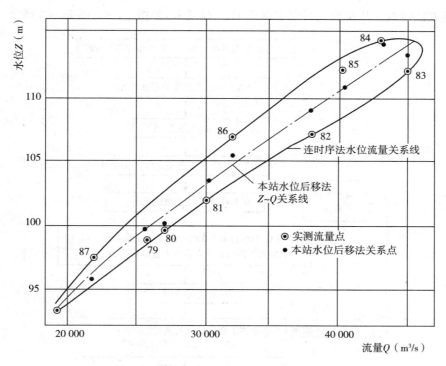

图 5 - 61   长江奉节水文站水位后移法实例

坡底的测站。同水位下,不同的落差与流量之间关系符合 $\dfrac{Q_1}{Q_2} = \left(\dfrac{\Delta Z_1}{\Delta Z_2}\right)^{\beta}$,也可写为

$$\frac{Q_m}{Q_c} = \left(\frac{\Delta Z_m}{\Delta Z_c}\right)^{\beta} \tag{5-74}$$

式中:Q_m 为实测流量,$\mathrm{m^3/s}$;Q_c 为与实测流量同水位时定落差的流量,$\mathrm{m^3/s}$;ΔZ_m 为实测流量时相应实测落差,m;ΔZ_c 为定落差,m。

定线时,已知实测流量 Q_m、落差 ΔZ_m 及相应水位 Z,未知量为 ΔZ_c、Q_c 和落差指数 β。3 个未知数仅用式(5-74)是无法求解的,需再建立两方程才能解出全部未知数。

一般选定实测落差的较大者作为定落差 ΔZ_c,与定落差相应的定落差流量和水位呈单值关系。定落差法所用到的方程式为

$$\Delta Z_c = C$$

$$Q_c = f_1(Z)$$

$$\frac{Q_m}{Q_c} = f_2\left(\frac{\Delta Z_m}{\Delta Z_c}\right)$$

3 个方程有 3 个未知数,有唯一解。但落差指数 β 是隐含在 $\dfrac{Q_m}{Q_c} = f_2\left(\dfrac{\Delta Z_m}{\Delta Z_c}\right)$ 关系之中的;而 $Q_c = f_1(Z)$ 仅知道为单一线,但不知道具体方程形式,因此两方程都以隐函数形式出现,通常用试算法求解。

定落差法定线工作步骤及所定定落差 $Z \sim Q$ 关系,如图 5 – 62、图 5 – 63 所示。

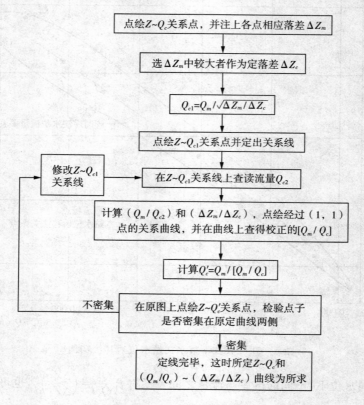

图 5 – 62　定落差法定线流程

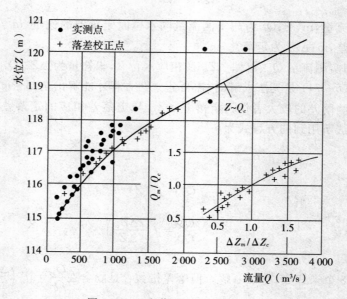

图 5 – 63　定落差法 $Z \sim Q$ 关系

推流时,已知 Z、ΔZ_c、ΔZ_m 及所定的 $Z \sim Q_c$、$\dfrac{\Delta Z_m}{\Delta Z_c} \sim \dfrac{Q_m}{QZ_c}$ 两关系曲线,由 Z 在 $Z \sim Q_c$ 曲线上查出 Q_c,计算 $\dfrac{\Delta Z_m}{\Delta Z_c}$ 并在 $\dfrac{\Delta Z_m}{\Delta Z_c} \sim \dfrac{Q_m}{QZ_c}$ 曲线查出对应的 $\dfrac{Q_m}{QZ_c}$ 值,则 Z 所相应的流量 $Q_m = Q_c \left(\dfrac{Q_m}{Q_c} \right)$。

5. 正常落差法

对于河段不平整,有时受到回水影响,有时又不受回水影响,正常情况下落差并非定值的测站,可用正常落差法进行数据处理。其数据处理公式为

$$\frac{Q_m}{Q_n} = \left(\frac{\Delta Z_m}{\Delta Z_n} \right)^{\beta} \tag{5-75}$$

式中:ΔZ_n 为正常落差,即不受回水影响的落差;Q_n 为正常落差流量;ΔZ_m,Q_m 意义同落差法。

正常落差法与定落差法的主要差别在于,正常落差法的正常落差不是一定值,而是随水位变化的,因此要定出水位 Z 与正常落差 ΔZ_n 的关系曲线。定线时,已知实测流量 Q_m 与相应的落差 ΔZ_m;未知量为正常落差 ΔZ_n 及相应流量 Q_n 和落差指数 β。

定线步骤和定落差法相似,用试错法。首先要在水位流量图上的靠右边的测点点群中心定出一条 $Z \sim Q$ 关系曲线,即 $Z \sim Q_n$;暂设 $\beta = 0.5$,在图上查得各实测点相应的 Q_n,用式(5-58)求出各实测点相应的 ΔZ_n,并点绘 $Z \sim \Delta Z_n$ 关系点;通过点群中心,定出 $Z \sim \Delta Z_n$ 关系曲线,并在线上查读各实测点相应的 ΔZ_n,计算 $\dfrac{\Delta Z_m}{\Delta Z_n}$ 和 $\dfrac{Q_m}{Q_n}$ 关系点;点绘 $\dfrac{\Delta Z_m}{\Delta Z_n} \sim \dfrac{Q_m}{Q_n}$ 关系图,并在图上查读 $\dfrac{Q_m}{Q_n}$,求出各实测点相应的 Q_n;点绘 $Z \sim Q_n$ 关系点,看关系点是否密布原曲线两侧,并与规范规定的标准进行比较。若符合标准,测定线结束,此时 $Z \sim \Delta Z_n$、$Z \sim Q_n$、$\dfrac{Q_m}{Q_n} \sim \dfrac{\Delta Z_m}{\Delta Z_n}$ 3 条关系线即为所求,如图 5-64 所示,否则要修改 $Z \sim Q_n$ 关系线重新试算。

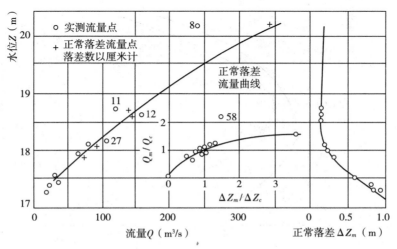

图 5-64　正常落差法 $Z \sim Q$ 关系

推流时,已知水位 Z 及落差 ΔZ_m;在 $Z \sim \Delta Z_n$ 和 $Z \sim Q_n$ 关系曲线上查得 ΔZ_n 和 Q_n;计算 $\dfrac{\Delta Z_m}{\Delta Z_n}$,在曲线上查得 $\dfrac{Q_m}{Q_n}$,并由 Q_n 计算出 Q_m。

6. 落差指数法

落差指数法适用于断面基本稳定,受变动回水或变动回水及洪水涨落综合影响的测站。

落差指数法亦是根据落差法的基本公式来进行数据处理的。将

$$\frac{Q_1}{Q_2} = \left(\frac{\Delta Z_1}{\Delta Z_2}\right)^{\beta}$$

变换为

$$\frac{Q_1}{(\Delta Z_1)^{\beta}} = \frac{Q_2}{(\Delta Z_2)^{\beta}} = \cdots$$

在同水位下,$\dfrac{Q}{(\Delta Z)^{\beta}}$ 为一常数,即 $\dfrac{Q}{(\Delta Z)^{\beta}}$ 是水位的单值函数,$\dfrac{Q}{(\Delta Z)^{\beta}} = f(Z)$ 为单一关系。

在率定 $\dfrac{Q}{(\Delta Z)^{\beta}} = f(Z)$ 的关系曲线时,由于 Z、Q、ΔZ 都为实测值,因此关键是 β 值得求解。

定落差法,正常落差法都是把落差指数 β 假设为 0.5,然后点绘 $\dfrac{\Delta Z_m}{\Delta Z_c}$(或 $\dfrac{\Delta Z_m}{\Delta Z_n}$)$\sim \dfrac{Q_m}{QZ_c}$ 关系点,通过点群中心定线来修正原假设的 0.5 的办法求解 β 值的。而落差指数法是通过试算,根据方差或标准差最小的原则来优选 β 值。一般测站的 β 与实测关系点偏高关系线的标准差 S 的关系如图 $5-64$ 所示。

图中,$\dfrac{\mathrm{d}s}{\mathrm{d}\beta} = 0$ 的点,即为标准差最小的点,此点相应的 β 值即为最优 β 值。可以根据图 $5-65$ 关系,较快地优选出 β 值来。在率定水位 Z 与 $\dfrac{Q}{(\Delta Z)^{\beta}}$ 关系(定线)时,已知实测流量 Q_m 及相应水位 Z_m 和落差 ΔZ_m,求解落差指数 β 和 $Z \sim \dfrac{Q}{(\Delta Z)^{\beta}}$ 关系曲线。

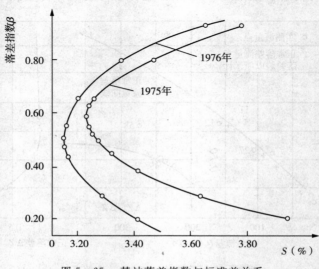

图 5-65 某站落差指数与标准差关系

求解时,首先假设 $\beta_{初}$,然后根据实测流量及相应落差,计算 $q_m = \dfrac{Q_m}{(\Delta Z)^{\beta_{初}}}$ 值;点绘 $Z_m \sim q_m$ 关系线,选配 $Z_m \sim q_m$ 关系方程;出关系点偏离关系线的标准差 S_1(或方差)。再假设 β,重复上面步骤,又求出标准差 S_2。S_1 与 S_2 比较,根据图 5-56 所示的规律,在假设几个 β 之后,就可以优选出最小的 S 相应的 β 值。此时的 S 再与相关标准规定的水力因数型方法定线标准比较,若符合规定标准,则此时的 β 值和 $Z \sim Q_n$ 关系曲线即为所求,如图 5-66 所示。

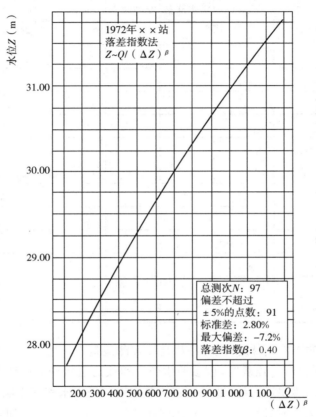

图 5-66　落差指数法所定 $Z \sim \dfrac{Q}{(\Delta Z)^{\beta}}$ 关系曲线

推流时,根据水位与 $Z \sim \dfrac{Q}{(\Delta Z)^{\beta}}$ 关系,求出 $\dfrac{Q}{(\Delta Z)^{\beta}}$,再根据 β 与 ΔZ 即可计算出 Q 来。

对于受洪水涨落影响的测站,只要比降与落差的关系较好,亦可以用落差法进行流量数据处理。对于受混合因素影响的测站,须具体分析。

5.6.7　流量数据处理小结

流量数据处理的基本方法是 $Z \sim Q$ 关系曲线法。一般把 $Z \sim Q$ 关系分为"稳定"和"不稳定"两大类,"稳定"的 $Z \sim Q$ 关系直接用单一线法 $Q = f(Z)$ 进行数据处理;而"不稳定"的 $Z \sim Q$ 关系数据处理方法归纳起来分为以下两种形式:(1) 水力因素型,这一形式的方法均可表示为 $Q = f(Z,x)$ 的形式,x 为某一水力因素。其方法的原理都来自于水力学的推导,故理论性强,所要求的测点少,且适于计算机作单值化处理。(2) 时序型,表示为 $Q = f(Z,t)$,t

为时间。时序型的方法其原理是以水流的连续性为基础,因而要求测点多且准确,能控制流量的变化转折。方法适用范围较广,但有时间性。表 5-3 给出了各种流量数据处理方法及其适用情况。

表 5-3　流量数据处理适用情况

使用范围 影响因素 方法	稳定 $Z\sim Q$ 关系	不稳定 $Z\sim Q$ 关系					
		洪水涨落	变动回水	冲淤	水草	结冰	综合
		影　　　　响					
水力因素型　单一曲线法	√					√	
水力因素型　校正因数法		√					
水力因素型　涨落比例法		√					
水力因素型　特征河长法		√					
水力因素型　落差法(定落差、等落差、正常落差法)			√				
水力因素型　落差指数法		√	√				√
时序型　连时序法		√	√	√	√	√	√
时序型　临时曲线法				√			
时序型　改正水位法				√			√
时序型　改正系数法					√	√	
时序型　连 $Q\sim t$ 过程线法			√			√	√

当满足时序型的要求条件时,连时序法是按实测流量点子的时间顺序来连接 $Z\sim Q$ 关系曲线,故应用范围较广。连线时,应参照水位过程线的起伏变动的情况定线,有时还应参照其他的辅助曲线如落差过程线、冲淤过程线等定线。受洪水涨落影响的 $Z\sim Q$ 关系线用连时序法定线往往成逆时针绳套形。绳套的顶部必须与洪峰水位相切,绳套的底部应与水位过程线中相应的低谷点相切。受断面冲淤或结冰影响时,还应参考用连时序法绘出的 $Z\sim A$ 关系变化趋势,帮助绘制 $Z\sim Q$ 关系曲线,如图 5-45 所示。

5.7　$Z\sim Q$ 关系曲线的移用及合理性检查

规划设计工作中,常常遇到设计断面处缺乏实测数据。这时就需要将邻近水文站的 $Z\sim Q$ 关系移用到设计断面上。

当设计断面与水文站相距不远且两断面间的区间流域面积不大、河段内无明显的出流与入流的情况下,在设计断面上设立临时水尺,与水文站同步观测水位。因两断面中、低水时同一时刻的流量大致相等,所以可用设计断面的水位与水文站断面同时刻水位所得的流量点绘关系曲线,再将高水部分进行延长,即得设计断面的 $Z\sim Q$ 关系曲线。

当设计断面距水文站较远,且区间入流、出流近乎为零,则必须采用水位变化中位相相同的水位来移用。

若设计断面的水位观测数据不足,或甚至等不及设立临时水尺进行观测后再推求其 $Z \sim Q$ 关系,则用计算水面曲线的方法来移用。方法是在设计断面和水文站之间选择若干个计算断面,假定若干个流量,分别从水文站基本水尺断面起计算水面曲线,从而求出各个计算流量相对应的设计断面水位。

而当设计断面与水文站的河道有出流或入流时,则主要依靠水力学的办法来推算设计断面的 $Z \sim Q$ 关系。

$Z \sim Q$ 关系曲线的合理性检查:单站检查可用历年 $Z \sim Q$ 关系对照检查;综合性检查以水量平衡为基础,对上游、下游或干流、支流上的测站与本站数据处理成果进行对照分析,以提高数据处理成果的可靠性。本站数据处理成果经检查确认无误后,才能作为正式资料提供使用。

思考与练习题:

5-1 测深垂线布设的原则是什么?

5-2 确定起点距的方法有哪几种? 根据实践中体会,这些方法各有哪些优缺点?

5-3 一般怎样合理布置基线? 为什么?

5-4 测得水深、实际水深和有效水深的含义,它们互相之间有何联系?

5-5 为什么要施测大断面? 施测大断面应注意什么问题? 如何进行大断面计算?

5-6 流量、单宽流量、单深流量的含义,它们有何联系? 什么叫流量模型?

5-7 什么叫流速脉动现象? 天然河道中脉动现象的一般规律是什么? 测速时采取什么措施能减少流速的脉动影响?

5-8 流速仪法测流的基本原理是什么? 如何合理布设测速垂线?

5-9 流速仪法测流的流量如何计算(分析法)? 与图解法比较,你认为有何优缺点?

5-10 什么叫相应水位? 为什么要计算相应水位? 如何计算?

5-11 水面浮标法测流的流量怎样计算? 与流速仪分析法的计算有何异同?

5-12 单一曲线法的适用条件如何? 怎样理解单一曲线法定线标准的含义?

5-13 单一曲线法推求流量的一般步骤如何?

5-14 校正因数法的适用条件如何? 方法步骤如何?

5-15 抵偿河长法的原理及适用条件如何? 它有什么优点?

5-16 连时序法适用条件及一般步骤如何? 为什么连时序法要分析定线,而不能见点连线?

5-17 改正水位法与改正系数法有哪些相似的地方?

5-18 试比较时序型的数据处理方法与水力因素型的数据处理方法有哪些不同?

项目6　泥沙测验及数据处理

学习目标：

1. 了解泥沙测验的意义、河流泥沙特性；

2. 掌握泥沙测验的术语；

3. 掌握悬移质输沙率的测验方法；

4. 掌握泥沙颗粒分析的方法；

5. 掌握悬移质输沙率数据处理的方法；

6. 熟悉悬移质输沙率合理性检查方法；

7. 熟悉推移质输沙率数据处理的方法；

8. 掌握泥沙颗粒级配数据处理的方法；

9. 熟悉泥沙数据的合理性检查。

重点难点：

1. 悬移质输沙率的测验；

2. 泥沙颗粒分析；

3. 悬移质输沙率数据处理。

6.1　概　述

6.1.1　泥沙测验的意义

河流中挟带不同数量的泥沙，淤积河道，使河床逐年抬高，容易造成河流的泛滥和游荡，给河道治理带来很大的困难。黄河下游泥沙的长期沉积，形成了举世闻名的"悬河"，正是水中含沙量大所致。泥沙的存在，使水库淤积缩短工程寿命，降低工程的防洪、灌溉、发电能力；泥沙还会加剧水力机械和水工建筑物的磨损，增加维修和工程造价等。泥沙也有其有利的一面：粗颗粒是良好的建筑材料；细颗粒泥沙进行灌溉，可以改良土壤，使盐碱沙荒变为良田；抽水放淤可以加固大堤，从而增强抗洪能力等。

对一个流域或一个地区，为了达到兴利除害的目的，就要了解泥沙的特性、来源、数量及其时空变化，为流域的开发和国民经济建设，提供可靠的依据。为此，必须开展泥沙测验工作，系统地搜集泥沙资料。世界著名河流泥沙的数据见表6-1所列。

表 6-1　世界著名河流泥沙的数据

序号	河流名称	流域面积 (×10⁶km²)	流量 (m³·s⁻¹)	输沙量		
				×10⁶t/a	mm/a	ppm
1	Congo	3.7	44 000	70	0.015	50
2	Nile	2.9	3 000	80	0.015	630
3	Wolga	1.5	8 400	25	0.010	100
4	Niger	1.1	5 700	40	0.025	220
5	Meking	0.8	1 500	80	0.040	170
6	Gauges	1.0	1 400	1 500	1.000	3 600
7	Rhine	0.36	2 200	0.72	0.001	10
8	Huanghe	0.752	4 000	1 900	1.750	15 000

注：$ppm = \dfrac{千沙重(×\mu kg)}{水沙混合样重(kg)}$

6.1.2　河流泥沙特性

1. 泥沙分类

河流向下游输移的各种泥沙总称全沙。按泥沙输移的方式，分为悬移质和推移质。悬移质是指悬浮于水中，以与水流基本相同的速度运动的细颗粒泥沙。推移质是指在河床上以滚动、滑动或跳跃的方式运动的粗颗粒泥沙。此外，组成河床表面活动层的泥沙称为床沙。按河流泥沙的来源，分为冲泻质和床沙质。冲泻质是指悬移质中不参与造床作用的那部分细颗粒泥沙，来源于径流对流域表面的侵蚀。床沙质是指全沙中参与造床作用的那部分较粗颗粒泥沙，主要是由床沙补给的。

应当指出，由于泥沙运动同时受水力因素和泥沙特性的影响，各类泥沙之间并无严格的界限。随着水力条件的变化，悬移质、推移质、床沙三者之间都会发生相互交换。各类泥沙的划分是由当时的运动状态决定的。

2. 泥沙的脉动现象

与流速脉动一样，泥沙也存在着脉动现象，而且脉动的强度更大。在水流稳定的情况下，断面内某一点的含沙量是随时在变化的，它不仅受流速脉动的影响，而且还与泥沙特性等因素有关。

据研究，河流泥沙脉动强度与流速脉动强度及泥沙特性等因素有关，且大于流速脉动强度。泥沙脉动是影响泥沙测验资料精度的一个重要因素，在进行泥沙测验及其仪器的设计和制造时，必须充分考虑。

3. 悬移质泥沙的断面分布

悬移质含沙量在垂线上的分布，一般是从水面向河底呈递增趋势。含沙量的变化梯度，还随泥沙颗粒粗细的不同而不同。颗粒越粗，变化越大；颗粒越细，梯度变化越小，这是细颗粒泥沙属冲泻质，不受水力条件影响，能较长时间漂浮在水中不下沉所致。由于垂线上的含沙量，包含所有粒径的泥沙，故含沙量在垂线上的分布呈上小下大的曲线形态。

悬移质含沙量沿断面的横向分布,随河道情势、横断面形状和泥沙特性而变。如河道是顺直的单式断面,当水深较大时,含沙量横向分布比较均匀。在复式断面上,或有分流漫滩、水深较浅、冲淤频繁的断面上,含沙量的横向分布将随流速及水深的横向变化而变。

一般情况下,含沙量的横向变化较流速横向分布变化小,如岸边流速趋近于零,而含沙量却不趋近于零。这是由于流速与水力条件主要影响悬移质中的粗颗粒泥沙及床沙质的变化,而对悬移质中的细颗粒(冲泻质)泥沙影响不大。因此,河流的悬移质泥沙颗粒越细,含沙量的横向分布就越均匀,否则相反。

6.1.3　泥沙测验术语

1. 全沙输沙量 $S(\mathrm{kg,t})$

$$S = W_\mathrm{s} + W_\mathrm{b} = (Q_\mathrm{s} + Q_\mathrm{b})t \tag{6-1}$$

式中:W_s 为某一时段内通过测验断面的悬移质输沙干沙重量,kg,t;W_b 为某一时段内通过测验断面的推移质输沙干沙重量,kg,t。

2. 悬移质含沙量 $C_\mathrm{s}(\mathrm{g/m^3,kg/m^3})$

单位体积浑水中所含悬移质干沙的重量,即

$$C_\mathrm{s} = \frac{W_\mathrm{s}}{V} \tag{6-2}$$

3. 输沙率 Q_s、$Q_\mathrm{b}(\mathrm{kg/s})$

单位时间内通过河流某一横断面的悬移质或推移质的重量,分别称为悬移质输沙率 Q_s 和推移质输沙率 Q_b,两者之和即为全沙输沙率。

4. 断沙 $\overline{C}_\mathrm{s}(\mathrm{kg/m^3})$

悬移质断面平均含沙量。

5. 单样含沙量(单沙)$C_\mathrm{su}(\mathrm{kg/m^3})$

断面上有代表性的垂线或测点的悬移质含沙量。

6. 侵蚀模数 $M_\mathrm{s}[\mathrm{t/(km^2 \cdot a)}]$

流域内单位面积上每年的输沙总量,即

$$M_\mathrm{s} = \frac{S}{A} \tag{6-3}$$

6.2　悬移质输沙率的测验

6.2.1　概述

断面输沙率测验的目的主要是为了建立单沙与断沙的关系或悬移质输沙率与流量等水文要素的关系,以便由单沙和流量资料推求悬移质输沙率变化过程。

$$Q_\mathrm{s} \rightarrow S$$

$$Q_\mathrm{s} = \iint_0^{B}\,_0^{h} C_{S_i} v_i \mathrm{d}h\mathrm{d}b = \int_0^{B} q_\mathrm{su}\mathrm{d}b = \int_0^{B} C_\mathrm{sm} q_\mathrm{u}\mathrm{d}b \tag{6-4}$$

式中：B、h 分别为水面宽和水深；v_i、C_{s_i} 分别为测点的流速和含沙量；$C_{s_i}v_i$ 为测点输沙率或单位输沙率；q_u、q_{su} 分别为单宽流量和单宽输沙率；C_{sm} 为垂线平均含沙量。

在实际测验中常采用式（6-5）计算：

$$Q_s = \sum_{i=1}^{n} \overline{C}_{sm_i} q_i = \sum_{i=1}^{n} q_{s_i} \tag{6-5}$$

式中：n、m_i 分别为垂线数目和垂线上测点数目；$\overline{C}_{sm_i}$、q_i、q_{s_i} 分别为相邻两条测沙垂线间的部分平均含沙量和部分流量、部分输沙率。

6.2.2　测验步骤

1. 布设测沙垂线

原则上要能控制含沙量沿河宽的转折变化；满足输沙率测验精度要求。当 $B \geqslant 50$ m，$n \geqslant 5$ 条；当 $B < 50$ m，$n \geqslant 3$ 条。数目比测速垂线少。布设测沙垂线的方法有：

（1）控制单宽输沙率转折点布线法。

（2）等部分流量中心线布线法（$n = \dfrac{Q}{q}$）。

$$\overline{C}_s = \frac{Q_s}{Q} = \frac{qC_{sm1} + qC_{sm2} + \cdots + qC_{smn}}{nq} = \frac{\sum_{i=1}^{n} C_{smi}}{n} \tag{6-6}$$

（3）等部分宽中心线布线法（$n = \dfrac{B}{b}$）。

（4）等部分面积中心线布线法（$n = \dfrac{B}{a}$）。

2. 垂线悬移质含沙量的测验方法

垂线平均含沙量的测定，可根据含沙量的垂线分布特性、水沙情况、仪器设备、测验目的和精度要求，选用下列方法：

（1）积点法（选点法）。在垂线上选定的测点测定含沙量和流速，各点水样分别处理，按流速加权平均法计算垂线平均含沙量。与测速相同，积点法测沙分畅流期一点法、二点法、三点法、五点法及试验用七点法，封冻期一点法、二点法和六点法。多点法精度较高，并可测得含沙量和颗粒级配的断面分布情况，也是检验其他取样方法的依据。设站初期宜采用多点法。

（2）积深法。用积时式采样器以适当速度沿垂线匀速提放，连续采集垂线水样（一般同时测速）。这样取得的水样含沙量即垂线平均含沙量。积深法取样分单程积深和双程积深两种。此法的水样处理工作量小，但不能测得含沙量和颗粒级配的垂线分布。积深法取样时，仪器提放速度 R_T 可按 $R_T < (0.1 \sim 0.3)v_m$（垂线平均流速）且不致灌满水样舱的要求确定。这种方法主要适用于流速较小、悬沙颗粒较细的情况。

（3）垂线混合法。在垂线上用选点法按一定比例采集各测点水样并混合为一个水样处理，其含沙量即垂线平均含沙量。实用中有两种混合方法：

1）取样历时定比混合法。适用于积时式采样器取样，各测点的取样历时占垂线取样总历时的比例，按标准的规定。

2）取样容积定比混合法。适用于横式采样器取样。各测点按一定容积比例取样作垂线混合。如畅流期 3 点法($0.2h,0.6h,0.8h$）按 2∶1∶1 取样混合。这类混合法常对粗沙部分造成较大系统误差。不同选点混合法的取样容积比例应经试验资料分析确定。

用垂线混合法取样时一般也需测速，但测速点和测沙点可以不一致。

悬移质输沙率常测法的垂线取样方法、垂线数目及其布设位置，均应根据多线多点法试验资料，在满足一定精度的前提下，通过精简分析加以确定。

（4）全断面混合法。

1）等流量等容积取样全断面混合法。这种方法主要适用于河床比较稳定和使用横式采样器的测站。测沙垂线按等流量中线法布设，在每条垂线上取相等容积的水样（相差不超过10%），作全断面混合处理，按式（6-6）计算断面平均含沙量。

2）等宽等速积深取样全断面混合法。这种方法主要适用于水深较大的单式河槽和使用积时式采样器的测站。测沙垂线按等宽中线法布设，在各条垂线上以同一管嘴和同一提放速度用积深法取样，作全断面混合处理。根据流量加权原理可以证明，混合水样的含沙量即断面平均含沙量。

3）等面积等历时取样全断面混合法。这种方法主要适用于河床稳定、可以固定测沙垂线和使用积时式采样器的测站。测沙垂线按等面积中线法布设，在每条垂线上用同一管嘴和同一选点法取样，且各垂线取样历时相等。全断面混合水样的含沙量即断面平均含沙量。

4）面积历时加权全断面混合法。这种方法主要适用于稳定河床、固定垂线和使用积时式采样器的测站。

根据测沙垂线数和固定的垂线位置，将断面划分成若干部分，按不同水位级算出各条垂线所代表的部分面积 A_i 占全断面面积 A 的权重系数 C_i（$C_i = \dfrac{A_i}{A}$）。根据水样舱总容积 V、管嘴截面积 a 和断面平均流速 $\overline{v}$，确定全断面取样总历时 T，并按 C_i 值分配各垂线取样历时 t_i。

3. 相应单沙的测验

相应单沙即与断面输沙率测验同时施测的对应单样含沙量。通过建立 $C_{su} \sim \overline{C_s}$ 的关系，简化泥沙测验工作。凡拟用单断沙关系法和单断沙颗粒级配关系法整编悬沙资料的测站，均应在施测断面输沙率或断面平均含沙量的同时施测相应单沙。测验时应满足以下要求：

（1）相应单沙应具有足够的精度和代表性。其测验位置、施测方法和仪器应与日常单沙测验相同。

（2）取样次数视沙情、水情的变化而定。一般在断沙测验的开始和终了时各取一次；水沙情况平稳时可只取一次；测验历时较长或含沙量变化急剧时，应大致等时距地取样几次，并能控制沙峰的转折变化。

（3）取样容积应足够大，以保证精度。

4. 悬移质水样的处理

采取水样后，应在现场及时量取水样体积，并送泥沙室静置沉淀足够时间。吸出表层清水后得浓缩水样，然后用适当方法加以处理，测出水样中的干沙重量。再除以水样体积，即得水样含沙量。以下为常用的水样处理方法：

（1）烘干法。将浓缩水样移入烘杯，放入烘箱内烘干。根据沙量多少，用适当感量的天平称出杯沙总重，减去杯重即得干沙重。此法精度较高，可用于低含沙量情况。

（2）过滤烘干法。将浓缩水样用滤纸过滤后，连同滤纸一起烘干。称出沙包总重量，减去滤纸重量即得干沙重。这种方法产生误差的环节较多。适用于含沙量较大的情况。

（3）置换法。将浓缩水样装入比重瓶，并用澄清河水将残沙洗净，加满至一定刻度，测出瓶内水温，称出瓶加浑水重，按式（6-7）计算水样中的干沙重 W_s。

$$W_s = \frac{\rho_\omega}{\rho_s - \rho_\omega}(W_{\omega s} - W_\omega) = K(W_{\omega s} - W_\omega) \tag{6-7}$$

式中：W_{ws} 为瓶加浑水重，g；W_w 为瓶加清水重，g，由水温在比重瓶检定曲线上查读；ρ_w 为水的密度，g/cm³，由水温查表得；ρ_s 为泥沙密度，g/cm³，采用本站试验值；K 为置换系数，可查表或计算求得。

置换法可省去过滤、烘干等工作，简便快速。主要适用于含沙量较大的情况。低含沙量时，所需水样较多。

6.2.3　实测悬移质输沙率的计算（积点法施测，分析法计算）

1. 计算垂线平均含沙量 C_{smi}（流速加权）

（1）畅流期。

一点法

$$C_{sm} = C_1 C_{s0.6} \tag{6-8}$$

二点法

$$C_{sm} = \frac{q_{s0.2} + q_{s0.8}}{v_{0.2} + v_{0.8}} \tag{6-9}$$

三点法

$$C_{sm} = \frac{q_{s0.2} + q_{s0.6} + q_{s0.8}}{v_{0.2} + v_{0.6} + v_{0.8}} \tag{6-10}$$

五点法

$$C_{sm} = \frac{1}{10v_m}(q_{s0.0} + 3q_{s0.2} + 3q_{s0.6} + 2q_{s0.8} + q_{s0.8}) \tag{6-11}$$

（2）封冻期。

一点法

$$C_{sm} = C_2 C_{s0.6} \tag{6-12}$$

二点法

$$C_{sm} = \frac{q_{s0.15} + q_{s0.85}}{v_{0.15} + v_{0.85}} \tag{6-13}$$

六点法

$$C_{sm}=\frac{1}{10v_m}(q_{s0.0}+2q_{s0.2}+2q_{s0.4}+2q_{s0.6}+2q_{s0.8}+q_{s0.8}) \tag{6-14}$$

式中：C_{sm} 为垂线平均含沙量；C_1，C_2 分别为一点法系数，由多点法资料确定；$C_{s0.6}$ 为 0.6 相对水深（或有效水深）处的测点含沙量，余类推；$C_{s0.8}$ 为 0.8 相对水深（或有效水深）处的测点（单位）输沙率，$q_{s0.8}=C_{s0.8}v_{0.8}$，余类推。

2. 计算断面输沙率 Q_s

$$\begin{aligned}Q_s&=C_{sm1}q_0+C_{smn}q_n+\sum_{i=1}^{n}\frac{1}{2}(C_{smi-1}+C_{smi})q_i\\&=C_{sm1}(q_0+\frac{1}{2}q_1)+C_{smn}\left(\frac{1}{2}q_{n-1}+q_n\right)+\sum_{i=1}^{n}\frac{1}{2}(q_{i-1}+q_i)C_{smi}\end{aligned} \tag{6-15}$$

式中：C_{smi} 为各测沙垂线的垂线平均含沙量；q_i 为以测沙垂线为分界的部分流量。

3. 计算断面平均含沙量 $\overline{C}_s$

$$\overline{C}_s=\frac{Q_s}{Q} \tag{6-16}$$

4. 计算相应单沙 C_{su}

（1）算术平均法（含沙量变化不大且均匀施测的情况下）。

$$C_{sur}=\frac{\sum_{i=1}^{n}C_{sui}}{n} \tag{6-17}$$

（2）加权法（含沙量变化大且测次多的情况下）。

$$C_{sur}=\frac{1}{Q}\left[\frac{q_0C_{sm1}}{C_{su1}}+\frac{q_nC_{smn}}{C_{sun}}+\sum_{i=1}^{n}\frac{\frac{1}{2}q_1(C_{smi-1}+C_{smi})}{\frac{1}{2}(C_{sui-1}+C_{sui})}\right] \tag{6-18}$$

6.2.4 悬移质单样含沙量测验

1. 单沙测验位置的确定

在各种水沙条件下收集 30 次以上的精测输沙率之后，根据测站特性和单断沙关系分析而定。

对于断面比较稳定、主流摆动不大的测站。选择几次能代表各级水位和含沙量的实测输沙率资料，绘制各垂线平均含沙量与断面平均含沙量比值 $\frac{C_{sm}}{C_s}$ 沿河宽的分布曲线，选择各测次的 $\frac{C_{sm}}{C_s}$ 值密集在 1.0 附近的垂线作为初选的代表垂线。然后，利用全部输沙率资料，点绘代表垂线的平均含沙量与断面平均含沙量的关系图，进行统计分析。

如果关系点群偏离平均关系线的相对标准差不超过 ±8%，该垂线即可作为固定的单沙测验位置。一般应选择几个位置作方案比较，优选出误差最小、关系线形式简单、测验方便的最佳位置。如果选不出一条合适的垂线,可采用某两条垂线的组合作为代表位置进行分析。如果各级水位下含沙量横向分布变化较大,可按不同水位级分别确定单沙测验位置。

对断面不稳定、主流摆动大,无法采用固定单沙垂线的测站。(1)选取中泓 2 ～ 3 条垂线,按上述方法作单断沙关系分析,确定出随主流摆动而变的单沙测验位置。(2)根据测站条件和精度要求,按全断面混合的原理和方法,采用 3 ～ 5 条垂线的断面混合法,按相应的测沙垂线精简分析方法,进行误差分析,如符合要求,即可作为日常单沙测验方法。

2. 单沙垂线上的取样方法

与输沙率测验的垂线取样方法一致,一类站不得采用一点法。用横式采样器取样时,应特别注意泥沙脉动影响。

3. 单沙测次的布置

能基本控制含沙量变化过程,满足推求逐日平均含沙量和输沙率的规范要求。在洪水多沙期、平水期、枯季各布置一定测次;采用比色法、沉淀量高法、简易比重法或简易置换法等估测含沙量,及时了解含沙量的变化,掌握测验时机。

6.3　泥沙颗粒分析

6.3.1　概述

泥沙颗粒分析的目的是确定泥沙沙样中各一个粒径组的干沙重占总沙重的百分数,包括测定泥沙粒径和各粒径组泥沙重量,给出泥沙的颗粒级配曲线。泥沙粒径是反映泥沙几何及力学性质最重要的特征,是影响泥沙运动的重要因素。在研究泥沙运动规律(如泥沙推移力、启动止动条件、推移质输沙率和水流挟沙能力等),合理解决各类工程泥沙问题(如水利枢纽布置、水库淤积等),以及泥沙测验中有关分析计算问题时,都需要泥沙粒径和颗粒级配资料。

1. 颗粒级配

将泥沙粒径从大到小分成若干粒径组,沙样中各一个粒径组内泥沙重量占沙样总重量的百分比的分配情况。

2. 泥沙粒径的表示(由于泥沙颗粒形状不规则)

中数粒径 —— 小于某粒径的沙重百分数为 50% 的粒径。

平均粒径(几何平均粒径)—— 根据组平均粒径为粒径组上下限粒径几何平均值。样品的平均粒径为各粒径组平均粒径按各粒径组相应沙重百分数加权的平均值。

等容粒径 —— 和给定泥沙颗粒体积相等的球体直径。

投影粒径 —— 和给定泥沙颗粒最稳定的平面投影图像相一致的圆的直径。

三轴平均粒径(算术平均粒径、几何平均粒径)—— 泥沙颗粒在相互垂直的长、中、短三个轴方向量得长度的算术或几何平均值。

筛析粒径 —— 泥沙颗粒能够通过最小筛孔的筛孔尺寸。

沉降粒径 —— 在同一沉降介质中,与给定颗粒具有同一密度和同一沉速的球体直径。

4. 泥沙粒径的分级

采用国际通用的 ϕ 分级法:

$$\phi = -\log_2{}^D (D = 2^{-\phi})$$

(6 - 19)

式中：D 为泥沙颗粒粒径，mm；ϕ 为 $\pm(0,1,2,\cdots,10)$。

6.3.2　泥沙颗粒分析

泥沙颗粒分析的内容包括：测定泥沙粒径和测定各粒径组泥沙重量。测定的方法有直接测定法和间接测定法。

1. 直接测定法

（1）卵石粒径测量法（$D\geqslant 20$ mm）。以 a、b、c 分别表示直接量测的卵石长、中、短轴的长度，则

算术平均粒径

$$D=\frac{1}{3}(a+b+c) \tag{6-20}$$

几何平均粒径

$$D=(abc)^{\frac{1}{3}} \tag{6-21}$$

等容粒径

$$D=\left(\frac{6V}{\pi}\right)^{\frac{1}{3}} \tag{6-22}$$

（2）筛分析法（$D=0.062\sim 32$ mm）。利用不同孔径的标准筛作为分析工具，泥沙粒径以筛析粒径表示。

（3）显微镜法。在显微镜下直接测定粒径和级配。

（4）称重法。样品粒径大的颗粒，依大小排列称其最大颗粒及各组的粒径及质量，按等容粒径确定颗粒粒径的方法。

2. 间接测定法

间接分析法即水分析法（$D=0.002\sim 0.1$ mm。$D>0.1$ mm，泥沙下沉时产生紊动；$D<0.002$ mm，颗粒产生布朗运动，无法计算沉速）。利用测得的泥沙在静水中的沉降速度，采用有关的沉速计算公式，计算相应于该沉速的球体直径。

如斯托克斯公式为

$$D=\sqrt{\frac{1\,800\mu}{\gamma_s-\gamma_w}\frac{L}{t}} \tag{6-23}$$

其中

$$\gamma_\omega=f(T)$$

式中：$\omega=\dfrac{L}{t}$ 为泥沙沉速，cm/s；D 为泥沙沉降粒径，mm；μ 为水的运动黏滞系数，cm²/s；r_ω 为水的容重，g/cm³；T 为试验时的水温，℃；r_s 为泥沙容重，g/cm³。

具体方法有：粒径计法、移液管法（吸管法）、消光法（上述三个方法将在实验课五、实验课六讲解并操作）、比重法（密度计法）、离心沉降法等。对粒径 $D=0.1\sim 1.5$ mm 时，用 $D\sim\omega$ 关系曲线的过渡曲线内插。

6.3.3　泥沙颗粒分析资料的计算和整理

1. 悬移质垂线平均颗粒级配的计算

（1）采用积深法、垂线混合法或一点法取样作颗粒分析者，其结果即作为垂线平均颗粒级配。

（2）采用积点法的计算公式（测点输沙率加权平均）。

$$P_m(\%) = \frac{\sum_{i=1}^{n} C_i C_{si} v_i P_i}{\sum_{i=1}^{n} C_i C_{si} v_i} \qquad (6-24)$$

式中：P_m 为垂线平均小于某粒径沙重的百分数；P_i 为各测点沙样中小于某粒径沙重的百分数；C_i 为各测点流速权重系数；C_{si}，v_i 分别为各测点含沙量和流速。

2. 悬移质断面平均颗粒级配的计算

（1）用全断面混合法取样作颗粒分析者，其结果即断面平均颗粒级配。

（2）各垂线水样分别作颗粒分析者，断面平均颗粒级配用垂线输沙率加权平均法计算为

$$\overline{P}(\%) = \frac{(2q_{s0}+q_{s1})\overline{P}_{m1} + (q_{sn-1}+2q_{sn})\overline{P}_{mn} + \sum_{i=1}^{n}(q_{si-1}+q_{si})\overline{P}_{mi}}{2Q_s} \qquad (6-25)$$

式中：$\overline{P}$ 为断面平均小于某粒径沙重的百分数；$\overline{P}_{mi}$ 为第 i 条取样垂线平均小于某粒径沙重的百分数；q_{si} 为以取样垂线分界的第 i 个部分输沙率，kg/s；Q_s 为全断面输沙率，kg/s。

3. 断面平均粒径 D 的计算

悬移质、推移质、河床质的断面平均粒径 $\overline{D}$ 分别根据各自的断面平均颗粒级配曲线用各粒径组沙重百分数加权平均法计算。

$$\overline{D} = \frac{\sum_{i=1}^{n} \Delta P_i \overline{D}_i}{100} \qquad (6-26)$$

$$\overline{D}_i = \frac{1}{3}(D_u + D_d + \sqrt{D_u D_d}) \qquad (6-27)$$

式中：$\overline{D}_i$ 为某粒径组平均粒径，mm；D_u，D_d 分别为某粒径组上限、下限粒径，mm；ΔP_i 为某粒径组沙重百分数。

4. 悬移质断面平均沉速 $\overline{\omega}$ 的计算

$$\overline{\omega} = \frac{\sum_{i=1}^{n} \Delta P_i \overline{\omega}_i}{100} \qquad (6-28)$$

$$\overline{\omega}_i = \frac{1}{3}(\omega_u + \omega_d + \sqrt{\omega_u \omega_d}) \qquad (6-29)$$

式中：$\overline{\omega}_i$ 为某粒径组泥沙平均沉速，cm/s；P_i 为某粒径组沙重百分数；ω_u、ω_d 分别为某粒径上

限、下限粒径对应的沉速,cm/s。

6.4　悬移质输沙率数据处理

　　泥沙资料在多沙河流上显得异常重要,在开发利用河流、流域规划、河道治理、工程设计、水利科学研究等方面,都离不开泥沙资料,因为忽略了泥沙问题,往往招致失败。悬移质泥沙数据处理的主要内容包括:搜集有关数据,对实测输沙率和含沙量数据进行分析;编制实测输沙率成果表;决定推求输沙率、含沙量的方法;插补单样含沙量的方法;推求逐日平均输沙率、含沙量;悬移质泥沙的合理性检查等,最终使得所测的泥沙数据成为可供使用的泥沙资料。

6.4.1　搜集数据

　　在泥沙数据处理工作开始以前,应搜集与泥沙数据处理有关的数据和图表。了解泥沙测验的仪器测具、计算等方面的情况;并应了解测站特性、河道及流域自然地理情况、泥沙来源和水土保持的作用及水利化的影响等。

6.4.2　实测悬移质辅沙数据的分析

　　天然河流的含沙量是经常变化的,又由于泥沙测验仪器的性能差,处理手续繁多,实测悬移质数据常有一定误差,有时还可能出现错误。因此,在进行数据处理之前,应对原始数据进行全面审查分析。审查分析重点应为各种水情下的数据及计算方法,校核各个时期有代表性的关键数据。通常绘单样含沙量(简称单沙)过程线、单沙与断沙(即断面平均含沙量)关系图进行分析。

　　1. 单沙过程线的分析

　　单沙反映含沙量随时间变化的过程,是推求断沙的依据,如单沙出现问题,必将造成断沙以及以后推求输沙率和输沙量等一系列的错误,故单沙是基础,应认真地分析检查,检查方法是利用测站在平时绘制的逐时 3 种过程线。3 种过程线是在同一张过程线图上,以上下错开的方式将水位、流量、单沙绘出,北方多沙河流的大河可每月绘一张,少沙河流或小河上可只绘洪峰部分。有输沙率数据时,还应将相应的断沙,以醒目的颜色点在单沙过程线上,然后将单沙过程线与水位、流量过程线进行对照,一般情况下,三者常有一定的关系。如发现某个或某几个单沙测点有突出或不合理现象时,应认真检查分析原因。

　　通常造成测点突出的原因有:(1)测验方面的原因。如沙样称重错误或计算错误,会使含沙量突出偏大或偏小;取样位置不当或单位水样受脉动影响很大,会使含沙量成锯齿形跳动等。(2)天然方面的原因。如季节、洪水来源、暴雨特性等因素会使水位、含沙量发生不相应的变化。

　　通过上述分析检查,突出点若属于自然现象的应予保留,否则应予改正。通过上述工序,保证单沙数据的正确性,为推求断沙做好准备。

　　2. 单沙、断沙关系图的分析

　　点绘的单沙、断沙关系,常呈现一定的规律性,但少数测点可能出现突出或反常,应进行分析判定,经过分析评判突出点后所定的单沙、断沙关系,将是可靠的关系,将利用这一关系进行断沙的推求。

（1）单沙、断沙关系的形态。单沙、断沙关系常有 3 种形态：1）单沙、断沙关系良好。测点在图上的分布，没有随时间或水位有系统偏离，测点密集成一带状，可以定出稳定的单一曲线。2）单沙、断沙关系基本良好。关系测点在图上的分布随水位或时间而有系统偏离，一年内单沙、断沙关系不能用一条相关曲线代表，而需定出数条线才能完成。前者可能是由于水位高低影响含沙量的横向分布，使单沙、断沙关系变化。后者可能是由于测验方法的改变，也可能由于中泓移动、断面冲淤、水工建筑物变迁等原因造成。3）单沙、断沙关系不好。关系点分布散乱、无规律可循。这可能是主流摆动频繁、河段和断面冲淤剧烈或断面上游支流大量来沙所致，也可能是测验精度低造成。

（2）突出点的分析。在点绘的单沙、断沙关系图上，常发现一些测点脱离点群或带组，偏离较远，这些偏离较远的测点，称为突出点。突出点会给定线工作带来一定的困难，不进行分析评判，就难以确定关系曲线。偏离多少算突出点呢？在相关标准中没有严格的规定，但它与测验精度的高低，单沙、断沙关系的好坏有关。定单一曲线的条件是测点无系统偏离，且有 75% 以上点子与关系曲线偏离的相对误差满足中沙、高沙不超过 $\pm 10\%$，低沙不超过 $\pm 15\%$。说明中沙、高沙偏离 $\pm 10\%$，低沙偏离 $\pm 15\%$ 以外的点子都属于突出点，若这些测点较多，可从中选择（删除）相对误差较大的几个测点进行分析。分析方法多用点绘流速、含沙量横向分布图，与其他正常测次比较，检查突出原因。必要时也可点绘含沙量垂线分布图，审查合理性。

造成突出点偏离的可能原因有以下 3 种：1）相应单沙代表性差或在测验计算中出错。如在输沙率测验期间，含沙量变化甚大而仅取一次单沙者；单沙取样位置或取样方法发生变动，前后不一样；计算错误等。2）断沙测验或计算中出错。如测沙垂线不足，布置不当；含沙量、流量、输沙率计算中有错误等。3）特殊水情影响。河段断面冲淤严重；河道游荡，主流摆动；来水来沙不同及特殊原因造成等。

经过分析，凡属测验或计算方面的错误，应予以改正；错误过大而又无法改正者，应予以舍弃。改正与舍弃都要有确切的证据。如经查实，突出点是由于特殊水情造成，则应与正常点一样，参加数据处理。

6.4.3　推求断面平均含沙量的方法

由于河流的输沙率是在不断地变化中，而输沙率的测次是很少的，很难反映河流输沙率随时间的变化情况，因此须经过数据的分析研究，找出其他因素如单沙（或流量）与断沙（或输沙率）之间的关系，然后，推求断沙和输沙率数据。经过反复实践，其中单沙、断沙关系法是较好的方法，已获得广泛应用。但有时限于数据条件，可分情况，采用其他近似方法。

1. 单沙、断沙关系曲线法

单沙、断沙关系曲线法是我国应用比较广泛的一种方法，它适用于单沙、断沙关系比较稳定的测站，关系线的形式有单一线型和多线型。

（1）单沙、断沙关系的单一线法。如单沙、断沙关系点子密集成一带状，点子不依时序或水位系统偏离，且有 75% 以上测次的点子与平均关系线的偏离在中高沙时不超过 $\pm 10\%$，低沙时不超过 $\pm 15\%$，可采用此法。在定线时，可通过点群中心定出一条光滑曲线，使曲线两旁点子的数目差不多。关系线可定为直线或曲线，视测点分布趋势而定。绘出平均关系线后,在其两侧分别做出±10%(或15%)的两条线,数出这两条线范围内的点子数目,计算其与总点数的比值(即偏差小于±10%的占总数的百分数),这比值应大于75%,如图6-1所示。

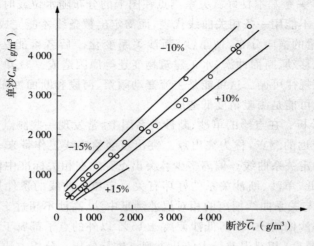

图6-1　单断沙关系线

(2)单沙、断沙关系的多线法。单沙、断沙测点依水位、时间或单沙测取位置和方法,明显分布成几个独立带组时,可分别用水位、时间、单沙取样位置、方法作参数,绘制多条单沙、断沙关系曲线。

1)以水位作参数定线。在测站断面比较稳定,而在某一水位以上河流有漫滩现象或分流现象,使含沙量的横向分布随水位而改变时,如果单沙是在固定垂线位置取样,则可用水位作参数,定出几条关系线来推算断沙,如图6-2所示。

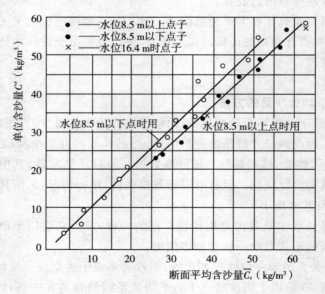

图6-2　以水位作参数的单沙、断沙关系

2）以时间作参数定线。当河道主流摆动，断面有冲淤变化，使含沙量的横向分布随时间不同而有变化时，如单沙在固定垂线取样，则可分时段定出多条单沙、断沙关系线，如图 6－3 所示，并在关系线上注明线号和推沙时间。推求断沙时，根据水位或时间，在相应关系线上由单沙推得断沙。

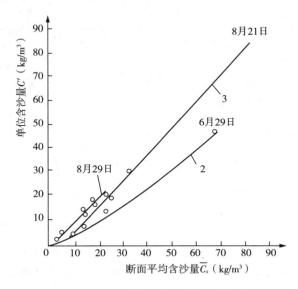

图 6－3　以时间作参数的单沙、断沙关系

（3）单沙、断沙的比例系数法。单沙、断沙关系不好，无法制定相关曲线时，则可采用比例系数法：即用实测输沙率的断沙 $\overline{C}_s$ 与其相应单沙 C_{su} 之比，得出比例系数。

计算比例系数为

$$m = \frac{\overline{C}_s}{C_{sm}}　　　　　　　　　　　（6-30）$$

式中：m 为比例系数；$\overline{C}_s$ 为实测断面平均含沙量，kg^3/m；C_{su} 为相应单样含沙量 kg/m^3。

用比例系数法推求断沙，又分以下两种方法：

1）水位与比例系数关系曲线法。适用于主流随水位增高而逐渐移动，单沙取样垂线位置固定，而比例系数与水位的关系点子密集成带状，定出的关系曲线符合精度要求，可用此法，如图 6－4 所示。

2）比例系数过程线法。如断面冲淤不定，主流摆动频繁，单沙、断沙关系点子散乱，可参考水位过程线、流量过程线的变化趋势，绘制光滑的比例系数过程线，如图 6－5 所示。此法要求输沙率测次较多，测次分布比较均匀，且单沙、断沙关系转折变化处均有测点控制。

从关系线或过程线上查读比例系数，乘以此时实测单沙，即得该次的断面平均含沙量。

2. 流量与输沙率关系曲线法

天然河流的流量和输沙率（或断沙）之间存在一定的关系，在未开展经常性的单沙测验之前，常用流量和断沙建立关系，进行数据处理。但是由于影响含沙量变化的因素复杂，流量与断沙之间关系一般是不密切的，因此这种方法现在已很少采用。但在有些情况下，可以作为辅助性的数据处理方法。这些情况包括以下几种：

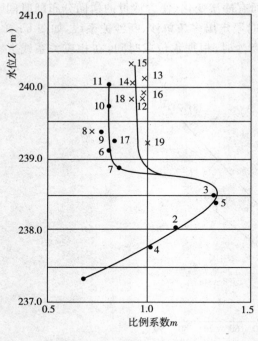

图 6-4   水位与比例系数关系线   图 6-5   比例系数过程线与水位过程线

（1）对历史数据，不能应用单沙、断沙关系法进行数据处理时。

（2）单沙数据零星分散，残缺不全，代表性差，不能反映河流含沙量变化情况时。

（3）河床变化十分剧烈，沙滩出没无常，主流经常摆动，用少数垂线施测单沙不能反映横断面含沙量的分布情况，这种测站可以适当增加输沙率测次，直接用流量与输沙率关系法进行数据处理。

3. 近似法

当输沙率测次太少或单沙、断沙关系不好，不可能应用上述各种方法，以及只测单沙与流量不测输沙率的测站，可用近似法进行数据处理。即直接以单沙代替断沙，推求逐日平均含沙量。

6.4.4   单样含沙量的插补方法

为了求得完整的数据处理成果，对缺测单沙，在条件许可时应进行插补。但须注意，影响含沙量的因素十分复杂，在选用插补方法时，须对测站特性、洪水来源、沙量来源等情况深入分析，了解含沙量的变化和有关因素（如水位、流量、暴雨、冲淤影响）间的关系。如插补重要沙峰，更应多方对照比较研究。

1. 直线插补法

在水位变化平缓，含沙量变化不大，或水位含沙量变化虽较大，但单沙测次间隔时间不长，且未跨过峰、谷时，可用未测时段两端的实测单沙，按时间（日或小时）比例内插缺测时段的单沙。

2. 连过程线插补法

此法是根据含沙量过程线与水位、流量过程线有一定的规律而得。适用于水位、流量变化不大,或虽大但缺测时间不长的时期。插补时,先绘出水位、流量过程线,再根据上述规律连绘缺测时期的单沙过程线,据以插补缺测时段的单沙。如缺洪峰起涨点含沙量,而在起涨点以前的退水段含沙量变化很小时,即可以起涨点前一次实测单沙作为起涨点单沙。

3. 流量与含沙量关系插补法

山区河流源短流急,一般洪峰与沙峰同时出现,流量与含沙量关系曲线常成一条或几条单一曲线。可以点绘流量与含沙量关系曲线,据以插补缺测的单沙。

4. 上下游站含沙量相关插补法

在没有支流汇入和冲淤变化小的河段,可以根据相邻站含沙量的起伏变化连绘本站缺测时段含沙量过程线;也可以用上下游站同时实测单沙点绘相关图,通过点群中心定出关系曲线,如果精度符合要求,即可用来插补。

6.4.5　单沙、断沙关系曲线的延长

在沙峰期间,因各种原因未能施测输沙率,从而在单沙、断沙关系的高沙部分缺少测点而难以定线。当条件允许时,可作单沙、断沙关系曲线的高沙延长。

若单沙、断沙关系测点比较散乱,规律性较难掌握,为了不使外延的曲线出现较大的问题,对高沙曲线延长的规定比较严格。当单沙、断沙关系为直线时,测点不少于 10 个,最大相应单沙的数值为最大实测单沙数值的 50% 以上时,可作高沙延长。若单断沙关系为曲线型或折线型,测取单沙的位置及方法与历年不一致,或断面形状有较大变化时,均不宜作高沙延长。

延长方法为顺原单沙、断沙关系曲线中、低沙部分的趋势,并参照历年单沙、断沙关系,作直线延长。

6.4.6　单沙、断沙关系曲线检验

单沙、断沙关系曲线检验内容包括关系曲线检验和实测点标准差计算,具体方法与流量的检验方法一样。

1. 关系曲线的检验

对输沙率实行间测的站,本年有校测数据时,应作 t 检验,以判定历年综合单沙、断沙关系曲线是否发生了变化。对单沙、断沙关系为单一线(或多线中的主要曲线)的情况,应进行符号检验、适线检验和偏离数值检验,以判定曲线是否正确。

2. 实测点标准差计算

为了解关系点的离散程度,应计算单一线及多线中主要曲线的标准差。

6.4.7　日平均输沙率、含沙量的推求方法

要准确地求出逐日平均含沙量,首先要求单沙(或断沙)测次分布适当,测验成果的质量好;其次要求计算方法正确,否则也会引起较大误差。

1. 计算日平均值的数据

计算日平均值的数据,根据情况分别选用以下数据:

(1)实测点数据,直接使用实测单沙、断沙或经过换算后的断抄,进行日平均值的计算。

当转折点有缺测或两点间流量、含沙量变化很大时,应采用合适的方法予以插补。

(2)过程线摘录数据,根据绘制的单沙或断沙过程线,在过程线上摘录足够的,能控制流量、含沙量变化的点子,计算日平均值。

2. 使用单沙推求断沙时,日平均值的计算方法

(1)日平均值的推算方法。

1)一日仅取一次单沙者,即以该次单沙推求的断沙作为日平均含沙量,再乘以日平均流量得该日的日平均输沙率。

2)几日取一次单沙者,在未测单沙期间,各日平均含沙量以前后测取之日的断沙,用直线内插求得,分别乘以各日平均流量,得各日的日平均输沙率。

3)因含沙量很小,采用若干天水样混合处理时,以混合水样的相应断沙作为各日的日平均含沙量,并用以推算日平均输沙率。

4)一日内取多次单沙者,根据情况分别采用算术平均法、面积包围法、流量加权法或积分法计算日平均含沙量,一般可按以下几种情况处理:

① 算术平均法。流量变化不大、单沙测次分布均匀时,将一日内单沙推得的断沙算术平均值,作为日平均含沙量,据以推求日平均输沙率。

② 面积包围法。流量变化不大,但含沙量变化较大且点次分布不均匀者,可用各次断沙以时间加权求平均值,作为日平均含沙量,然后再用上述方法计算日平均输沙率。

日平均含沙量的计算公式为

$$\overline{C}_s = \frac{1}{48} C_{s0} \Delta t_1 + C_{s1}(\Delta t_1 + \Delta t_2) + C_{s2}(\Delta t_2 + \Delta t_3) +$$

$$\cdots + C_{sn-1}(\Delta t_{n-1} + \Delta t_n) + C_{sn} \Delta t_n \tag{6-31}$$

式中:$\overline{C}_s$ 为日平均含沙量,kg/m^3;C_{s0}、C_{sn} 分别为 0 时及 24 时的含沙量,kg/m^3;C_{s1},C_{s2},$\cdots$,C_{sn-1} 分别为日中各瞬时的含沙量,kg/m^3;Δt_1,Δt_2,$\cdots$,Δt_n 分别为相邻两瞬时含沙量间的时距,h。

③ 流量加权法。流量和含沙量变化都比较大,采用流量加权法计算日平均输沙率,然后除以日平均流量得日平均含沙量。计算方法有:"第一法"、"第二法"、"积分法"。

"第一法"是以瞬时流量乘以相应时间的断沙,得瞬时输沙率,再用时间加权求出日平均输沙率,然后,再用日平均输沙率除以日平均流量得日平均含沙量。其计算公式为

$$\overline{Q}_s = \frac{1}{24} \left[\frac{1}{2}(q_0 C_{s0} + q_1 C_{s1})\Delta t_1 + \frac{1}{2}(q_1 C_{s1} + q_2 C_{s2})\Delta t_2 + \cdots + \frac{1}{2}(q_{n-1} C_{sn-1} + q_n C_{sn})\Delta t_n \right]$$

$$= \frac{1}{48} \left[q_0 C_{s0} \Delta t_1 + q_1 C_{s1}(\Delta t_1 + \Delta t_2) + q_2 C_{s2}(\Delta t_2 + \Delta t_3) + \cdots + q_n C_{sn} \Delta t_n \right] \tag{6-32}$$

式中:$\overline{Q}_s$ 为日平均输沙率,kg/s;q_0、q_n 分别为 0 时及 24 时流量,m^3/s;C_{s0}、C_{sn} 分别为 0 时及 24 时的含沙量,kg/m^3;q_1,q_2,$\cdots$,q_{n-1} 分别为各瞬时流量,m^3/s;C_{s1},C_{s2},$\cdots$,C_{sn-1} 分别为相应各瞬时流量的断沙,kg/m^3;Δt_1,Δt_2,$\cdots$,Δt_n 分别为相邻两瞬时含沙量间的时距,h。

计算可列表进行,表格格式见表 6-2 所列。

表 6-2　××站流量加权法"第一法"日平均含沙量计算

时间		流量 (m³/s)	含沙量 (kg/s)	输沙率 (kg/s)	权重 ($\Delta t_i +$ $\Delta t_{i+1})h$	积数 (输沙率 ×权重)	日平均 输沙率 (kg/s)	日平均 含沙量 (kg/m³)
日	时:分							
(1)		(2)	(3)	(4)= (2)×(3)	(5)	(6)= (4)×(5)	(7)=$\frac{1}{48}$ $\sum$ (6)	(8)= (7)/$\overline{Q}$
	00:00	2.33	18.3	42.64	8	341.1		
	08:00	1.96	16.2	31.75	18	571.5		
	18:00	1.5	43.2	64.8	12	777.6		
	20:00	69.5	332	23 070	3	69 210		
2	21:00	47.9	476	22 800	1.7	38 760	7 230	375
	21:40	36.8	467	17 190		17 190		
	22:00	69.5	463	32 180	1.3	41 830		
	23:00	150	502	75 300	2	150 600		
	24:00	143	195	27 890	1	27 890		

"第二法"是以相邻瞬时断沙的平均值与瞬时流量平均值的乘积,得时段平均输沙率,再用时间加权,计算日平均输沙率。然后,再用日平均输沙率除以日平均流量得日平均含沙量。其计算公式为

$$\overline{Q}_s = \frac{1}{24}\Big[\frac{1}{2}(q_0+q_1)\times\frac{(C_{s0}+C_{s1})}{2}\Delta t_1 + \frac{1}{2}(q_1+q_2)\times\frac{(C_{s1}+C_{s2})}{2}\Delta t_2$$

$$+\cdots+\frac{1}{2}(q_{n-1}+q_n)\times(C_{sn-1}+C_{sn})\Delta t_n\Big]$$

$$(6-33)$$

$$=\frac{1}{96}\Big[(q_0+q_1)(C_{s0}+C_{s1})\Delta t_1 + (q_1+q_2)(C_{s1}+C_{s2})\Delta t_2$$

$$+\cdots+(q_{n-1}+q_n)(C_{sn-1}+C_{sn})\Delta t_n\Big]$$

式中符号的含义与式(6-32)相同。

计算可列表进行,表格格式见表 6-3 所列。

为了比较两种方法的差别,假定在某时段 Δt 内,流量与含沙量皆呈直线变化,从其组合可分成 4 种类型,即:① 流量和含沙量均稳定不变;② 一个因子稳定不变,另一因子上涨或下降;③ 流量与含沙量两个因子同时上涨或同时下降;④ 一个因子上涨,而另一因子下降。

显然类型 ① 用两种方法计算结果完全一样,不必证明,其他类型用简单数字对比两种方法结果见表 6-4 所列。

表6-3　××站流量加权法"第二法"日平均含沙量计算

时间		流量 (m³/s)	时段平均	含沙量 (kg/s)	时段平均	时段输沙率 (kg/s)	时段 $\Delta t_i h$	积数	日平均输沙率 (kg/s)	日平均含沙量 (kg/m³)
日	时:分	瞬时		瞬时						
(1)		(2)	(3)	(4)	(5)	(6)=(3)×(5)	(7)	(8)=(6)×(7)	(9)=Σ(8)/24	(10)=(9)/$\overline{Q}$
2	00:00	2.33		18.3						
			2.15		17.3	37.2	8	297.6		
	08:00	1.96		16.2						
			1.73		29.7	51.38	10.0	513.8		
	18:00	1.5		43.2						
			35.5		188	6 647	2	13 350		
	20:00	69.5		332						
			58.7		404	23 710	1	23 710		
	21:00	47.9		476					6 820	353
			42.4		472	20 010	0.7	14 010		
	21:40	36.8		467						
			53.2		465	24 740	0.3	7 422		
	22:00	69.5		463						
			110		483	53 130	1	53 130		
	23:00	150		502						
			147		349	51 300	1	51 300		
	00:00	143		198						

表6-4　两种流量加权法计算日平均含沙量的比较

类型	流量		含沙量		"第一法"公式 $\frac{1}{2}(q_1 C_{s1} + q_2 C_{s2})\Delta t$	比较	"第二法"公式 $\frac{1}{2}(q_1+q_2)\frac{1}{2}(C_{s1}+C_{s2})\Delta t$
	q_2	q_2	C_{s1}	C_{s2}			
②	8	4	2	2	$12\Delta t$	=	$12\Delta t$
③	3	5	2	4	$13\Delta t$	>	$12\Delta t$
④	2	6	7	3	$16\Delta t$	<	$20\Delta t$

由此可见类型②,用两种方法计算结果相同。后两种类型的计算结果不同,有大有小。现以径河东川庆阳站1956年7月21日数据,用不同方法计算日平均含沙量为例,用逐时含沙量的面积包围法求得日平均含沙量为105 kg/m³;用流量加权法得日平均含沙量为375 kg/m³ 或356 kg/m³。可见计算方法不容忽视。

"积分法":在 Δt 时段内流量、含沙量均呈直线变化时,计算时段 Δt 初的流量与含沙量分别为 q_1 和 C_{s1},输沙率 $Q_{s1}=q_1 C_{s1}$;时段末的流量与含沙量分别为 q_2 和 C_{s2},输沙率 $Q_{s2}=q_2 C_{s2}$。流量和含沙量的变化率分别为 k_1 和 k_2,如图6-6所示。

在 Δt 时段内的任一微分时段 dt 的输沙量 $dW_s(t)$ 可表示为

$$dW_s(t) = (q_1 + k_1 t)(C_{s1} + k_2 t)dt$$

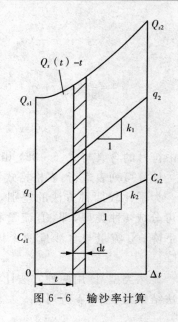

图6-6　输沙率计算

任一时刻的输沙率为

$$Q_s(t) = \frac{\mathrm{d}W_s(t)}{\mathrm{d}t} = (q_1 + k_1 t)(C_{s1} + k_2 t)$$

$$= q_1 C_{s1} + k_2 q_1 t + k_1 C_{s1} t + k_1 k_2 t^2 \tag{6-34}$$

Δt 时段内的输沙量为

$$W_s = \int_0^{\Delta t} Q_s(t)\mathrm{d}t = \int_0^{\Delta t} (q_1 C_{s1} + k_2 q_1 t + k_1 C_{s1} t + k_1 k_2 t^2)\mathrm{d}t$$

$$= q_1 C_{s1}\Delta t + \frac{k_2}{2} q_1 (\Delta t)^2 + \frac{k_1}{2} C_{s1} (\Delta t)^2 + \frac{k_1 k_2}{3}(\Delta t)^3 \tag{6-35}$$

这是用严格的数学推导求得的 Δt 时段的输沙量,即"积分法"的结果。用这种方法计算起来比较麻烦,利用"第一法"计算比较方便,下面来分析一下"积分法"与"第一法"的关系:

按相同条件"第一法",计算 Δt 时段的输沙量为

$$W_{s1} = \frac{1}{2}\left[q_1 C_{s1} + (q_1 + k_1\Delta t)(C_{s1} + k_2\Delta t) \right]\Delta t$$

$$= q_1 C_{s1}\Delta t + \frac{k_2}{2} q_1 (\Delta t)^2 + \frac{k_1}{2} C_{s1} (\Delta t)^2 + \frac{k_1 k_2}{2}(\Delta t)^3$$

$$W_s - W_{s1} = q_1 C_{s1}\Delta t + \frac{k_2}{2} q_1 (\Delta t)^2 + \frac{k_1}{2} C_{s1} (\Delta t)^2 + \frac{k_1 k_2}{3}(\Delta t)^3$$

$$- \left[q_1 C_{s1}\Delta t + \frac{k_2}{2} q_1 (\Delta t)^2 + \frac{k_1}{2} C_{s1} (\Delta t)^2 + \frac{k_1 k_2}{2}(\Delta t)^3 \right] \tag{6-36}$$

$$= -\frac{k_1 k_2}{6}(\Delta t)^3$$

比较式(6-35)和式(6-36)可知,每个时段"第一法"比"积分法"大 $\frac{k_1 k_2}{6}(\Delta t)^3$,只要第一法中把多出的这一部分扣掉,便可以得到积分法的结果,计算表格见表 6-5 所列。

(2)计算精度分析。对比两种计算方法,二者在相同条件下,主要区别是计算时段输沙量采用的简化方法不同。下面以一个计算时段为研究对象,对两种计算方法进行对比分析。

采用与"第一法"相同的方法,推得"第二法"与"积分法"结果有以下区别。

"第二法",计算 Δt 时段的输沙量为

$$W_{s2} = \frac{1}{2}\left[q_1 + (q_1 + k_1\Delta t) \right]\frac{1}{2}\left[\rho_1 + (C_{s1} + k_2\Delta t) \right]\Delta t$$

表 6-5　××站流量加权法"积分法"日平均含沙量计算

时间 日	时:分	时段 Δt_i (h)	流量 Q (m³/s)	含沙量 C_s (kg/m³)	输沙率 Q_s (kg/s)	权重 ($\Delta t_i+\Delta t_{i+1}$)	积数	流量变率 k_1	含沙量变率 k_2	差值	$\sum(7)/2-\sum(10)$ (11)	日平均输沙率 (kg/s)	日平均含沙量 (kg/m³)
	(1)	(2)	(3)	(4)	(5)=(3)×(4)	(6)	(7)=(5)×(6)	(8)	(9)	(10)=$\frac{k_1 k_2}{6}(\Delta t)^3$	(11)	(12)=$\frac{(11)}{24}$	(13)=$\frac{(12)}{Q}$
2	00:00	8.00	2.33	18.3	42.46	8.0	341.1	−0.046	−0.263	1.03			
	08:00	10.00	1.96	16.2	31.75	18.0	571.5	−0.046	2.700	−20.7			
	18:00	2.00	1.50	432.2	64.80	12.0	777.6	34.000	144.40	6 546			
	20:00	1.00	69.5	332	23 070	3.0	69 222.0	−21.600	144.00	−518.4			
	21:00	0.67	47.90	476	22 800	1.67	38 076.7	−16.567	−13.43	11.2	166 835	6 951.5	357.8
	21:40	0.33	36.80	467	17 190	1.0	17 190.0	99.091	−12.12	−7.2			
	22:00	1.00	69.50	463	32 180	1.33	42 797.4	80.500	39.00	523.3			
	23:00	1.00	150.00	502	75 300	2.0	15 060.0	−7.000	−307.00	358.2			
	24:00	1.00	143.00	195	27 385	1.0	27 885.0						

整理得

$$W_{s2}=q_1 C_{s1}\Delta t+\frac{k_2}{2}q_1\,(\Delta t)^2+\frac{k_1}{2}C_{s1}\,(\Delta t)^2+\frac{k_1 k_2}{4}\,(\Delta t)^3 \qquad (6-37)$$

与"积分法"的差为

$$W_s-W_{s1}=q_1 C_{s1}\Delta t+\frac{k_2}{2}q_1\,(\Delta t)^2+\frac{k_1}{2}C_{s1}\,(\Delta t)^2+\frac{k_1 k_2}{3}\,(\Delta t)^3$$
$$-\left[q_1 C_{s1}\Delta t+\frac{k_2}{2}q_1\,(\Delta t)^2+\frac{k_1}{2}C_{s1}\,(\Delta t)^2+\frac{k_1 k_2}{2}\,(\Delta t)^3\right]$$
$$=\frac{k_1 k_2}{12}\,(\Delta t)^3$$

通过以上分析清楚地看到,"第一法"计算的结果比"积分法"计算的结果系统偏大 $\frac{k_1 k_2}{6}(\Delta t)^3$,而"第二法"计算的结果比"积分法"计算的结果系统偏小 $\frac{k_1 k_2}{12}(\Delta t)^3$。

通过对两种计算方法的分析有以下几点认识:

1)一日内当流量、含沙量变化较大的情况下,无论采用"第一法"还是"第二法"都可能会产生误差,只有当流量和含沙量均不变化,或者至少有一个不变化时(k_1 和 k_2 至少有一个为零),"第一法"、"第二法"的计算结果才与"积分法"一致。

2)在流量和含沙量同向变化时(k_1 和 k_2 同号),即涨水涨沙或落水落沙,"第一法"计算出的时段输沙量系统偏大,"第二法"计算出的时段输沙量系统偏小;当流量和含沙量异向变化(k_1 和 k_2 异号),即涨水落沙或落水涨沙,"第一法"计算出的时段输沙量系统偏小,"第二法"计算出的时段输出量系统偏大。在生产实践中,一般情况下涨水涨沙或落水落沙的情况较多,涨水落沙或落水涨沙出现的情况相对少(尤其大河),因此系统误差不可能抵消,误差的大小又不易控制,特别当流量、含沙量变化较大时,由此产生的日平均输沙率的计算误差可能比较大。

3) 采用"积分法"计算时,在流量、含沙量最大涨落段,无需再进行直线内插即可求出精确的计算结果。

为减少"第一法"计算误差,应在流量、含沙量最大涨落段,直线内插 1 ～ 2 个点子再进行计算。这种内插点子的方法,实际上是为了让"第一法"的计算结果更接近"积分法",以减少误差。如图 6 - 7 所示,在 Δt 时段内,用"积分法"求得的时段输沙量为凹形面积 $abcd$,用"第一法"求得的时段输沙量为梯形面积 $abcd$,其误差比较大,当内插 1 个点子后,时段输沙量为梯形面积 $afed$ 和 $fbce$ 之和,这样比梯形面积 $abcd$ 更接近凹形面积 $abcd$,减小了误差。而采用"积分法"就没有必要了,直接可以得到凹形面积 $abcd$ 的结果。

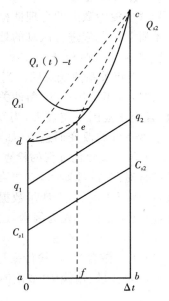

图 6 - 7 积分法与第一法分析

6.4.8 悬移质泥沙的月、年统计值计算

悬移质泥沙的主要月、年统计值有月、年平均输沙率;月、年平均含沙量;月、年输沙量;流域侵蚀模数等。

1. 月、年平均输沙率

用全月或全年逐日平均输沙率的总和除以相应的月、年总日数。

$$\overline{Q}_{s月或年} = \frac{\sum_1^n \overline{Q}_s}{n} \qquad (6-38)$$

2. 年输沙量

为通过河流中某一过水断面的悬移质泥沙总重量,以全年逐日平均输沙率之和,乘以 1 日之秒数得到,单位以 t、万 t、亿 t 表示。

$$W_s = \sum_1^n \overline{Q}_s 86\,400 \qquad (6-39)$$

3. 流域侵蚀模数或输沙模数

以年输沙量除以集水面积得,单位以 t/(a·km²) 表示。

$$M_s = \frac{W_{s年}}{A} \qquad (6-40)$$

式中:M_s 为蚀模数,t/km²;$M_{s年}$ 为年输沙总量,t;A 为测站所控制的集水面积,km²。

4. 月、年平均含沙量

用月、年平均输沙率除以月、年平均流量得之。

$$\overline{C}_{s月或年} = \frac{\sum_1^n \overline{Q}_{s月或年}}{\overline{Q}_{月或年}} \qquad (6-41)$$

6.4.9 合理性检查

悬移质泥沙数据的合理性检查分单站检查和上下游站综合检查两部分,通过检查,对发现的矛盾和问题应进行认真的处理,以提高数据处理成果的质量。

1. 单站合理性检查

(1) 历年关系曲线对照。当单沙取样位置、取样方法没有大的变化,断沙的推求也与往年一致时,可用历年单沙、断沙关系或水位比例系数关系曲线,进行对照,其曲线的趋势基本一致,且变化范围不应过大,当发现异常时,应查明原因。检查是否因流域自然地理情况或本站水沙特性的改变而造成(如水土保持、垦荒、河段冲淤变化等),还是测算错误所引起。

(2) 含沙量变化过程的检查。全年分月在同一张图上,绘制逐日流量、含沙量、输沙率过程线进行对照,洪峰期间,应加绘瞬时过程线对照。含沙量的变化与流量的变化常有一定的关系,可从历年流量,含沙量数据的比较中,找出规律性,据以检查本年数据的合理性。如有反常,应查明是由于人为因素,还是由于洪水来源、暴雨特性、季节性等因素影响所造成。

2. 综合合理性检查

(1) 上下游含沙量、输沙率过程线对照。在同一张图上,用同一纵横坐标,将上下游各站逐日平均含沙量、输沙率(或瞬时含沙量、输沙率)以不同的颜色或符号点绘过程线进行对照检查。

当没有支流汇入或支流来沙影响较小时,上下游站之间,常有一定的对应关系,利用这一特性检查过程线的形状,峰、谷传播时间,沙峰历时等是否对应、合理,如图6-8所示为我国辽河铁岭至巨流河站1963年6月下旬的含沙量过程线。从图6-8上可以看出,过程线形状相似,峰顶、峰谷相应,峰顶沙量自上游向下游递减,起涨及峰顶时间上游先于下游,沙峰历时由上游向下游递增,是合理的。

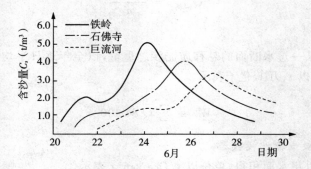

图6-8 辽河铁岭至巨流河站的部分含沙量过程线(无支流汇入)

在支流汇入影响较大或区间经常发生冲淤变化的河段,上下游含沙量的关系就不同了,如图6-9所示是某河流甲、乙、丙3站含沙量过程线图,从图6-9上看出,上下游站含沙量变化过程不相应,例如7月12~16日甲站含沙量很小,但乙站却有较大的沙峰出现,查其原因,是由于支流来沙量很大引起的。

(2) 上、下游月、年平均输沙率对照。编制上下游月、年平均输沙率对照表;检查输沙率沿河长的变化是否合理,当洪峰跨月时,可用两月的月平均输沙率之和作比较;区间支流有来沙影响时,应将上游站与支流站输沙率之和列入与下游站比较。

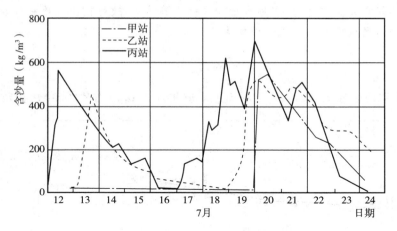

图 6-9 某河流甲、乙、丙 3 站含沙量过程线(有支流汇入)

6.5 推移质输沙率数据处理

推移质输沙率数据处理的内容有:审查和分析原始数据;编制实测推移质输沙率成果表;确定推移质输沙率的推求方法;编制逐日平均推移质输沙率表以及编写数据处理说明书等。

6.5.1 实测数据的分析

推移质泥沙运动非常复杂,其脉动现象远比悬移质大得多,尤其是卵石推移质。推移质输沙率在断面内的分布很不均匀,一般情况下,推移质的数量与流速的大小有密切关系,主流摆动的测站,推移质的横向变化大。

推移质输沙率一般随悬移质输沙率以及流速(流量、水位)的增减而增减。在山溪性比降很大的河流,平水期虽然流量、含沙量并不大,但推移质输沙率仍有相当的数量。

根据测站特性和数据情况,可进行以下几种分析:

(1)推移质输沙率与某种水力因素(流速、水位、流量、悬移质输沙率等)过程线对照。

(2)推移质输沙率与某种水力因素(流速、水位、流量、悬移质输沙率等)相关曲线分析。

6.5.2 逐日推移质输沙率的推求方法

当前推移质输沙率测验和数据处理正处于探索阶段,推求逐日平均推移质输沙率的方法,可在数据分析后选定。当实测数据很少,也可积累数年数据后,合并进行数据处理。进行数据处理时,可选择以下几种方法:

1. 推移质输沙率与水力因素关系曲线法

点绘推移质输沙率与某水力因素(流速、流量、水位、悬移质输沙率等)相关曲线,当关系密切时,可以用此法。图 6-10 是用断面平均流速与推移质输沙率点绘的关系图,相关图采用的坐标是双对数坐标。从图 6-10 中看出:关系线呈两条相交的直线,分上、下两个系统,

因每次实测推移质输沙率时,均实测流量和悬移质输沙率,故可找出与推移质输沙率同时的断面平均流速与之点绘关系曲线的模型为

$$Q_b = \alpha \overline{V}^n \tag{6-42}$$

式中:Q_b 为推移质输沙率,kg/s;$\overline{V}$ 为断面平均流速,m/s;a,n 分别为系数、指数。

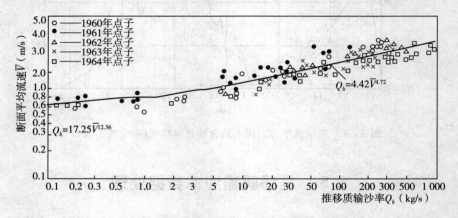

图 6-10   推移质输沙率与断面平均流速关系曲线

为了与推移质输沙率与断面平均流速关系曲线图配合,还点绘流量与断面平均流速相关图,可用实测数据在双对数纸上点绘,一般也呈线性关系,如图 6-11 所示。

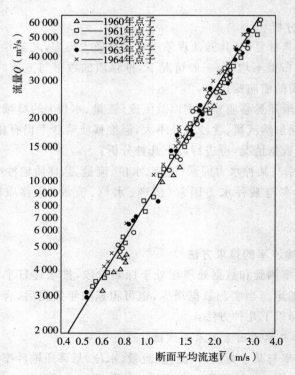

图 6-11   流量与断面平均流速关系曲线

推求日平均推移质输沙率时,可先用日平均流量在图 6-11 中查得相应的日平均流速,再用日平均流速在图 6-10 中查读日平均推移质输沙率。

当流量与推移质输沙率关系较好时,也可以直接点绘流量与推移质输沙率相关曲线,用日平均流量直接在相关曲线上推读日平均推移质输沙率。

2. 实测推移质输沙率过程线法

当推移质输沙率与其他水力因素关系不好,但测次较多时,可点绘实测推移质输沙率过程线。图的上方绘制逐日平均流量,逐日平均悬移质输沙率过程线,供连绘推移质输沙率过程线参考。推求日平均推移质输沙率时,直接在过程线上查读。

3. 推移质输沙率与悬移质输沙率比值过程线法

当推移质输沙率不能与其他水力因素建立相关关系,但测点较多时,也可用实测推移质输沙率与实测的悬移质输沙率的比值,绘制过程线,在连此过程线时应参照悬移质输沙率过程线的趋势,推沙时,在过程线上查读比值,乘以同时的悬移质输沙率,即得推移质输沙率。

4. 单推、断推关系曲线法

对单样推移质基本输沙率与断面推移质输沙率关系比较稳定的沙质河床的测站,可绘制单推、断推关系曲线,通过点群中心定出相关线,然后利用平时观测的单推数据在相关线上查读断推数据。

6.6　泥沙颗粒级配数据处理

泥沙颗粒级配数据包括悬移质、推移质、河床质 3 种,数据处理方法基本相似。均需由实测颗粒级配数据,推算出月、年平均颗粒级配数据。

6.6.1　实测颗粒级配数据的分析

对原始数据进行重点检查和校核,以了解数据的正确性和合理性。以同时实测的悬移质、推移质、河床质断面平均颗粒级配曲线绘于同一图上,纵坐标为 $\lg D$,横坐标 P 以几率分格,检查三者相互关系。悬移质最细,曲线居于下方;河床质最粗,曲线居于上方;推移质曲线介于两者之间。如有反常现象,须进一步检查分析其原因。

以单样颗粒级配(简称单颗)小于某粒径沙重百分数为纵坐标,相应的断面平均颗粒级配(简称断颗)小于某粒径沙重百分数为横坐标,点绘于方格纸上,以供分析。如发现关系点有系统偏离,分布散乱,或有少数突出点时,可能由下述原因造成。

关系点系统偏离,可能是单颗取样方法或取样位置不当所致。例如单样用 0.6 一点法取样,单颗可能系统偏细;用主流一线法取样,也可能有系统偏粗的现象。单颗在一段时期内系统偏粗或偏细也可能是各时期河道变化、主流摆动的影响。

关系点分布散乱,可能是单颗代表性差,或者分析操作上误差太大,沙重太小,分析精度不高等影响;还有可能是洪水来源不同和河道变化等因素的影响。应设法予以改正,属测验分析精度不高或其他自然因素影响者,应在数据处理成果中予以说明。

6.6.2　悬移质断面平均颗粒级配的推求

没有实测断颗时期的断颗数据,可视情况分别采用下述方法推求:

1. 单颗断颗关系曲线法

适用于单颗断颗关系比较稳定,关系点子密集成一狭窄带状,一般可用目估定出一条光滑曲线,通过纵坐标为零和100%的两点,使点子均匀分布于曲线两旁。定线时可与历年的单颗断颗关系曲线比较,必要时也可参照历年关系曲线趋势确定。

关系曲线定出后,在其两旁分别绘出允许偏差(粗粒径为±5%,细粒径为±10%)的两条平行线,据以计算各粒径组点子的保证率,如图6-12所示。

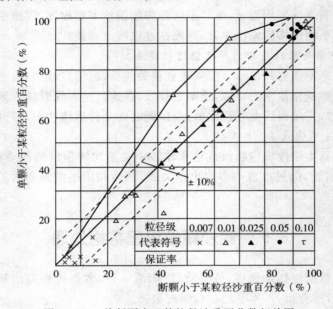

图6-12   单断颗小于某粒径沙重百分数相关图

利用单颗断颗关系曲线,以单颗各粒径沙重百分数直接在曲线上查读,得相应的断颗各粒径级的百分数。

1日测1次单颗者,经换算后即作为该日平均断颗;若1日内实测数次单颗者,先换算成断颗,视输沙率变化大小,采用算术平均法或输沙率加权法计算某日平均值。

推求断颗时当单颗断颗关系上端通过纵横坐标为100%点,可直接以单颗各粒径级百分数在关系曲线上查取相应断颗各粒径百分数;当单颗比断颗系统偏细时,先以单颗为100%的粒径级在关系线上查读相应粒径级的断颗百分数,按规定向上再增加一个粒径级,作为断颗100%的粒径级;当单颗比断颗偏粗时,只推求相应于断颗为100%及其以下的单颗各粒径部分,以上部分不再使用。

2. 其他方法

当单颗断颗关系散乱,不能用关系曲线法进行数据处理时,可用近似法。即用实测单颗代替断颗进行月、年平均颗粒级配的计算,有实测断颗数据之日,应使用实测断颗数据,其相应单颗不参加计算。

6.6.3 悬移质日平均、月平均、年平均颗粒级配的计算

1. 悬移质日平均颗粒级配的计算

(1)1日实测1次单颗或断颗者,经推算或直接作为该日的平均颗粒级配。

（2）1 日内实测两次以上者，其中任一粒径级（小于某粒径）的沙重百分数最大值与最小值之差不大于 20％（绝对值）者，用算术平均法计算；大于 20％ 且日平均输沙率未用流量加权法计算者，应采用输沙率加权法计算。

2. 悬移质月平均颗粒级配的计算

（1）1 月内只有一次实测颗粒级配数据者，即以该次作为该月平均颗粒级配。

（2）1 月内有 2 次以上实测颗粒级配者，则视该月输沙率变化情况，采用下述方法计算。

1）月内输沙率变化较小或平缓时，用算术平均法计算为

$$p_{月} = \frac{\sum p_i}{n} \tag{6-43}$$

2）月内输沙率变化较大时，用时段输沙量（或输沙率）加权计算为

$$P_{月} = \frac{\sum (P_i Q_{s日})}{\sum Q_{s日}} \tag{6-44}$$

式中：$P_{月}$ 为月平均小于某粒径沙重百分数，％；P_i 为月内各日（或测次）断面平均小于某粒径沙重百分数，％；n 为月内颗粒分析的日（或测次）数；$Q_{s日}$ 为各日（或测次）代表时段的输沙量（（kg 或 t）或各日［测次代表时段的日平均输沙率（kg/s 或 t/s）］之和。

各日（测次）代表时段的划分方法如下：1 月内两测次间输沙率变化较小时，以相邻两测次间中点为分界；1 月内两测次间输沙率变化较显著时，以输沙率变化的转折点为分界。

3. 悬移质年平均颗粒级配的计算

年平均颗粒级配用输沙量（或输沙率）加权法计算。

$$P_{年} = \frac{\sum (P_{月} Q_{s月})}{\sum Q_{s月}} \tag{6-45}$$

式中：$P_{年}$、$P_{月}$ 分别为年、月平均小于某粒径沙重百分数，％；$Q_{s月}$ 为月输沙量（kg 或 t），或 1 月内各日的平均输沙率（kg/s 或 t/s）之和。

4. 悬移质月、年平均颗粒级配的计算

月年平均粒径是根据相应的级配曲线分组，用沙重百分数加权法计算。

$$\overline{D} = \frac{\sum \Delta P_i D_i}{100}$$

$$D_i = \frac{D_{上} + D_{下} + \sqrt{D_{上} D_{下}}}{3} \tag{6-46}$$

式中：$\overline{D}$ 为月或年的平均粒径，mm；ΔP_i 为月或年平均颗粒级配中某组沙重百分数，％；D_i 为某组平均粒径，mm；$D_{上}$、$D_{下}$ 分别为某组沙的上限或下限粒径，mm。

6.7　泥沙数据的合理性检查

6.7.1　悬移质泥沙的合理性检查

1. 悬移质泥沙数据单站合理性检查

悬移质输沙率、含沙量的单站合理性检查的内容,除检查数据处理方法是否正确合理外,着重进行以下两方面的对照检查。

(1)数据处理成果的历年对照。当采取单样水样的位置、方法没有大的变化,推算的方法也与往年一致时,可与历年推算断沙的关系线对照检查。例如历年单沙与断沙关系曲线趋势应大致相仿,且变动范围不大,如果反常应当研究原因。当流域自然特性改变(如水土保持、垦荒、河段冲淤变化、塘坝的溃决等),可能使上述关系发生变化。

例如图 6 - 13 是黄河某水库下游水文站历年流量与含水量关系趋势的对照。1958 年以前水库尚未建成系天然河道,沙峰与洪峰通常在同一天出现,基本是水大沙大,水小沙小,如图 6-13 所示中实线表示的是流量与含沙量变化趋势。1962 年水库建成以后,则曲线变化趋势改变为图 6-13 中虚线所示的形式,与建库前历年关系略呈垂直,在洪峰期间呈水大沙小、水小沙大的反常关系。因此,检查时必须结合工程的作用进行研究。由于该水文站处在水库下游,当流量增大时,坝前产生回水,泥沙淤积在库内,排沙量减小,即水大沙小。流量逐渐减小时,坝上水位逐渐降低,库内淤积泥沙就会被冲刷,流量小含沙量反而增大,在洪峰即将落平时,出现最大含沙量,以致沙峰落后洪峰几天之久。

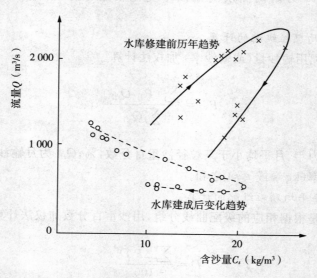

图 6 - 13　黄河某水库下游水文站历年流量与含水量关系趋势的对照

(2)含沙量变化过程对照检查。可绘制逐日平均流量、含沙量、输沙率过程线对照检查。含沙量的变化与流量的变化常有一定的关系,可先从历年数据中找出这种关系的一般规律性,据以检查本年数据的合理性。如有反常现象,即应检查是人为的差错,还是由于洪水来源、暴雨特性、季节等因素影响所造成。

2. 悬移质拾沙率、含沙量数据综合合理性检查

（1）上下游含沙量、输沙率过程线对照。上下游测站的含沙量过程线之间常有一定的关系，利用这种特性，检查各站含沙量数据。检查时要注意含沙量过程线的形状、峰谷、传播时间、沙峰历时等是否合理。另外，还可参看历年各种洪水形式中含沙量的变化情况，作为验证本年变化过程的参考。

（2）沙量平衡的对照。和水量平衡一样，在某时段内沙量平衡方程式可写为

$$V_上 + V_区 \pm V = V_下 \tag{6-47}$$

式中：$V_上$ 为上游站来沙量；$V_下$ 为下游站排沙量；$Y_区$ 为区间流域来沙量；V 为上、下游测站间河段内河床冲淤量；"+"号表示河床冲刷；"—"号表示河床淤积。

确定冲淤量通常用横断面测量法或河段地形测量法，需时较久，所以沙量平衡法适用于一年或一个汛期的对照检查。

上下游站月、年平均输沙率的对照，就是利用沙量平衡的原理来检查。这种方法可发现泥沙测验和数据处理中的系统性问题和大问题。

在短时期而含沙量相差很大的河段，冲淤量的测量数据缺少，可利用黄河水利委员会设计大队的浑水水量平衡公式作合理性检查。

$$Q_上 - Q_下 = \frac{1}{\gamma_s}(Q_上 C_{s上} - Q_下 C_{s下}) \tag{6-48}$$

式中：$Q_上$，$Q_下$ 分别为上游、下游断面的流量；$C_{s上}$，$C_{s下}$ 分别为上游、下游断面的含沙量；r_s 为河床上新冲淤泥沙的干容重（其数值一般为 $1 \sim 1.3$ t/m³）。

例如无定河上游泹城水库 1965 年 8 月 3～4 日洪水，入库断面宋大湾站平均流量 $\overline{Q}_上 = 1.21$ m³/s，平均含沙量 $\overline{C}_{s上} = 926$ kg/m³。经库首淤积，在库区断面房滩站平均流量 $\overline{Q}_下 = 0.26$ m³/s，平均含沙量 $\overline{C}_{s下} = 47$ kg/m³，据分析淤积体的干容重 $r_s = 1.17$ t/m³。将以上数据代入上式，左右两端基本相等，公式右边表示上下游测站间河床的淤积量。

6.7.2　泥沙颗粒级配数据的合理性检查

1. 历年悬移质颗粒级配曲线对照

以本年和历年的年平均颗粒级配曲线进行对照，一般是曲线形状大致相似，且密集成一狭窄带状分布。如发现本年曲线形状特殊，或某时段前后曲线偏离成另一系统，应深入分析，找出变化原因。例如：受自然因素变化影响，如特大洪水、特别枯水、洪水来源不同等；受人类活动影响，如流域内垦荒、水土保持、水利工程施工、河道疏浚、水库拦洪、灌溉引水等；受各时期测验、颗粒分析、水样处理的方法不同的影响等。

例如我国某些站颗分曲线的历年对照，发现 1960 年以后粗颗粒增加，细颗粒减少，有人认为河流泥沙粗化了。经检查，我国颗分方法在 1960 年以前用底漏管法与比重计法，1960 年改用粒径计法。最近几年经过大量比较试验说明：底漏管法、比重计法、移液管法分析成果是接近的，无系统偏离；而粒径计法颗分成果，粒径小于 0.1 mm 的泥沙系统偏粗，如图 6-14 所示。所以 1960 年前后颗分曲线的改变是分析方法改变的原因，不是河流泥沙粗化了。

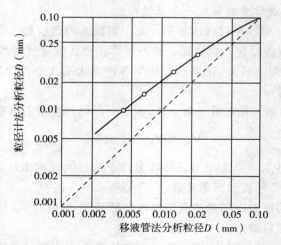

图 6 - 14　粒径计法、移液管法分析粒径相关图

2. 悬移质颗粒级配随时间变化与流量、含沙量过程线对照

用年历格纸绘制各有关因素综合过程线。在图的上部绘出逐日平均流量、含沙量(或输沙率)过程线;图的下部绘出各次实验断颗各粒径的小于某粒径沙重百分数过程线。分析各种过程线之间的相应关系和变化规律,借以发现数据有无问题。

一般情况下:各粒径百分数沿时间变化是渐变的。在某些多沙河流上,往往是洪水期粗颗粒泥沙比重减少,细颗粒泥沙比重增加,枯水期则相反。由于各流域自然地理、气候情况不同,这一规律不一定在各河流都相同,应根据历年数据找出本站泥沙级配变化规律,进行检查。

3. 悬移质颗粒级配数据的上下游对照

绘制悬沙小于某粒径的沙重百分数沿河长演变图(图 6 - 15),据以分析颗粒沿程分布是否合理。流域内土壤地质等自然地理条件基本相同,而河段内又没有严重冲淤时,一般是悬、移颗粒沿程变细,即较细的泥沙沿程相对增多,较粗泥沙沿程相对减少。如有反常情况,

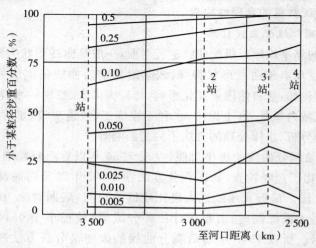

图 6 - 15　小于某粒径的沙重百分数沿河长演变

应分析其原因。例如:河流经过不同的土壤地质地带,某河段有严重的冲淤现象,支流的汇入,流域内局部地区暴雨的影响等,都可能出现反常现象。

思考与练习题:

6-1　实测悬移质泥沙数据分析的方法有哪些?

6-2　悬移质泥沙单沙、断沙关系如何定线? 造成单沙、断沙关系点子偏离的原因有哪些?

6-3　单沙、断沙比例系数法及流量输沙率关系曲线法适用、条件如何?

6-4　为什么要进行单沙过程的插补? 插补方法有哪些?

6-5　日平均输沙率、日平均含沙量的推算方法有哪些?

6-6　推移质输沙率推算方法有哪些?

6-7　悬移质泥沙颗粒级配的推求方法有哪些?

6-8　怎样进行悬移质泥沙含沙量、输沙率、颗粒分析的合理性检查?

6-9　什么叫全沙、含沙量、输沙率?

6-10　河流泥沙的来源及影响因素有哪些? 它们与泥沙测验有何联系?

6-11　悬移质泥沙在垂线上及横断面上的分布规律如何? 试与流速分布比较,有何不同?

6-12　悬移质输沙率测验的原理和方法。在布设取样垂线时,应考虑哪些问题?

6-13　什么叫"单沙"? 什么叫"断沙"? 如何选择单沙的取样位置?

6-14　相应单沙的概念是什么? 为什么要测相应单沙? 如何合理地布置相应单沙的测次?

6-15　如何计算断面输沙率? 它与计算断面流量有何异同?

6-16　采取泥沙颗粒分析沙样,其测次布置的原则是什么?

6-17　采用分析法进行泥沙颗粒分析基本原理是什么? 粒径计法与移液管法其工作原理有何不同?

6-18　如何计算悬移质垂线平均颗粒级配、断面平均颗粒级配及断面平均粒径?

项目 7　土壤墒情监测

学习目标：

 1. 掌握土壤墒情监测的含义及土壤含水量的测定方法；

 2. 熟悉并掌握烘干称重法测定土壤含水量；

 3. 了解电阻法、射线法、张力仪法、中子水分仪法和时域反射仪法。

重点难点：

 1. 重点是烘干称重法测定土壤含水量；

 2. 难点是中子水分仪法和时域反射仪法。

  土壤墒情是指田间土壤含水量及其对应的作物水分状态。土壤墒情监测的目的是为了弄清农田中不同土壤类型，不同情况下的水分动态变化及其规律，以及它们在时、空上分布的特征。为此，首先要测定单点的含水率，然后再进行空间及时程上多点的综合分析，经过分析计算给出合适的土壤墒情预报。土壤含水量的测定方法主要有烘干称重法、电阻法、射线法、张力仪(负压计)法、中子仪法和 TDR 时域反射仪法。现将各种不同的单点土壤含水量的观测方法简述如下。

7.1　烘干称重法

  烘干称重法是测定土壤含水率中最基本的方法，也是一种标准方法，因为许多其他方法最终都要依靠这种方法所测定的结果进行率定，将单点所取的土样进行称重，放入烘箱中加热到 100℃～105℃持续 8 h，冷却(加盖冷却)，再进行称重，则

$$水重 = (盛土器 + 湿土重) - (盛土器 + 干土重)$$

$$干土重 = (盛土器 + 干土重) - 盛土器重$$

$$土壤含水率 \theta = \frac{水重}{干土重} \times 100\%$$

  这种方法比较简单，但缺点是不能就地对土壤含水率进行连续观测，破坏了地面情况，而且工作量太大。如果取土较浅时可利用特殊工具(麻花钻)取样。具体步骤如下：

  (1)检查试验仪器。主要仪器有：烘箱、干燥器、天平(感量 0.01 g)、取土钻、洛阳铲、铝盒、记录表及铝盒重量记录表等。

  (2)在野外取样点按照观测的要求在不同深度用洛阳铲或取土钻取土样，在土壤水分测定记录表上记录取样日期、取样地点、取样深度和铝盒号码。

  (3)在同一取样地点的同一层次不同深度上应各重复取样 3 次，每次取样的土重应为 30～50 g。

（4）土样装入铝盒前应清除盒中残存的泥土，土样装入铝盒后盖紧盒盖并揩抹干净铝盒外的泥土，检查盒盖号和盒号是否一致。将铝盒放入塑料袋中、避免阳光暴晒并及时送入室内称重，不得长期放置。

（5）土样称重时应在精度 1‰ 的天平上进行，并由熟练使用天平的工作人员操作，称重时应核对盒号，登记盒重并作好湿土重量的记录。

（6）湿土称重后，揭开盒盖，把盒盖垫在铝盒下放入烘箱烘烤。揭开盒盖时应在干净纸张上进行，以防盒内土壤洒出，若有土壤洒出时应小心收集起来放入盒内。

（7）把揭开盒盖的土壤样品放入温箱中，使烘箱温度保持在 105℃～110℃，持续恒温 6～8 h。若是黏性土壤可延长时间直至达到恒重时取出。

（8）土壤烘干后关闭烘箱电源，待冷却后取出，盖好盒盖放入干燥器中冷却至常温时称重，并核对铝盒和盒盖号码，做好记录。当土壤样品多或无干燥器时可直接在温箱中冷却至常温后再称重。从烘箱中取出土样时应小心，避免打翻土样。

（9）土样称重完毕后应立即计算各土样的土壤含水量，并检查含水量有无明显异常，若有错误时立即进行核对，在未发现明显错误后可将该批土样倒出，并擦干净铝盒，核对铝盒和盒盖号码，以备下次再用。

（10）几点注意事项：野外田间采样时应避开低洼积水处和排水沟以免地表水和土壤中自由水分沿土钻渗入下层，以影响土壤含水量的观测精度；有机质含量丰富的土壤可降低烘箱温度，延长烘烤时间，以避免土壤中有机质气化而影响土壤含水量的精度。

土壤水分测定记录表可采用表 7-1 的形式。

表 7-1　土壤水分测定原始记录表

试验处理	取土日期	取土地点	取土层次(cm)	重复次数	铝盒编号	盒+湿土重(g)	盒+干土重(g)	盒重(g)	含水量(g)	干土重(g)	土壤含水率(%)	平均含水率(%)
				1								
				2								
				3								
				⋮								
				1								
				2								
				3								
				⋮								

7.2　电阻法和 γ 射线法

7.2.1　电阻法

电阻法是根据在间距较小的两个电极间水分含量的不同，其电阻也不同的原理来测定的。在两电极中嵌以某种有孔介质材料(如石膏、尼龙或玻璃纤维)构成电阻盒,并事先求出含水量与电阻间的关系曲线(图7-1)将电阻盒埋入土壤中(图7-2),每一测点埋设一对电极;将导线引出地面,土壤水分进入或流出电阻盒时,其电阻发生变化,根据电阻的读数,从率定曲线上求出相应的土壤含水率。

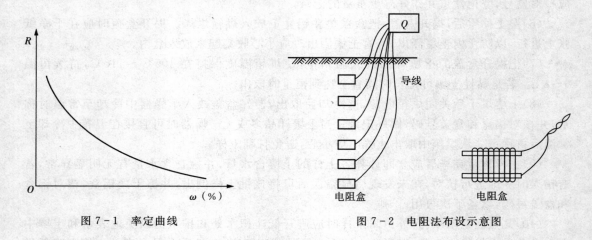

图7-1 率定曲线   图7-2 电阻法布设示意图

电阻法设备简单,操作容易,可以定点进行连续和多点同时观测,所测土壤含水量的范围较大,但易受化学物质,有机物质影响,一般精度不高,另外,有滞后影响。

7.2.2 γ射线法

γ射线法是利用γ射线通过土壤时,它被土壤固体部分和水分所吸收而呈有规律地衰减特性来测定土壤水分的含量。当固体物质不变时,γ射线的辐射程度的变化基本上决定于土壤含水率,含水量愈高,γ射线被吸收得越多。γ射线被物质吸收的衰减程度服从指数规律。即

$$I = I_0 e^{-\mu L} \tag{7-1}$$

式中:I_0为辐射开始时的强度,以每分钟脉冲数计;I为通过物质后的辐射强度;L为物质厚度,cm;μ为射线被厚L/cm物质减弱的线性系数。

γ射线法与电阻法有相类似的缺点。

7.3 张力仪(负压计)法

土壤含水量与毛管力之间具有一定的函数关系。土壤水分的增减将反映在毛管力的相应减少和增加。因此利用这个原理,通过测定毛管力来确定土壤含水量。

负压计包括一个多孔的陶瓷杯及一个液压计(或气压计)。陶瓷杯埋于所测的土壤中,水分渗入或渗出瓷杯将使负压计读数发生变化。这些读数通过事先已确定的率定曲线,可以折算出土壤含水量。

简单的负压计如图 7-3 所示。负压计是一种设备简单、价钱便宜、使用方便的仪器,可以在不同测点多处埋设,对土壤不再扰动地进行连续多次观测。目前国外已采用自动观测设备,同时可以测得多点的土壤含水量及其变化过程。在使用时需要对各点建立率定曲线。它有一个特点是能测出水分势。

但由于土壤水分变化缓慢,负压计读数在时间上落后于实际含水量。但如果处理得当,负压计法具有很大的优越性,所以,多用于土壤水科学实验研究中。另外,当负压大于一个大气压时,不能使用。

利用负压计测定土壤含水量时应做好以下的步骤:

(1)使用负压计法观测土壤含水量时首先应作好各观测点的土壤水分特性曲线。

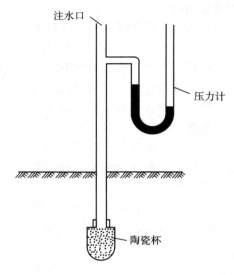

图 7-3　负压计示意图

(2)负压计由陶瓷头、硬质塑料管、真空表负压计或 U 形水银管压力计构成,硬质塑料管的长度视测点深度而定,负压计安装前应对负压计进行外观检查,各部件不能有老化现象,粘接部位要密封、牢固,陶土头清洁,真空表指针指示零点且转动灵活。

(3)负压计安装前要进行除气和密封检查,打开密封顶盖将清洁冷开水注入仪器内,陶土管壁有水渗出并形成水滴。当连接管、集气室、储水杯内均充满水后盖紧密封盖、陶土管不再滴水、用吸纸擦干陶土管放在通风处让其自然干燥,当真空表读数达 $(0.3 \sim 0.5) \times 10^5$ Pa 时,轻轻敲击真空表及连接管,使表头和连接管内气体聚集在集气室顶,再将陶土管浸入水中使真空表指针回零,打开密封盖加水排气。重复上述过程,使真空表读数达 0.8 个大气压。除气后将陶土管浸入水中,以待安装。

(4)真空表至陶上管中部高差为静水压力,如做精确测量时需在真空表读数中减去静水压力值。

(5)负压计对土壤含水量的量测范围是有限的,测量土壤吸力的范围是 $(0 \sim 0.86) \times 10^5$ Pa,当土壤干燥、土壤吸力大于 0.86×10^5 Pa 时陶土头会被击穿,负压计法对常处于干旱状态的土壤不适用,可适用于灌溉耕地、喷灌和滴灌土地。

(6)负压计用于定位测量土壤含水量,可按观测要求定点布设负压计,因安装时破坏了原状土壤,为减少负压计安装时的相互影响,任意两支负压计的间距不应小于 30 cm。

(7)埋设负压计时用直径等于或略小于陶土管直径的钻孔器,开孔至待测深度,插入负压计,使陶土管与土壤紧密接触并将地面管子周围的填土捣实,以防水分沿管进入土壤。

(8)受负压计对土壤含水量量测范围的限制,负压计的安装深度的土壤含水量不应常超过其量测范围,接近地面且含水量变化幅度大的土层可用烘干称重法量测土壤含水量。

(9)埋置负压计 1~2 d 后,当仪器内的压力与陶土头周围的土壤吸力平衡时方可正常观测,观测时间以每天早上 8 时为宜,读数前可轻击真空表,以消除指针摩擦对观测值的影响。

(10)按照观测要求读取真空表的土壤吸力值后,由吸力值查土壤水分特性曲线得出体积含水量的数字。

（11）水传感负压计只有在气温为零摄氏度以上才能正常观测，气温低于零摄氏度时应当拆除真空表头和排干管内水分，以防冻坏。

（12）负压计在运行过程中若集气室气体过多需进行补水排气，补水时慢慢打开密封盖，注入凉开水或蒸馏水，使气体排出，或用针管注水排气。由于注水时管内失压，管内水会外流至土壤中影响含水量的量测精度，因此补水日期应记录在表上，以便在资料分析时对数据进行合理取舍。

（13）负压计在使用一段时间后，土壤中的盐类和有机质会堵塞陶土头减小其透水性能，应进行清洗。把陶土管冲洗后放在漂白粉溶液中浸泡 30 min，再放入稀盐酸溶液中浸泡 1 h 后用清洁水冲洗干净。

（14）机械表头长期使用后由于弹性元件长期受力而变形，产生读数误差，一般表头在使用 3～6 个月后需进行一次校验和偏差测定以便于校正读数。

7.4 中子水分仪法

中子法是以镭等为放射源。将具有高能量的中子（快中子）发射入土壤。它们与原子发生一系列碰撞而失去足够的能量变为一种慢中子，这种慢中子能为计数器所接受。中子与原子碰撞时，原子量越轻，其能量损失越大，土壤中的氢原子主要是来自土壤水，由此可知，当土壤中水分越多，氢原子越多，返回到计数器的慢中子越多，慢中子的密度与土壤水分有一定关系。因此可以通过测定被土壤反射的慢中子密度来推求土壤含水量。

中子仪系统（如图 7-4 所示）包括中子源探头 [内含中子源和三氟化硼（BF_3）慢中子探测器] 和记录慢中子数的计数器。可以将两者放于一个装置中，也可以分开。当在一起时，只需要一根管子打入土中，分开时则需两根管子，将探头放在三氟化硼深度即可测得不同深

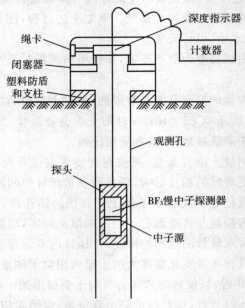

图 7-4 中子水分仪示意图

度的土壤含水量。

　　中子法的优点是提供了快速测定土壤含水量的方法,土样不受扰动,可以连续对同一测点进行多次观测。缺点是对有机物质含量多的土壤精度较差,成本较高,对表层(0.3 m)土壤水的测定需要另加装置。

　　中子仪测量土壤含水量是一定要严格操作程序和规范操作,操作过程中主要应该注意以下问题:

　　(1)操作人员在使用中子水分仪前应进行专门的培训和操作训练,应熟悉所持型号的中子水分仪的使用和保养方法、辐射防护方法和国家有关放射源的使用和保管的规定。

　　(2)在代表性地块的代表区域中根据观测要求布置测点和量测深度,埋设中子水分仪测管,监测点一经设置后不得随意变动,以保证土壤含水量观测资料的一致性。

　　(3)中子水分仪测管的材质取铝合金管或硬塑料管,用塑料管时避免使用聚氯乙烯管和含氢量高的塑料管,管材应有一定的强度和防腐蚀性能,以防管壁变形和腐蚀。

　　(4)测管安装时既不能使测管受土壤和外力的过分挤压,也要防止管壁与土壤接触不良形成水分流入下层土壤的通道。接近地表的部分管壁周围土壤要压实,以防灌溉水和雨水径流的流入。中子水分仪测管安装时钻孔的直径应与测管外径一致,使测管与土壤密切接触,中子仪测管的外径应同中子仪底部插口管径一致。中子仪测管顶端应高出地面 10 cm。

　　(5)中子仪测管下端用锥体物密封防止地下水分的进入,测管上端以橡皮塞密封以防地表水分的进入。

　　(6)管道安装完毕后应在灌水或降水后检查管道是否有漏水和积水现象,若有上述现象时应重新安装。

　　(7)在野外观测使用的各种型号的中子水分仪应有完整的技术资料和使用说明书,中子仪在使用前应由有相应技术条件和资质的部门进行率定和检验。

　　(8)对于只给出读数 R 的中子水分仪,应测试其标准读数 R_w,并据测区的土壤通过实验来标定土壤含水量曲线,建立体积含水量 θ 和计数比 R/R_w 的关系线,其直线方程为

$$\theta = m(R/R_w) + C \tag{7-2}$$

式中:θ 为体积含水量,以小数计;

　　　m 为直线斜率;

　　　R 为中子仪土壤中的实测读数;

　　　R_w 为水中的标准读数;

　　　C 为相关直线的截距。

　　(9)对于直接给出体积含水量的中子水分仪,在不同土壤质地区域观测时应对中子水分仪的读数进行校核。若有较大误差时应给予修正。

　　(10)上述中子仪进行率定校核时可采用野外率定和室内率定两种方法,野外率定时先用中子仪测出不同测点的中子仪读数,后在测管周围挖土壤剖面,在各测点深度周围均匀分布取 6 个土样,取样环刀的高度约 15 cm。采用烘干法测其体积含水量。含水量的变化范围从最小到饱和含水量之间,每条曲线不得少于 20 个在土壤含水量量测范围内分布均匀的点距。在测土壤含水量的同时测土壤的容重。

　　(11)若更换仪器的中子源时应对仪器重新进行率定。

（12）野外观测土壤含水量时,记数或中子水分仪的记数时间可随土壤含水量的大小来设定,当土壤含水量大时,计数时间可长一些,一般取两次接近的读数的均值作为该点的读数,若两次测得的读数差别较大时,应第三次计数,取三次中两个接近和读数的均值作为该点的读数。

（13）中子水分仪测土壤含水量时应备有标准的记录表格,观测结束后应据观测的结果和标定方程计算出每个测点代表土层的平均体积含水量。表7-2为中子仪测定土壤含水量记录表格。

表7-2　中子仪测定土壤含水量记录表　　　　　　年　月　日

测孔号	地表上管高(cm)	作物名称	标准水读数		标定议程
时　间	孔口至测点深(cm)	测点深(cm)	中子仪读数		R/R_w	体积含水量 θ
时　　分			1	2	平均	
观测:		计算:			校核:	

（14）中子仪发生故障时不可随意拆卸,应送往指定的单位进行修理。

（15）中子源在发生意外情况遗失或外露时应及时报警和防辐射的有关部门立案侦查和处理,并隔离辐射区域防止核辐射对人体的损害和扩散。

（16）在观测过程中观测人员应按操作规则搬运和使用中子水分仪,应设有专门的房间、定有专门的工作人员来保管中子水分仪,保管室与居室和工作室应有一定的距离。

（17）中子水分仪每年必须接受防辐射部门的检查,并应持有该部门的使用证书。

7.5　时域反射仪(TDR)法

TDR 主要由两部分组成。一是信号监测仪,包括电子函数发生器和示波器,配有多通道配置和数据采集器。二是波导,也称探针或探头,是由两根或3根金属棒固定在绝缘材料手柄上,与同轴电缆相连接而成。探针分便携式和可埋式,便携式可随时插入土壤测量,一般长度为15 cm,可埋式可埋入土壤定位测量。可埋式探针目前也有两种,一种是以美国、加拿大产品为代表的单段探针,即一个探针只能给出一段土层(一般为15 cm 和20 cm)的水分数据;另一种为以德国产品为代表的多段探针,一个探针能提供多至5层的水分数据,测量深度可达120 cm。如图7-5所示。

图7-5　TDR时域反射仪现场安装示意图

TDK 测定土壤水分是通过测定电磁波沿插入土壤的探针传播时间来确定土壤的介电常数,进而计算出土壤含水量,如图 7-6 所示。具体来讲,就是由电子函数发生器给插入土壤的探针加一个电压的阶梯状脉冲波,当到达探针金属棒末端时便返回,同时产生一反射波信号,传给接收器,由此信号便可获得脉冲波在土壤中的传播时间(Δt)。这一传播时间与土壤的介电常数(Ka)有关,可表示为 $Ka=(c\Delta t/2L)^2$。式中 c 为光速($3\times10^8\,\mathrm{ms-1}$),$L$ 为波导长度,二者均为已知数,只要测得 Δt 便可确定土壤的介电常数。土壤介电常数的大小主要取决于土壤中水分含量的高低。因为自由水的介电常数为 80.36(20℃),空气的介电常数为 1,土壤颗粒的介电常数为 3~7 之间,显然,水的介电常数在土壤中处于支配地位。1980年 Topp 等发现土壤含水量与介电常数间的关系可用一个三次多项式的经验公式表示为

$$Q=-5.3\times10^2+2.92+10^{-2}Ka-5.5+10^{-1}Ka^2+4.3+10^{-5}Ka^3$$

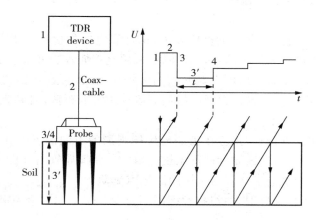

图 7-6   TDR 时域反射仪工作原理图

1-TDR 信号发射源;2-电缆线;3-土壤表面;

3-TDR 计算含水量区间;4-信号返回到地面

由此式便可通过介电常数求得土壤容积含水量。

TDR 侧定土壤水分很少受土壤类型、土壤质地、土壤温度等因素的影响,使用时一般不需要标定,但在豁重的红壤上使用时,测定结果偏低,经标定后可以提高精度。

TDR 采用按键操作,简单易行。如果进行表层测量,临时将探针插入土壤指定位置即可。如果是进行土壤剖面水分定位监测,需事先将探针按要求深度埋入土壤。探针安置方式比较灵活,可以是横埋式、竖埋式、斜埋式或任意放置。但值得一提的是,TDR 给出的含水量是整个探针长度的平均含水量,而且测量范围比较小。所以,在同一土体中采用不同的埋置方式得出的结果可能会不同。因此,在使用 TDR 时应根据试验要求选择适宜的探针埋置方式。

该方法的优点是可在原地的不同深度上周期性地反复测定而不破坏土壤;能快速得到测定结果;无需在测验点埋设中子管;能测定表层含水量。缺点是仪器价格昂贵。

应用 TDR 具体实测土壤含水量时还必须注意以下的几点情况:

(1)时域反射仪(TDR)是近年来出现的测量体积含水量的重要仪器,是利用土壤中的水和其他介质介电常数之间的差异及时域反射测试技术(Time Domain Reflectometry)研制出

来的仪器,具有快速、便捷和能连续观测土壤含水量的优点。

(2)墒情和旱情监测站应根据观测的项目购入相应类型的 TDR 仪,仪器购入时需附有完整的产品说明书和使用方法说明书,生产厂家和销售代理商应在中国设有仪器维修点。

(3)使用和保管 TDR 仪器的工作人员上岗前应受过技术培训,熟练掌握使用和一般的维修和保管方法。

(4)TDR 仪正式使用前应与性能稳定的其他仪器进行同期对比观测或同取土烘干法来进行对比观测,当有系统误差时应予以校正。

(5)TDR 探头由测针和测管组成,测管长度可根据观测要求设置,测管可用硬质塑料管,测针长度各异,但两测针之间应保持平行。

(6)TDR 仪测出的含水量为两测针长度间土层的平均体积含水量。

(7)TDR 仪观测土壤含水量时,可采用在土壤中埋设探针的置入法观测或直接插入法来观测土壤含水量。

(8)置入法定点观测土壤含水量投资较大,探针和电缆的价格很贵,墒情观测站可在代表性和实验性地块采用置入法观测,而在巡测点采用直接插入法来观测土壤含水量。

(9)置入法水平安置探针时,可在观测剖面旁挖坑,探针可在挖出的剖面按测点深度水平插入原状土壤中,探针的插入位置距开挖剖面应有一定的距离,安装完毕后土坑应按原状土的情况填实。

(10)置入法垂向安置探针时,应在被测地块按观测的不同深度钻孔,孔径应与 TDR 探针导管的外径相同或略小,地表导管周围土壤应填实以保证导管与周围土壤密切接触,防止地表和土壤中各层间的水分沿导管与土壤间的缝隙流动。

(11)垂向埋入 TDR 探针时,两组探针间距不应少于 30 cm,以避免破坏对不同深度测点的观测值的影响。

(12)水平和垂向埋入法均要保持各测点两探针间相互平行。监测站点应合理的设置观测点的数目和位置。

(13)直接插入或定点监测和巡测土壤含水量时,采用挖坑插入或打孔插入观测的方法,打孔时,孔径应略大于探针导管的外径。

(14)直接插入法观测时要避开上次的测坑和土壤结构被破坏的地块,TDR 探针插入土壤时应使探针与土壤密切接触,避开孔隙、裂缝、石块和其他非均质异物。

(15)对置入法的土壤水测点。应保持其相对的稳定性,不随意改变观测位置,以保持其观测资料的连续性和一致性。

(16)在观测时应注意 TDR 仪设置的功能及适应的土壤。特别是腐质土壤和非腐质土壤应根据仪器上的功能设置来选择开关按钮。

(17)当 TDR 观测功能有土壤含水量、土壤温度、土壤电导率时应同时记录 3 个要素的观测值,以便于分析不同温度、不同电导率对土壤含水量监测的影响。

(18)对已考虑电导率和温度影响的 TDR 仪可直接使用仪器观测土壤含水量,对未考虑两要素影响的仪器,在高电导率土壤或高温且温度变化剧烈期应考虑上述两要素对土壤含水量观测的影响,并经实验分析得出修正方法。

(19)每次观测后应用干布擦试探针,揩干净泥土和水分,再进行下一次观测。

(20)为避免插入方法引起的观测误差,可在同一深度进行重复观测、重复观测时应避开上一次的针孔,取两次接近的读数的均值作为该点的土壤含水量。

土壤水的测定方法很多,其他如近几年研究的较多的 Moisture-probe 法主要由探头、接收转换器、液晶显示装置等组成。其原理也是基于土壤介电常数与土壤中含水量的密切关系,通过测土壤的介电常数,经转换后得出土壤的体积含水量。Moisture-probe 除了具有 TDR 法的各项优点外,还具有仪器价格低、操作简便的优点。应用前景十分广阔。

在生产实践中,目前墒情监测基本站均采用烘干称重法,条件较好的实验站已增加了探头式含水量速测仪和 TDR 时域后射仪方法。

这里仅介绍了几种常用的方法,同时土壤含水量的观测还有许多问题需要研究,特别是面上土壤水分的观测仍然是有待于更深入的研究和改进的问题,只有这样不断地探索才能够解决更多生产实践中的水资源问题,为国民经济建设服务。

思考与练习题:

7-1　什么是土壤墒情监测? 测定土壤含水量的方法有哪些?

7-2　烘干称重法测定土壤含水量的步骤如何?

7-3　什么是电阻法和 γ 射线法?

7-4　张力仪(负压计)法测定土壤含水量的步骤如何?

7-5　什么是中子水分仪法和时域反射仪法?

项目 8　地下水监测及数据处理

学习目标：

　　1. 掌握地下水的含义及地下水监测的概念；

　　2. 了解我国地下水开发利用现状及地下水监测现状；

　　3. 了解地下水监测站网规划的原则与基本监测站布设方法；

　　4. 掌握地下水测验方法；

　　5. 掌握地下水监测数据处理的步骤及具体要求。

重点难点：

　　1. 地下水测验方法；

　　2. 地下水监测数据处理技术。

8.1　概　述

　　地下水是水资源的重要组成部分，是战略性资源的主要部分，在保障城乡居民生活、支持经济社会发展和维护生态平衡等方面具有十分重要的作用。在北方地区，尤其是在地表水资源短缺的黄淮海平原区，地下水具有不可替代的作用。

　　人们通常所称的地下水，系指矿化度不大于 2g/L 的浅层地下水。浅层地下水是指与降水和地表水有直接水力联系且具有自由水面的潜水和与潜水有较密切水力联系的弱承压水。地下水资源是指浅层地下水中参与水循环且可以更新的动态水量，可用多年平均年补给量（不包括井灌回归补给）表示。

　　地下水动态监测是地下水资源评价及生态与环境评价必不可少的基础工作。开展地下水动态监测工作的目的是为水利建设规划、抗旱除涝、治沙治碱、合理开发利用和保护地下水资源提供依据。

8.1.1　地下水资源开发利用现状

　　我国农村用水通常为地下水，地下水灌溉面积占全国耕地面积的 40%；全国 669 个城市中，利用地下水供水的有 400 多个；全国多年平均地下水供水量达 1 106 亿 m³，接近总供水量的 20%。

　　我国大规模的地下水开发始于 20 世纪 70 年代初，1980 年底全国地下水开采量为 647 亿 m³，占当时全国总供水量的 14%。到 2002 年底全国地下水供水量达 1 106 亿 m³，约占总供水量的 20%，其中浅层地下水供水 946 亿 m³，约占地下水供水量的 86%；深层地下水 160 亿 m³，约占地下水供水量的 14%。海河流域地下水供水量占其总供水量的 1/3，黄河和淮河流域地下水供水量均占其总供水量的 1/3。河北省和山东省地下水供水量分别为 164.2 亿 m³ 和 132 亿 m³，占其总供水量的 77% 和 68%。

　　黄淮海流域地表水资源贫乏,地下水资源超采严重。2000 年,黄淮海平原地下水开采量为 606.2 亿 m³,分别占地下水资源量和地下水可开采量的 102% 和 135% 尤其是海河平原区,地下水开采量分别占地下水资源量和地下水可开采量的 164% 和 173%,见表 8-1 所列。从一定意义上说,黄淮海流域目前的社会经济发展主要是依靠超采地下水来支撑的。长此以往,地下水将无以为继,不仅生态环境遭到破坏,而且可持续发展也将无从谈起。

表 8-1　黄淮海平原区地下水资源量及 2000 年开采现状

流域片	多年平均		2000 年地下水开采状况		
	地下水资源量 (亿 m³)	地下水可开采量 (亿 m³)	开采量 (亿 m³)	占地下水开采状况 (%)	占可开采量比 (%)
海河	160.36	152.03	263.6	164.38	173.39
黄河	154.57	119.39	145.5	94.13	121.87
淮河	279.88	178.09	197.1	70.42	110.67
合计	594.81	448.51	606.2	101.91	134.86

　　淮河以北平原区的广大农村,农业灌溉主要开发利用浅层地下水,北部开发程度高,愈往北地下水开发利用程度愈高,如 2004 年,海河区地下水供水量占总供水量的 67%,其中河北占 81%。黄淮海平原区地下水超采严重,2002 年,地下水开采率为 102%,其中海河平原区地下水开采率为 164%,河南省为 101%,山东省淮河流域境内为 102%,山东半岛为 172%,其他小范围的超采情况还要严重得多。全国水资源分区地下水供水量见表 8-2 所列,2000 年全国地下水开发利用情况见表 8-3 所列。

表 8-2　全国水资源分区地下水供水量　　　　　　　　　　　　　　单位:亿 m³

水资源 一级区	平均(1956~2000 年)			2004 年		
	总供水量	地下水	份额(%)	总供水量	地下水	份额(%)
全国	5 632.7	1 105.8	19.6	5 547.8	1 026.4	18.5
松花江	395.6	163.8	41.4	369.6	150.0	40.6
辽河	203.2	111.9	55.1	189.0	109.7	58.0
海河	402.3	263.6	65.5	370.0	247.2	66.8
黄河	418.8	145.5	34.7	372.1	132.1	35.5
淮河	587.1	197.1	33.6	556.4	161.0	28.9
长江	1 829.2	90.5	4.9	1 815.4	78.3	4.3
东南诸河	315.8	8.7	2.8	313.6	12.1	3.8
珠江	822.1	38.5	4.7	862.3	42.2	4.9
西南诸河	86.1	1.2	1.4	96.9	2.5	2.6
西北诸河	572.5	85.2	14.9	599.7	91.3	15.2

表 8－3　2000 年全国地下水开发利用情况

水资源分区	总补给量 （亿 m³）	可开采量 （亿 m³）	可开采率 （%）	实开采量 （亿 m³）	实开采率 （%）
全国	1 826	1 235	67.6	1 106.0	89.6
松花江	256	204	79.7	163.8	80.3
辽河	126	95	75.4	111.9	117.8
海河	174	152	87.4	263.6	173.4
黄河	162	119	73.5	145.5	122.3
淮河	289	203	70.2	197.1	97.1
长江	248	150	60.5	90.5	60.3
东南诸河	56	42	75.0	8.7	20.7
珠江	78	47	60.3	38.5	81.9
西北诸河	437	222	50.8	85.2	38.4
北方地区	1 443	995	69.0	967.1	97.2
南方地区	383	240	62.7	138.9	57.9

8.1.2　地下水超采引发严重的生态环境问题

（1）地下水位大幅下降，出现大面积"永久性"漏斗区。比较严重的主要有唐山漏斗、天津漏斗、廊坊漏斗、冀枣衡漏斗、沧州漏斗、杭嘉湖漏斗等。

（2）地面沉降、塌陷、地裂缝。超采地下水引发了地面变形、塌陷，导致建筑物基础下沉、房屋倒塌、路基裂缝、大坝裂缝，雨季积水难排，防洪能力降低等严重后果。除直接经济损失外，间接经济损失更大，潜在威胁严重且难以消除。

（3）海（咸）水入侵。由于过量开采地下淡水，使许多城市滨海地带出现海水入侵，危害着人民生活和经济建设，严重地威胁着城市地下水资源开采利用，直接影响沿海城市的发展。

（4）地下水超采，还导致了许多泉水和湖泊干涸、湿地萎缩，加剧了海河等流域的河道断流趋势，使一些河流入海水量减少，河口生态恶化。

8.1.3　地下水监测现状

地下水的基本类型区可以划分为三级，根据区域地形地貌特征，分为山丘区和平原区两类，称一级基本类型区；根据次级地形地貌特征及岩性特征，将山丘区分为一般基岩山丘区、岩溶山区和黄土丘陵区三类，将平原区分为冲洪积平原区、内陆盆地平原区、山间平原区、黄土台源区和荒漠区五类，称二级基本类型区；根据水文地质条件，将各二级基本类型区分为若干水文地质单元，称三级基本类型区。特殊类型区包括建制市城市建成区、大型及特大型地下水水源地、超采区、次生盐渍化区和地下水污染区等五类。基本类型区与特殊类型区可相互包含或交叉。

根据地下水开采强度，在各地下水类型区中划分超采区、强开采区、中等开采区和弱开采区四种开采强度分区。

1. 根据监测目的,将监测站分为以下 3 类

(1)基本监测站,包括水位基本监测站、开采量基本监测站、泉流量基本监测站、水质基本监测站和水温基本监测站。其中,水位基本监测站和水质基本监测站分别由国家级监测站、省级行政区重点监测站和普通基本监测站组成。

(2)统测站,由水位统测站和水质统测站组成。

(3)试验站,由不同试验项目的监测站组成。

2. 根据监测方式,将基本监测站分为人工监测站和自动监测站两类

欧洲大多数国家地下水监测是从 20 世纪 70～80 年代开始的。地下水质监测网的发展一般根据国家需要和水文地质条件决定,除德国外,欧洲其他国家监测网都是全国范围的,各国监测目的变化很大,监测变量一般可以分为 5 种:描述性参数、主要离子、重金属、农药和氯化溶剂。所有国家都有关于水质监测取样点的数量、地点、站点高度、记录时间、测量参数和地质条件等详细资料。地下水量监测网由多种类型的观测点组成,大部分为钻井和挖掘井,还有管井和泉水井。观测变量大多数相同,主要有地下水位、地下水温、泉水位和泉水流量。观测质量和取样方法由不同国家的技术标准决定。监测目的通常反映不同国家具体的需求,如:对于荷兰浅层地下水资源,如果水位下降,将危害到日常生活、工业和农业,因此有必要建立专门的地下水监测网;在葡萄牙和英国,地下水受到海水入侵的影响,因此地下水量监测网同样适用于这类特殊问题。数据管理和储存是由不同国家的数据库完成,通常的数据库包括如 Oracle,Ingres,Rdbms 等,常用的操作系统是 Unix,Windows 等,硬件设备有 HP,Digital,Bull,Sun 等,软件有 Fortran,Pascal,Cobol,C++,SQL,SAS 等,相关数据可以从纸张、软盘、报告及 Internet 上获得,在大多数情况下数据是免费提供的。主管部门负责项目协调、编写报告、地方取样和数据库管理等工作。

美国从 20 世纪 50 年代开始设置地下水数据的存储与检索系统,70 年代进行了地下水质观测网优化设计研究,80 年代成立了官方的地下水质监测网设计工作委员会,其任务是调查有关地下水质监测网设计方面的科技成果,评价最有前景的观测网设计方法,同时研究地下水位观测网的优化设计,目前数据库中已存储全国大部分井泉的长期观测数据。我国地下水监测网分属原地矿部、建设部、水利部、地震局、环保局规划和管理。20 世纪 60 年代以来,水利部门开始监测地下水水位、开采量、水质和水温等要素;1998 年,国务院在国办发[1998]87 号《水利部职能配置、内设机构和人员编制规定》文件中明确将原地质矿产部承担的地下水行政管理职能和原由建设部承担的指导城市规划区地下水资源的管理保护职能交给水利部承担。针对各地地下水监测工作发展不平衡;地下水委托监测经费过低,影响了地下水监测资料质量;在一些重要水源地和大型漏斗区缺少地下水监测井,不能满足掌握地下水动态的要求;地下水监测手段落后;信息传输不及时,时效性差等问题,2001 年末,水利部印发了水文[2001]479 号《关于加强地下水监测工作的通知》文件,强调必须改变地下水监测的落后现状,加强地下水监测工作。地下水监测系统逻辑模型如图 8-1 所示。

据统计,截至 2002 年底,全国共有为控制区域地下水动态的基本监测站(井)12 679 处(眼),为补充基本监测站(井)不足设置的统测井 9 806 眼和为分析确定水文地质参数而设置的试验井 11 眼,监测站(井)的数量共为 22 496 处(眼),监测项目包括地下水水位、水量、水质、水温等要素,见表 8-4 所列。

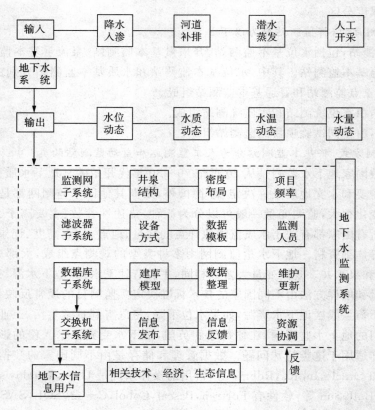

图 8-1　地下水监测系统逻辑模型

表 8-4　2002 年水利部门地下水监测站(井)网现状情况统计表

序　号	省(自治区、直辖市)	基本监测井	绕测井	试验井	小　计
1	北京市	423			423
2	天津市	415			415
3	河北省	752			752
4	山西省	780	2 650		3 430
5	内蒙古自治区	958			958
6	辽宁省	606	2 612	5	3 223
7	吉林省	1 285	2 000		3 285
8	黑龙江省	718	700		1 418
9	江苏省	1 224			1 224
10	安徽省	183		6	189
11	山东省	2 670	776		3 446
12	河南省	1 356			1 356
13	陕西省	504	530		1 034
14	甘肃省	174			174

（续表）

序　号	省（自治区、直辖市）	基本监测井	绕测井	试验井	小　计
15	青海省	33	200		233
16	宁夏回族自治区	207			207
17	新疆维吾尔自治区	329	338		667
18	上海市	7			7
19	西藏自治区	21			21
20	浙江省	25			25
21	湖北省	9			9
合　计		12 679	9 806	11	22 496

我国台湾省地下水资源丰富，尤其在台北盆地、浊水溪冲积扇、屏东平原与宜兰平原等地。由于地下水超采产生了地面沉降、海水入侵等环境地质问题，1966 年区域地下水监测网包括 339 口地下水观测井，由于经费不足、井径小、洗井效果不好、观测井的布设未配合水文地质分层等问题，管理困难，监测效果不佳。为此，台湾省水利局于 1990 年制订"台湾地区地下水观测网整体计划"，从筹资、管理到监测和数据分析进行了全面的规划。

8.1.4　地下水监测存在的问题

现有的地下水监测系统，无论对国家及流域的宏观监控管理，还是对省区或地市的开发利用管理均存在很大差距，主要表现在以下几个方面：

（1）地下水监测专用井不足，观测数据代表性差。现有的地下水监测井大多为农用生产井，专用监测站井很少，因此生产井混合开采和抽水时的临时局部降落漏斗的影响，不能反映真实的地下水状况，造成观测数据代表性差。另外，生产井经常因淤积或其他原因报废，导致地下水监测井更换较频繁，观测资料不连续。

（2）监测及传输手段落后，数据的可靠性和时效性差。从监测方式上看，目前采取的委托农民观测方式已不能满足现代管理要求。一是观测员的文化技术素质普遍低，部分人员责任心不强，同时由于委托观测费还维持在 20 世纪七八十年代的水平，委托人员积极性不高，造成缺测、野外记录及报表不规范，人为造假数等现象时有发生，资料精度难以保证。加上地下水埋深的不断增加，增加了人工监测的难度也影响到监测的准确。二是对于埋深较大的监测井，人工观测的误差比较大。

从观测数据的传输方式看，人工观测数据上报一般是采用普通信函、电话报送到地市，地市再通过信函、电话、传真、网络报送至省市，经过观测员人工整理和逐级上报，月报动态信息传输周期至少 10 天以上，信息传输十分缓慢。从时效性看，目前的传输方式与现在的信息化管理要求尚存在差距。从国内外发展趋势看，实现地下水的自动观测和传输是解决数据观测的可靠性和传输的时效性的有效手段。

（3）地下水监测站网布局不完善。目前的地下水监测井网是在 20 世纪六七十年代水利为农业灌溉服务的基础上形成的，主要监测农村浅层地下水，而在城市城区、大型地下水水源地、地下水超采区和深层地下水监测方面站井不足，因此监测站网不能准确掌握关键地区的地下水动态。

　　另外,由于经费投入不足等原因,近年来地下水监测井数量呈减少趋势,使得原本井网密度不足的情况更加严重。

8.2　地下水监测

8.2.1　地下水监测站网规划与布设

1. 地下水监测站网规划原则

　　地下水监测站站网规划应在地下水类型区划分、开采强度分区和监测站分类的基础上进行。基本类型区中的冲洪积平原区、内陆盆地平原区和山间平原区,以及特殊类型区,是站网规划的重点,应全面布设监测站;基本类型区中的山丘区及平原区中的黄土台塬区和荒漠区,可根据地下水开发利用情况,选择典型代表区布设监测站。应根据监测目的和精度要求,分别布设基本监测站、统测站和试验站。

　　地下水监测站站网规划应符合以下布设原则:合理布设监测站,做到平面上点、线、面结合,垂向上层次分明,以浅层地下水监测站规划为重点,尽可能做到一站多用;优先选用符合监测条件的已有井孔;兼顾与水文监测站的统一规划与配套监测;尽可能避免部门间重复布设目的相同或相近的监测站。

　　地下水自动监测系统规划应符合以下要求:地下水自动监测系统规划应遵循技术先进、质量可靠、管理方便的原则;地下水自动监测系统规划应根据自动监测系统当前和长远建设目标、任务,在科学论证的基础上确定地下水自动监测系统功能和建设规模及技术要求;根据地下水预测、预报及各特殊类型区监测的需要,确定地下水自动监测站;地下水自动监测站的监测项目和监测频次应按不同监测目的和要求,由各省级行政区地下水监测主管部门确定。

2. 基本监测站布设

　　水位基本监测站应分别沿着平行和垂直于地下水流向的监测线布设,各基本类型区、开采强度分区的水位基本监测站布设密度可见表8-5所列布设。

表8-5　水位基本监测站布设密度　　　　　　　　单位:眼/10^3km^2

基本类型区名称		监测站布设形式	开采强度分区			
			超采区	强开采区	中等开采区	弱开采区
平原区	冲洪积平原区	全面布设	8~4	6~12	4~10	2~6
	内陆盆地平原区		10~16	8~14	6~12	4~8
	山间平原区		12~16	10~14	8~12	6~10
	黄土台塬区					
	荒漠区					
山丘区	一般基岩山丘区	选择典型代表区布设	宜参照冲洪积平原区内弱开采区水位基本监测站布设密度布设			
	岩溶山区					
	黄山丘陵区					

　　各特殊类型区的水位基本监测站布设密度可在表 8-5 的基础上适当加密；冲洪积平原区中的山前地带，水位监测站布设密度宜采用表 8-5 相应开采强度分区布设密度的上限值。国家级水位基本监测站要占水位基本监测站总数的 20% 左右，省级行政区重点水位基本监测站宜占水位基本监测站总数的 30% 左右。国家级水位基本监测站和省级行政区重点水位基本监测站主要布设在特殊类型区内和三级基本类型区的边界附近。国家级水位基本监测站应采用专用水位监测井并实行自动监测；省级行政区重点水位基本监测站宜采用专用水位监测井，宜实行自动监测；试验站监测井宜采用自动监测。生产井不宜作为水位基本监测站的监测井。

　　开采量基本监测站的布设要符合以下要求：针对各水文地质单元的各地下水开发利用目标含水层组，分别布设开采量基本监测站；在基本类型区内的各开采强度分区，应分别选择 1 组或 2 组有代表性的生产井群，布设开采量基本监测站；每组井群的分布面积宜控制在 5～10 km²，开采量基本监测站数不宜少于 5 个；特殊类型区内的生产井，均应作为开采量基本监测站。

　　泉流量基本监测站的布设应符合以下要求：山丘区流量大于 1.0 m³/s、平原区流量大于 0.5 m³/s 的泉，均应布设为泉流量基本监测站；山丘区流量不大于 1.0 m³/s、平原区流量不大于 0.5 m³/s 的泉，可选择少数具有较大供水意义者，布设为泉流量基本监测站；具有特殊观赏价值的名泉，宜布设为泉流量基本监测站。

　　水质基本监测站的布设应符合以下要求：水质基本监测站布设应符合 SL 219—98《水环境监测规范》的相关要求；水质基本监测站宜从经常使用的民井、生产井及泉流量基本监测站中选择布设，不足时可从水位基本监测站中选择布设；水质基本监测站的布设密度，宜控制在同一地下水类型区内水位基本监测站布设密度的 10% 左右，地下水水化学成分复杂的区域或地下水污染区应适当加密；国家级水质基本监测站宜占水质基本监测站总数的 20% 左右，省级行政区重点水质基本监测站宜占水质基本监测站总数的 30% 左右。

　　水温基本监测站的布设应符合以下要求：沿经线方向布设水温基本监测站；水温基本监测站宜从水质基本监测站中选择布设，不足时可从开采量基本监测站或泉流量基本监测站中选择布设；水温基本监测站的布设密度宜控制在同一区域内水位基本监测站布设密度的 5% 左右，地下水水温异常区应适当加密。

　　3. 监测站维护与管理

　　国家级监测站和省级行政区重点监测站的设备、设施应有专门技术人员进行维护与管理。普通基本监测站的设施应进行经常性维护，每年末应对水位基本监测站进行一次井深测量，当井内淤积物超过沉淀管或井内水深小于 2 m 时，应及时进行洗井、清淤。水位基本监测站应设立监测站保护标志。国家级监测站应每年进行一次透水灵敏度试验；省级行政区重点监测站应每两年进行一次透水灵敏度试验；普通基本监测站每 3～5 年进行一次透水灵敏度试验。当向监测井内注入 1 m 井管容积的水量、水位恢复时间超过 15 min 时，应进行洗井。井口固定点标志、校核水准点及基本水准点因人为或自然灾害发生位移或损坏时，应及时修复并重新引测高程，并记入该监测站的技术档案。

　　根据地下水监测资料分析及国民经济发展对地下水监测工作的需要，可提出局部站网调整意见，每 5～10 年制订一次整体站网调整计划。站网调整计划包括撤销代表性差或已完成监测任务的基本监测站，根据工作需要增设基本监测站及调整监测站的类别，增、减监

152

测项目或更改监测频次。

8.2.2 地下水测验

建立随监测、随记载、随整理、随分析的工作制度,各项原始监测数据均应经过记载、校核、复核三道工序。监测人员应掌握有关测具的使用、保护和检测技能,测具应准确、耐用并定期检定。不合格者,应及时校正或更换,否则不得继续使用。现场监测应做到准时监测,用铅笔记载;监测数据准确,记载的字体工整、清晰,不得涂抹、擦拭。应将本次监测的数据与前一次监测的数据进行对照,发现异常应分析原因,同时检查测具和进行复测,并在备注栏内做出说明。

监测数据应及时进行检查和整理,点绘单项和综合监测资料过程线。进行单项和综合监测资料的合理性检查,分析监测数据发生异常的原因,必要时采取补救措施,对原始记载资料进行校核、复核,原始记载资料不得毁坏和丢失,并按时上报。

测站的水准基面采用 1985 年国家高程基准。基本水准点高程,应从不低于国家三等水准点按三等水准测量标准接测,据以引测的国家水准点,在复测或校测时,不宜更换。校核水准点高程,应从不低于国家三等水准点或基本水准点按四等水准测量标准接测。各水位基本监测站井口固定点高程和监测站附近地面高程,应从不低于国家三等水准点或基本水准点或校核水准点按四等水准测量标准接测;各统测站固定点高程和地面高程,可从不低于四等的水准点按五等水准测量标准接测;监测站附近地面高程,可采用监测站附近不少于 4个地面点高程的算术平均值。基本水准点高程,每 10 年校测一次;校核水准点高程,每 5 年校测一次;基本监测站固定点高程和地面高程,每 1~2 年校测一次;统测站固定点高程和地面高程,每 3~5 年校测一次。各水准点如有变动迹象,应随时校测。

国家级水位基本监测站实行自动监测,每日定时采集 6 次监测数据,省级行政区重点水位基本监测站每日监测一次,普通水位基本监测站汛期宜每日监测一次,非汛期宜每 5 日监测一次,水位统测站每年监测 3 次,试验站的水位监测频次,可根据试验目的自行确定。

自动监测站,每日 4 时、8 时、12 时、16 时、20 时、24 时应有监测记录,并记录日内最高水位、最低水位及其发生的时、分。每日监测一次的测站,监测时间为每日的 8 时。每 5 日监测一次的测站,监测时间为每月 1 日、6 日、11 日、16 日、21 日、26 日的 8 时。统测站每年监测 3 次,监测时间为每年汛前、汛后和年末,监测日从每 5 日监测一次的监测日中选定,统测时间为相应选定监测日的 8 时。新疆维吾尔自治区、西藏自治区、甘肃省、青海省、四川省、云南省和内蒙古自治区的阿拉善盟,可根据具体条件将其中规定的 8 时改成 10 时。

地下水水位监测数值以 m 为单位,精确到小数点后第二位。人工监测水位,应测量两次,间隔时间不应少于 1 min,取两次水位的平均值,两次测量允许偏差为 ± 0.02 m。当两次测量的偏差超过 ± 0.02 m 时,应重复测量,水位自动监测仪允许精度误差为 ± 0.01 m。每次测量结果应当场核查,发现反常及时补测,保证监测资料真实、准确、完整、可靠。

自动监测仪器每月检查、校测一次,当校测的水位监测误差的绝对值大于 0.01 m 时,应对自动监测仪器进行校正。布卷尺、钢卷尺、测绳、导线等测具的精度必须符合国家计量检定规程允许的误差规定,每半年检定一次。

水量监测包括开采量和泉流量两项监测。对建制市城市建成区、大型和特大型地下水水源地、超采区、大型以上矿山和大型以上农业区,应分别进行水量监测。其中建制市城市建成区水量监测应包括用于生活、生产、生态的水量和基建工程排水量;大型以上矿山水量监测应包括用于矿山生产、生活的水量和矿坑排水量;大型以上农业区水量监测应包括用于农田灌溉、乡镇工业生产和农村生活的水量,均要求按月监测。

开采量监测可采用水表法、水泵出水量统计法和用水定额调查统计法等方法监测。泉流量监测可采用堰槽法或流速流量仪法。水表、水泵、堰槽、流速流量仪等测具需每年检定一次。

水质监测采集水样的频次、分析项目、分析时限、程序、方法、质量控制,水样的存放与运送,水样编号、送样单的填写,分析结果记载表和测具检定要求,均按 SL 219—98《水环境监测规范》执行。

水温基本监测站的监测频次为每年 4 次,分别为每年 3 月、6 月、9 月、12 月的 26 日 8 时。水温监测的同时应监测气温及地下水水位,监测水温、气温的测具,最小分度值应不小于 0.2℃,允许误差为±0.2℃。水温监测应符合以下要求:监测水温的测具应放置在地下水水面以下 1.0 m 处,或放置在泉水、正在开采的生产井出水水流中心处,静置 5 min 后读数;连续进行两次水温监测,当这两次监测数值之差的绝对值不大于 0.4℃时,将这两次监测数值及其算术平均值计入相应原始水温监测记载表中;当两次监测数值之差的绝对值大于 0.4℃时,应重复监测。水温测具和气温测具应每年检定一次,检定测具的允许误差为±0.1℃。

8.3　地下水数据处理

地下水数据处理应按以下步骤依次进行:

(1)考证基本资料;

(2)审核原始监测资料;

(3)编制成果图、成果表;

(4)编写数据处理说明;

(5)数据处理成果的审查验收、存储与归档。

统计数值时,平均值采用算术平均法计算,尾数按四舍五入处理;挑选极值时,若多次出现同一极值,则记录首次出现者的发生时间。年度数据处理工作应于次年 6 月底以前完成。

基本资料的考证包括监测站的位置、编号;监测站附近影响监测精度的环境变化情况;监测站布设、停测、更换的时间,监测站类别、监测项目、频次的变动情况;监测井深、淤积、洗井、灵敏度试验情况;高程测量(包括引测、复测和校测)记录;测具的检定情况。

经考证,有下列情况的监测站,相应监测期间的监测数据不予处理:监测站附近环境变化,导致监测项目不符合布设目的者;测具检定不符合要求者。

校核水准点或井口固定点未按要求进行高程测量的水位监测站,监测数据只参加地下水埋深资料的处理。考证后,应对各监测站的技术档案进行整理。

原始监测数据的审核内容包括:监测方法、误差;原始记载表的填写格式;测具检定和高程校测的结果及由此导致的监测数值的修正;单站监测数据的合理性检查,同一含水层组各监测站之间监测数据的合理性检查。

经审核,有下列情况的监测站,相应监测期间的监测数据不予处理:监测方法错误;监测误差超过允许范围；监测数据有伪造成分；缺测和可疑的监测数据超过应监测资料的 1/3。

水位数据的插补应符合以下要求：逐日监测数据，每月缺测不超过两次，且缺测前、后均有不少于连续 3 个监测数值者可插补；5 日监测数据，每月缺测不超过一次且缺测前、后均有不少于连续 3 个监测数值者可插补，统测数据不得插补；"井干"、"井冻"、"可疑"数值在插补时均按"缺测"对待；插补方法可采用相关法、趋势法或内插法；插补的数值参加数值统计。

水位监测数据的数值统计内容包括：月平均水位值，月内最高、最低水位值及其发生日期；年平均水位值，年变幅，年末差，年内最高、最低水位值及其发生月、日。

数值统计应符合以下要求：月内无缺测数据，进行月完全统计；年内无缺测数据，进行年完全统计；逐日水位数据，月内缺测不超过 4 次者，进行月不完全统计，超过 4 次者，不进行月统计；5 日水位数据，月内缺测一次者，进行月不完全统计，超过一次者，不进行月统计；年内月不完全统计不超过两个或仅有一个不进行月统计者，进行年不完全统计，年内月不完全统计超过两个或不进行月统计者超过一个，不进行年统计。

水量数据处理时，缺测水量数据不得插补；经审核定为"可疑"的水量监测数据，按"缺测"对待。水量监测数据只进行年统计，数值统计内容包括：单站年开采量（流量），年内最大、最小月开采量（流量）及其发生的月份；井群年开采量，年内最大、最小月开采量（流量）及其发生的月份，最大、最小单站年开采量（流量）及该监测站的编号。

数值统计应符合以下要求：无缺测数据，进行年完全统计；单站缺测一个月开采量（流量）时，可进行年不完全统计；缺测超过一个月时，不进行年统计；单站年开采量（流量）不完全统计不超过井群监测站总数的 20％时，可进行井群的年不完全统计；年开采量（流量）不完全统计超过相关监测井群监测站总数的 20％或有不进行年单站开采量（流量）年统计时，均不进行井群的年统计。

缺测水温数据不得插补；经审核定为"可疑"的水温监测数据按"缺测"对待。水温监测数据只进行年统计，包括年平均水温值，年最高、年最低水温值及其发生的月份，年内水温变幅，当年末与上年末的水温差。年内缺测一次者，进行年不完全统计；超过一次者，不进行年统计。

编写数据处理说明应包括以下内容：数据处理的组织、时间、方法、内容及工作量概况；监测站的调整、变更情况；监测方法、精度、高程测量、校测和测具检定概况；监测数据的质量评价；存在问题及改进意见。数据处理成果的审查验收要求包括以下 3 个方面：

（1）送交审查的数据内容。包括各监测站基本数据及考证意见；各项原始监测记载数据及审核意见；数据处理成果图、成果表；数据处理说明。

（2）审查方法。首先经考证，发生了变动的基本数据应全部进行审查；未发生变动的基本数据应进行抽查，抽查率不得少于 20％。接着对各项原始监测数据分别进行抽查，抽查率不得少于 30％。随后对处理成果的数据应全部进行审查，经审查，不符合下列质量标准之一者，不予验收。

1）项目完整，图表齐全，规格统一。

2）各监测站基本数据考证清楚。

3）测验及数据处理方法正确。

4）无系统错误和特征值统计错误，其他数据的错误率不大于 1/10 000。

5）数据处理说明的内容完整、准确、客观。

思考与练习题：

8-1　什么是地下水？开展地下水监测的目的是什么？

8-2　地下水超采会引发哪些严重的生态环境问题？

8-3　当前,我国的地下水监测站有哪些类型？存在哪些亟待解决的问题？

8-4　地下水监测站站网规划的原则是什么？如何进行基本监测站布设？

8-5　地下水数据处理的步骤如何？有哪些具体要求？

项目 9　误差分析

9.1　误差概述

测量误差有计量器具和设备误差、环境条件误差、测量方法误差、人员误差和被测量对象误差 5 种。

9.1.1　绝对误差与相对误差

观测值与真值之差称为绝对误差。用公式表示为

$$\Delta_i = A_i - A \tag{9-1}$$

真值 A 往往无法得到，因此往往用多次观测的平均值 $\overline{A}$ 代替真值来计算误差。其绝对误差的计算公式为

$$\Delta_i = A_i - \overline{A} \tag{9-2}$$

绝对误差的量纲与观测值的量纲相同。在水文观测值中，有些水文要素的误差必须用绝对误差，如水位；有些水文要素的误差则可用绝对误差也可用相对误差，例如流量等。

相对误差为绝对误差与真值之比值。在实际应用中，一般真值用均值代替。其公式为

$$\delta_i = \frac{\Delta_i}{A} \tag{9-3}$$

相对误差是一无量纲的量,一般用百分率表示。在水文测验中,用相对误差来表示的水文要素很多,如:流量、流速、面积等。

9.1.2　随机误差、系统误差和伪误差

1. 随机误差

随机误差是观测者无法控制的各种因素共同影响的,其大小和符号都不固定的误差。因此,随机误差是不可避免的误差。

从表面上看,随机误差并没有任何规律,但从大量资料的误差统计中,却能发现一定的规律性。随机误差的分布一般为正态分布,其误差分布曲线如图 9-1 所示,其密度函数的表达式为

$$p(E) = \frac{1}{\sigma\sqrt{2\pi}} e^{\left[\frac{-(E-\mu)^2}{2\sigma^2}\right]} \tag{9-4}$$

式中:$p(E)$ 为误差 E 的概率密度函数;σ 为标准差;μ 为数学期望值。

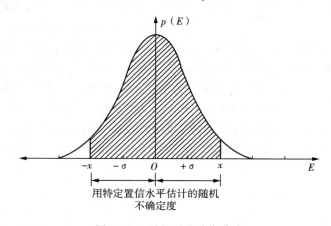

图 9-1　随机误差分布曲线

随机误差有如下重要特征:

(1)随机误差的独立性。各次误差正、负和大、小彼此无关,完全独立。

(2)随机误差的对称性。即随机误差中正、负误差出现的概率相等。

(3)随机误差的单峰性。根据误差概率分布密度函数,当 $E=0$ 时,$p(E) = \frac{1}{\delta\sqrt{2\pi}}$ 为最大值,即 $p(\pm E) < p(0)$,随机误差的分布是单峰的。

(4)随机误差的抵偿性。当观测的次数很多时,由于正、负误差相互抵消,因此,正、负误差的代数和有趋于零的趋势。这时可认为数学期望值即均值为零。

(5)随机误差的有界性。虽然函数 $p(E)$ 的存在区间是 $[-\infty, +\infty]$,但实际上,随机误差只是出现在一个有限区间内,这一区间一般认为是 $[-3\delta, +3\delta]$,这就是随机误差的有限性,$\pm 3\delta$ 则称为随机误差的极限误差。

2. 系统误差

在相同条件下,同一项目进行多次观测,不管其误差数值是否相等,如果各次误差的符

号相同,且不能用增加测次来减小的误差称为系统误差。

系统误差有两类,一类是常系统误差;另一类是变系统误差。常系统误差是各次测量中都共同存在并数值相等的误差。这类误差的分布一般为均匀分布。例如水尺零点高程不准引起水位的误差等。变系统误差是在各次测量中,有相同符号但数值不等的误差。如:流向不垂直于断面而不进行流向改正时流量计算的误差;流速仪使用时间较长,摩阻增大而又没及时检定引起的测速误差等。

3. 伪误差

因人为因素及仪器失灵而又未及时发现引起的"误差"。这类"误差"其实应为错误,一旦发现应及时改正或舍弃。

9.1.3　精度

精度的高低是用误差来衡量的,误差大则精度低,误差小则精度高。精度可以按系统误差和随机误差相应地分为准确度和精密度。准确度是由系统误差引起的测量值与真值的偏离程度,系统误差越小,测量结果越准确。精密度是由随机误差引起的测得值与真值的偏离程度,随机误差越小,测量结果越精密。精确度(精度)是由系统误差和随机误差共同引起的测量值与真值的偏离程度。综合误差越小,测量结果的精度越高。因此,测量值的精度大小应用系统误差和随机误差两方面数值来体现或用其两方面的综合误差来衡量。

关于精度还有两个重要概念,即测量的重复性和复现性。重复性是同一观测者用同一测量方法和测量仪器,在同一测量条件下,用很短时间对同一量作连续测量时,其测量结果的接近程度。测量的复现性是不同测量条件下用较长时间对同一量作多次测量时,其测量结果的接近程度。对于某一量的测量,若其重复性和复现性都很好,则测量精度高,测量结果准确可靠。

9.1.4　标准差

在正态分布密度函数的公式中,标准差是一个很重要的参数。对于绝对误差,样本的标准误差计算公式为

$$S = . \sqrt{\frac{\sum_{i=1}^{n} \Delta_i^2}{n}} = \sqrt{\frac{\sum_{i=1}^{n} (x_i - \overline{x})^2}{n}} \tag{9-5}$$

当测次 n 少于 30 时,贝塞尔推导的计算公式为

$$S = . \sqrt{\frac{\sum_{i=1}^{n} \Delta_i^2}{n-1}} \tag{9-6}$$

从公式可以看出,标准差 S 的量纲和观测值相同。相对标准差为绝对标准差与真值(一般以均值代替)的比值。

$$m_x = \frac{S}{x} \tag{9-7}$$

　　在统计学中相对标准差又称变差系数或离差系数。相对标准差是一无量纲的量,一般以百分率表示。

　　当测次 n 很大时,其样本标准差 S 接近于总体标准差 δ。δ 的大小取决于具体的测量条件,表征着结果的离散程度。图9-2反映了3种 δ 正态分布曲线的情况。从图9-2中可知,δ 值越小则分布曲线越尖瘦,这意味着小误差出现的概率越大,大误差出现的概率越小,因此可以用参数 δ 来表示测量的精密度。δ 愈小,表明测量的精密度愈高。

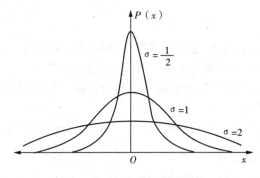

图 9-2　标准差与误差分布

9.1.5　不确定度与置信水平

　　由于测量值的真值不知,因此测量值的误差也是无法知道的。然而我们可以应用数理统计和概率论的方法估计误差值的上界。既然是估计值,那就有一个置信概率的问题。也就是说误差不超过这个上界有多大的可能性?例如,进行流速仪流量测验,若有人问及测验精度,可以这样说:“有75%的把握误差不会超过 $\pm5\%$。”这样虽然没有肯定地回答所进行的流速仪测量的测验误差到底有多少,但这种回答已经非常明确地表达了流量测验的精度情况。因此,一般对于测量值精度的情况的描述应有两层意思:(1)误差的范围或误差的上界;(2)不超过这一范围的置信概率。

　　不确定度是指在一定置信概率下,测量值可能出现的误差上界值 X,被测量的真值能以规定概率落入其(测量值 $\pm X$)所包围的区间之内。此规定的概率称为置信水平。随机不确定度如图9-1所示,可用 $\pm c\delta$。表示(c 为置信系数,δ 为标准差)。其置信水平,亦如图9-1所示,为 $\pm c\delta$ 范围内随机误差分布曲线下的阴影面积,即

$$P(\Delta)=\int_{-c\sigma}^{c\sigma}p(\Delta)\,\mathrm{d}\Delta \tag{9-8}$$

根据正态分布函数积分可知,对于随机误差 x,不同的随机不确定度其置信水平为

$$P\{|x|\leqslant0.67\sigma\}=0.50$$

$$P\{|x|\leqslant\sigma\}=0.68$$

$$P\{|x|\leqslant1.15\sigma\}=0.75$$

$$P\{|x|\leqslant2\sigma\}=0.95$$

$$P\{|x|\leqslant3\sigma\}=0.997$$

因此,当置信水平为 68％ 时,不确定度为 ±δ;当置信水平为 75％ 时,不确定度为 ±1.15δ;当置信水平为 95％ 时,不确定度为 ±2δ。在国际标准中,随机不确定的置信水平取用95％。我国编制的水位、流量测验国家标准将采用国际标准的取用值。

9.2　误差的传播与综合

9.2.1　随机误差的传播

水文测验中,有些测量值是通过测定某些因素间接计算出来的。如一次流量测验其成果是通过测定各垂线水深、起点距及各测点流速后间接计算出来的。输沙率亦是通过流量和含沙量间接计算出来的。说明各直接观测值的随机误差与间接计算成果的随机误差之间的关系称为随机误差的传播。

设有函数 $Q=f(x_1,x_2,\cdots,x_k)$,其中,$x_1,x_2,\cdots,x_k$ 为独立的直接观测值,Q 为间接计算值。$x_1,x_2,\cdots,x_k$ 的误差分别为 $\Delta_1,\Delta_2,\cdots,\Delta_k$;$Q$ 的误差为 ΔQ,则

$$Q+\Delta Q=f(x_1+\Delta_1,x_2+\Delta_2,\cdots,x_K+\Delta_k) \tag{9-9}$$

当 $\Delta_1,\Delta_2,\cdots,\Delta_k$ 数值很小时,将式(9-9)用泰勒公式展开,并仅取其中一次项为

$$Q+\Delta Q=f(x_1,x_2,\cdots,x_k)+\frac{\partial f}{\partial x_1}\Delta_1+\frac{\partial f}{\partial x_2}\Delta_2+\cdots+\frac{\partial f}{\partial x_k}\Delta_k$$

即

$$\Delta Q=\frac{\partial f}{\partial x_1}\Delta_1+\frac{\partial f}{\partial x_2}\Delta_2+\cdots+\frac{\partial f}{\partial x_k}\Delta_k \tag{9-10}$$

令

$$\frac{\partial f}{\partial x_1}=a_1,\frac{\partial f}{\partial x_2}=a_2,\cdots,\frac{\partial f}{\partial x_k}=a_k$$

$a_1,a_2,\cdots,a_k$ 称为灵敏度,它们反映了 $x_1,x_2,\cdots,x_k$ 的误差对 Q 误差贡献大小的权重。式(9-10)的形式为

$$\Delta Q=a_1\Delta_1+a_2\Delta_2+\cdots+a_k\Delta_k \tag{9-11}$$

其相对误差的公式为

$$\frac{\Delta Q}{Q}=\frac{a_1}{Q}\Delta_1+\frac{a_2}{Q}\Delta_2+\cdots+\frac{a_k}{Q}\Delta_k \tag{9-12}$$

以上误差的传播公式为某一具体误差的传播计算。例如用此公式,通过最大误差来估算上下浮标断面间距等。但是对于测验误差的估计最常用到的还是误差的统计特征值,是不确定度的传播公式,为此首先来计算 Q 的标准差。

对于一次观测值为

$$(\Delta Q)^2=(a_1\Delta_1)^2+(a_2\Delta_2)^2+\cdots+(a_k\Delta_k)^2+2a_1a_2\Delta_1\Delta_2+2a_1a_3\Delta_1\Delta_3+\cdots+2a_{k-1}\Delta_k$$

对于 N 次观测资料可以统计出标准误差,表达式为

$$\sigma_Q^2 = \sum_{i=1}^{K} (a_i\sigma_i)^2 + \left[2a_1a_2\sum_{i=1}^{N}\Delta_{1,i}\Delta_{2,i} + 2a_1a_2\sum_{i=1}^{N}\Delta_{1,i}\Delta_{3,i} + \cdots + 2a_{n-1}a_k\sum_{i=1}^{N}\Delta_{k-1,i}\Delta_{k,i}\right]/N$$

$$= \sum_{i=1}^{K} (a_i\sigma_i)^2 + 2a_1a_2\rho_{1,2}\sigma_1\sigma_2 + 2a_1a_3\rho_{1,3}\sigma_1\sigma_3 + \cdots + 2a_{k-1}a_k\rho_{k-1,k}\sigma_{k-1}\sigma_k \qquad (9-13)$$

式中:协方差 $\dfrac{1}{N}\sum\limits_{j=1}^{N}\Delta_{1,j}\Delta_{2,j}=\rho_{1,2}\sigma_1\sigma_2$; $\rho_{1,2}, \cdots, \rho_{k-1,k}$ 分别为两组数列间的相关系数; $\sigma_1, \sigma_2, \cdots,$ σ_k 分别为直接测量值 $x_1, x_2, \cdots, x_k$ 的标准差。

把式(9-13)整理为

$$\sigma_Q^2 = \sum_{i=1}^{K} (a_i\sigma_i)^2 + \sum_{i=1}^{K-1}\sum_{j=i+1}^{K} 2a_ia_j\rho_{i,j}\sigma_i\sigma_j \qquad (9-14)$$

如各因素测量误差之间基本上是独立的,则可略去带有协方差的各项,即认为 $\rho_{i,j}=0$,式(9-14)为

$$\sigma_Q^2 = \sum_{i=1}^{K} (a_i\sigma_i)^2 \qquad (9-15)$$

很显然,式(9-15)是在略去各测量值误差的高阶项和认为各因素测量误差相互无关的情况下推导出来的。在误差值较小,各因素误差关系不大的情况下,用式(9-15)计算,对结果不会发生明显影响。

相对均方误差的传播公式为

$$m_Q^2 = \frac{1}{Q^2}\sum_{i=1}^{K} (a_im_ix_i)^2 \qquad (9-16)$$

其中

$$m_Q = \frac{\sigma_Q}{Q}$$

$$m_i = \frac{\sigma_i}{x_i}$$

为了便于上述公式的应用,现将水文测验中经常出现的运算形式简介如下:

(1) 积的误差公式。以 $Q=bhv$ 为例。 $a_1=\dfrac{\partial Q}{\partial b}=hv$; $a_2=\dfrac{\partial Q}{\partial h}=bv$; $a_3=\dfrac{\partial Q}{\partial v}=bv$,代入式(9-15)为

$$\sigma_Q^2 = (hv\sigma_b)^2 + (bv\sigma_h)^2 + (bh\sigma_v)^2$$

代入式(9-16)相对均方误差的公式为

$$m_Q = \sqrt{m_b^2 + m_h^2 + v_v^2} \qquad (9-17)$$

(2) 和的误差公式。由各部分流量计算整个断面流量的公式是和的运算,其公式为

$$Q = \sum_{i=1}^{n} q_i$$

由于 $\dfrac{\partial Q}{\partial q_1} = 1, \dfrac{\partial Q}{\partial q_2} = 1, \cdots, \dfrac{\partial Q}{\partial q_n} = 1$ 所以

$$\sigma_\sigma^2 = \sigma_{q1}^2 + \sigma_{q2}^2 + \cdots + \sigma_{qn}^2 \qquad (9-18)$$

$$m_\sigma^2 = \frac{1}{Q^2} \sum_{i=1}^{n} (m_i q_i)^2 \qquad (9-19)$$

若各部分流量及其误差皆大致相等,即

$$m_1 = m_2 = \cdots = m_n = m_q$$

$$q_1 = q_2 = \cdots = q_n = \bar{q} = Q/n$$

则

$$m_\sigma^2 = \frac{1}{Q^2} n (m_q \bar{q})^2 = \frac{1}{n} m_q^2$$

$$m_Q = \frac{m_q}{\sqrt{n}} \qquad (9-20)$$

若各部分流量不等,应引入不等权系数 α,则

$$m_Q = \frac{m_q}{\sqrt{\alpha n}} \qquad (9-21)$$

不等权系数 α 的取值范围为

$$\frac{\bar{q}}{q_{max}} < a < 1.0$$

9.2.2　误差的综合

从单项误差求得总误差的过程称为误差的综合。有明确函数关系的误差的传播是一种误差的综合问题;不同种类、不同类型的误差亦有误差的综合问题。例如系统误差与随机误差的综合;脉动引起的流速的误差和仪器引起的流速误差的综合问题等。

1. 随机误差的综合

有一定函数关系各单项随机误差的综合,其公式即为误差的传播公式。若各单项误差相互独立,其公式为

$$\sigma_Q^2 = \sum_{i=1}^{K} (a_i \sigma_i)^2$$

$$m_\sigma^2 = \frac{1}{Q} \sum_{i=1}^{K} (a_i \sigma_i)^2 = \frac{1}{Q^2} \sum_{i=1}^{K} (a_i m_i x_i)^2$$

对于无一定函数关系,各单项随机相对误差的综合,一般用公式,即

$$m_Q^2 = m_{x1}^2 + m_{x2}^2 + \cdots + m_{xK}^2 \qquad (9-22)$$

进行综合。例如垂线平均流速的误差一般认为由于仪器、脉动、垂线平均流速计算方法等因素引起,因此垂线平均流速的误差的综合公式为

$$m_{\bar{v}}^2 = m_{仪}^2 + m_{脉}^2 + m_{垂计}^2 \tag{9-23}$$

2. 系统误差的综合

对于较大的系统的误差,且符号已知,其系统误差的综合一般用代数和公式,即

$$X''_Q = X''_1 + X''_2 + \cdots + X''_K \tag{9-24}$$

若系统误差的符号不知,且数值很小,其综合公式可用方和根公式,即

$$X''^2_Q = X''^2_1 + X''^2_2 + \cdots + X''^2_K \tag{9-25}$$

3. 系统误差与随机误差的综合

当测量误差受随机误差与系统误差共同影响时,若要确定结果的误差,就需要对两类不同性质的误差进行综合。

设有一系列测量值,其随机相对误差为 $\delta_1, \delta_2, \cdots, \delta_n$,系统相对误差为 $\varepsilon_1, \varepsilon_2, \cdots, \varepsilon_n$,则各次测量结果的相对误差为

$$e_1 = \delta_1 + \varepsilon_1$$
$$e_2 = \delta_2 + \varepsilon_2$$
$$\vdots$$
$$e_n = \delta_n + \varepsilon_n$$

将以上各式两端平方后相加为

$$\sum_{i=1}^n e_i^2 = \sum_{i=1}^n \delta_i^2 + \sum_{i=1}^n \varepsilon_i^2 + 2\sum_{i=1}^n \delta_i \varepsilon_i$$

其均方差 m_e 为

$$m_e = \sqrt{m_\delta^2 + m_\varepsilon^2 + \frac{2}{n}\sum_{i=1}^n \delta_i \varepsilon_i} \tag{9-26}$$

由于 δ_i 为随机误差,有正有负,因此 $\delta_i \varepsilon_i$ 亦有随机性。当 n 很大时,可以认为协方差项,即

$$\lim \frac{\sum_{i=1}^n \delta_i \varepsilon_i}{n} \to 0$$

则式(9-26)可写为相对标准差的简化综合公式,即

$$m_e^2 = m_\delta^2 + m_s^2 \tag{9-27}$$

当测次不多时,δ_i 正、负次数相差较大,则协方差项不能忽略。

对于一定置信水平的不确定度的综合,由于不确定度 $X = c\delta$(或 cm),因此,把上面所有标准差改写成不确定度 X 即可。例如,可用式(9-28)来综合随机不确定度和系统不确

定度：

$$X^2 = X'^2 + X''^2 \qquad (9-28)$$

式中：X 为总的不确定度；X' 为随机不确定度；X'' 为系统不确定度。

9.3　流速面积法测流的误差估算

9.3.1　流速面积法测流的误差估算公式

从流量模型的概念出发，流量计算的精确公式为

$$Q = \iint v(B,h)\,\mathrm{d}B\mathrm{d}h$$

由部分流量有限差累加得的断面流量计算的近似值即

$$Q_n = \sum_{i=1}^{n} q_i$$

按中间分割法计算部分流量 $q = bhv$，则 n 为垂线数目。

按赫尔西的推导，令 $Q = F_n Q_n$，F_n 称为流量改正因素。由积的随机误差传播公式得流量的标准差为

$$m_Q^2 = m_{F_n}^2 + m_{Q_n}^2 \qquad (9-29)$$

由和的随机误差传播公式，即

$$m_{Q_n} = \frac{1}{Q_n^2}\sum_{i=1}^{n} m_{q_i}^2 q_i^2 = \frac{1}{Q_n^2}\sum_{i=1}^{n}(m_{bi}^2 + m_{hi}^2 + m_{vi}^2)q_i^2$$

若各部分起点距、水深、流速的测量精度相同，且各部分流量大体相等，则

$$m_{Q_n}^2 = \frac{nq^2}{Q_n^2}(m_b^2 + m_h^2 + m_v^2) = \frac{1}{n}(m_{bi}^2 + m_{hi}^2 + m_{vi}^2)$$

式（9-29）可改写为

$$m_Q^2 = m_{F_n}^2 + \frac{1}{n}(m_b^2 + m_h^2 + m_v^2) \qquad (9-30)$$

流速的误差 m_v 可认为由脉动、仪器及垂线平均流速计算几个方面误差的综合，即

$$m_v^2 = m_{脉动}^2 + m_{仪器}^2 + m_{垂均}^2$$

代入式（9-30），即

$$m_Q^2 = m_{F_n}^2 + \frac{1}{n}(m_b^2 + m_h^2 + m_{脉动}^2 + m_{仪器}^2 + m_{垂均}^2) \qquad (9-31)$$

在国际标准中，一般置信水平取 95％，随机不确定度公式形式为

$$X_Q'^2 = X_{F_n}'^2 + \frac{1}{n}(X_b'^2 + X_h'^2 + X_{脉动}'^2 + X_{仪器}'^2 + X_{垂均}'^2) \qquad (9-32)$$

系统误差的估算应分情况处理。若系统误差较大,且符号已知,应分项按一次方公式修正,然后再进行随机误差不确定度的计算。

其流量系统不确定度的综合公式为

$$X''_Q = X''_b + X''_h + X''_v \tag{9-33}$$

若系统误差的符号不知,且系统误差的数值较小,其流量系统不确定度可用下面公式进行综合,即

$$X''^2_Q = X''^2_b + X''^2_h + X''^2_v \tag{9-34}$$

流量随机不确定度与系统不确定度的综合公式为

$$X^2_Q = X'^2_Q + X''^2_Q \tag{9-35}$$

9.3.2 流速面积法各单项随机误差的估算

1. X'_b

测距的随机不确定度。其大小与测距仪器的精度有关,与所测距离的长短有关,与测距时所用基线的长度与精度有关。一般此数值不大,在赫尔西著《水文测验学》中估计置信水平 95% 的 X'_b 在 ±(0.1% ~ 0.5%)。

2. X'_h

测深的不确定度。其大小与水深有关,与所用的测量工具有关。其置信水平 95% 的 X'_h 的大小一般在 ±(1% ~ 5%)(引自赫尔西《水文测验学》)。

3. $X'_{脉动}$

流速脉动引起的垂线平均流速不确定度。$X'_{脉动}$ 主要取决于测速历时,$X'_{脉动}$ 是脉动对垂线平均流速误差的影响,因此 $X'_{脉动}$ 的大小与垂线平均流速的计算公式有关。$X'_{脉动}$ 还与流速的大小、水深、河流断面形状与河床组成有关。表 9-1 为国际标准化组织介绍的置信水平 95% 流速脉动影响的测点流速不确定度。对于 $X'_{脉动}$ 应该根据垂线平均流速的计算公式从测点计算到垂线上来。

表 9-1 脉动影响下的侧点流速不确定度　　　　　　　　　单位:%

不确定度项目		测速垂线上的测速点位置							
		0.2、0.4 或 0.6 相对水深				0.8 或 0.9 相对水深			
		一点法测速历时(min)							
流　　速		0.5	1	2	3	0.5	1	2	3
	0.05	50	40	30	22	80	60	50	40
	0.10	27	22	16	13	33	27	20	17
	0.15	19	16	12	9	22	20	14	12
	0.20	15	12	9	7	17	14	10	8
	0.25	12	9	7	6	13	10	7	6
	0.30	10	7	6	5	10	7	6	5

（续表）

不确定度\项目	测速垂线上的测速点位置							
	0.2、0.4 或 0.6 相对水深				0.8 或 0.9 相对水深			
	一点法测速历时（min）							
流　速	0.5	1	2	3	0.5	1	2	3
0.40	8	6	6	5	8	6	6	5
0.50	8	6	6	4	8	6	6	4
0.5～1.0	7	6	6	4	7	6	6	4
>1.0	7	6	5	4	7	6	5	4

4. $X'_{仪器}$

流速仪检定的不确定度是通过在检定槽中率定检定曲线（公式）来确定的。其大小与流速大小有关，与仪器的精密程度有关。我国的流速仪检定时一般可达到置信水平 95% 的不确定度为 3.0%；国际标准所列置信水平 95% 的不确定度见表 9-2 所列。

表 9-2　不确定度 $X'_{仪器}$

流速（m/s）	0.03	0.10	0.15	≥0.5
$X'_{仪器}$	20	5	2.5	1.5

5. $X'_{垂均}$

垂线平均流速的不确定度。其大小与所用的垂线流速的计算方法有关。$X'_{垂均}$ 的确定可以用多点法资料统计求得，亦可用实际资料配出一定流速分布曲线积分求得垂线平均流速作为真值来统计各计算垂线平均流速方法的不确定度。国际标准中通过大量资料统计出置信水平 95% 的各垂线平均流速计算方法的不确定度见表 9-3 所列。

表 9-3　垂线平均流速计算的不确定度 $X'_{垂均}$

测速方法	流速分布法	五点法	二点法	一点法
$X'_{垂均}$	1	5	7	15

6. X'_{F_n}

测速垂线数 n 引起流量改正因素的随机不确定度。从公式结构形式判别，以上各不确定度都要除以测速垂线数 n，而 X'_{F_n} 是没有除以 n 的项，因此它是流量随机不确定度中最重要的组成项。

X'_{F_n} 的确定是用多测速垂线的资料推求的。计算时以多垂线测速资料算得的流量为真值，同时计算用 n 根垂线计算的流量 Q'_i，并计算与 Q_i 的相对误差：$\delta_i = \dfrac{Q_i - Q'_i}{Q_i}$；若有 K 次资料则会计算出 K 个相对误差。

首先要检查是否有较大的系统误差。一般认为，误差的算术平均值就是其常系统误差。亦可统计累积频率 50% 的误差作为常系统误差。若系统误差较大，则从 m 个 δ_i 中减去常系统误差,则认为此时的误差 δ' 为排除了系统误差的随机误差,如图 9-3 所示。这样就可计算出流量随机误差的相对标准差 m_Q。若置信水平为 95%,其不确定度 $X'_Q = 2m_Q$。

在国际标准中(ISO748)介绍的 X'_{F_n} 数值见表 9-4 所列。

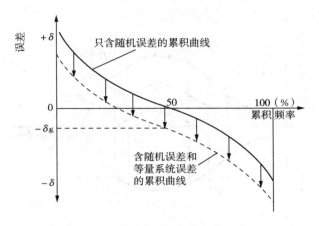

图 9-3　计频率曲线法推求系统误差

表 9-4　不确定度 X'_{F_n}

垂线数 N	5	10	15	20	25	30	40	45
X'_{F_n}（%）	20	10	7	5	5	3	3	3

9.4　流速仪测流方法的精简分析

流速仪测流方法的精简分析有:流速仪测流常测法分析、简测法分析、流量间测分析。

精简分析是用流速仪进行了一定时期的水文测验后,在保证测验成果有一定精度的前提下,为减少测流的工作量,缩短测验历时而进行的分析工作。通过精简分析,制定各种比较合理的测流方案,以适应不同水情时测流工作的需要。

精简分析工作内容和程序一般包括以下几项:

(1)搜集足够多次的、有代表性的、精度高的实测流量资料,作为分析基础。

(2)根据需要,绘制有关图表,进行分析,初步拟定精简方案。

(3)根据初定的精简方案,计算各方案精简前后相对误差,统计一定置信水平下的随机不确定度和系统不确定度,与水文测验相关规范所定指标比较,从而检验方案成立与否,并比较方案的优劣。

9.4.1　有精测法流量资料时,常测法的精简分析

新设的测站,在最初一两年里,用流速仪作多线多点的精测法测流 30 测次以上,且分布于不同水位。便可做精简测速、测点的分析。

在制定常测法方案时,首先要选择典型的中、高、低水位级垂线平均流速横向分布图进行分析,如图 9-4 所示。若高、中、低水位级的垂线平均流速横向分布曲线大致相似,可考虑

通用的精简方案。若高、中、低水位流速分布相差甚大,则可以考虑不同的精简方案。如测悬移质输沙率的站,最好同时绘出垂线平均含沙量的横向分布曲线,以便同时考虑泥沙测验垂线的精简。

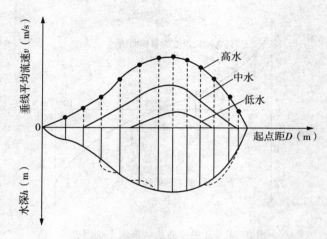

图 9 - 4　垂线平均流速横向分布曲线及综合断面

　　精简分析中,垂线的精简是重要内容。抽减垂线时根据垂线平均流速的横向分布进行。根据垂线流速横向分布变化趋势,抽减流速变化缓慢的测速垂线,保留横向分布曲线的转折点垂线,并在测速垂线上抽减流速测点。

　　在选定了精简方案后应分别计算精简垂线测点后的断面流量及其以精测法流量为假定真值的相对误差。

　　点绘所有精简分析测次的水位与流量误差关系图,分析流量误差沿水位级的变化情况,据以判断精简方案在高、中、低水位时的适用范围。统计置信水平75%和95%的随机不确定度和系统不确定度,与水文测验规范的规定进行比较,以确定精简方案是否可以启用。

　　如果精简后的流量误差在一部分水位级(在高水位或低水位时)超过规定的限度,而其余部分是合格的,则在不超过规定误差的水位变幅内,可采用原确定的垂线,测点精简方案,超过规定误差的部分水位级,应重新选择合适的精简方案。

　　如同时考虑缩短测速历时,即用较少的垂线,测点同时用较短的测速历时,能达到上列精度要求者,常测法的测速历时可以缩短,但一点的测速历时不宜少于 50 s。

9.4.2　无精测法测流资料时,常测法的精简分析

　　各级水位的精测法资料有时是很难全部收集到的,生产上的需要往往不是在全部收集好足够多的精测法资料才进行分析。在相当数量的多垂线和多测点的测速资料后,分别求出一定频率的单项误差,用误差传播公式计算流量的综合误差,只要其误差符合流量测验规范的规定即可。

　　从流速面积法流量随机误差公式中得到

$$m_Q^2 = m_{F_n}^2 + \frac{1}{\alpha n}(m_b^2 + m_h^2 + m_{脉动}^2 + m_{仪器}^2 + m_{垂均}^2) \tag{9-36}$$

精测法与常测法比较,主要是 m_{F_n} 和 $m_{\text{垂均}}$ 两项误差较大,因此我们可以用多线少点法的资料计算仅由精简垂线而引起的流量误差 m_x 来近似代替 m_{F_n},由垂线多点法资料计算精简测点后垂线平均流速的误差 m_d,这样流量误差的计算公式可简化为

$$m_Q^2 = m_x^2 + \frac{1}{\alpha n} m_d^2 \qquad (9-37)$$

式中:m_Q 为流量的综合随机误差;m_x 为用多线少点资料精简垂线后的流量误差;m_d 为用垂线多点法资料简测点后垂线平均流速的误差;n 为各多线资料中测速垂线数的平均值;α 为各部分流量不等的不等权系数。

以上误差皆为一定累积频率的误差统计值,即一定置信水平不确定度。因此,在搜集资料时要搜集不同水位按精测法测速垂线数目多线少点法测流,累计不少于 30 次的流量资料;还要搜集 30 次以上各级水位多点法施测垂线流速的资料。

综合系统误差按下式计算为

$$X''_Q = X''_p + X''_x \qquad (9-38)$$

式中:X''_Q 为断面流量综合系统误差;X''_x 为精简垂线使流量产生的系统误差;X''_p 为精简测速点使流量产生的系统误差。

以上常测法的精简分析,都依精测法为依据。事实上精测法亦含有误差,此误差称为基准资料误差 $m_{\text{基}}$,只有更精密的测流方法才能对比确定。所以常测流流量的最近似误差的公式为

$$m_{\text{常}}^2 = m_Q^2 + m_{\text{基}}^2 \qquad (9-39)$$

东德于 1962～1968 年曾在柏林附近 Spree 河段上进行过试验。其水面宽为 18～31 m,测速垂线为 10 条,在每条垂线上用 6 点法测速,于稳定流时期在河段上很多横断面连续测流量 51 次,以 51 次的流量的均值为真值,统计得到以下结论:

(1)精简法(60 个测速点)流量的标准差 $m_{\text{基}} = \pm 3.6\%$。

(2)常测法(10 个测速点)流量的标准差 $m_{\text{常}} = \pm 5.3\%$。

由式(9-39)估算出以精测法为准的常测法精简分析中的流量误差为

$$m_Q = \sqrt{m_{\text{常}}^2 - m_{\text{基}}^2} = \sqrt{5.3^2 - 3.6^2} = \pm 3.9\% \qquad (9-40)$$

9.4.3　简测法的精简分析

简测法是选择尽可能少的垂线和测点的测流方法,用简测法测出的流速称为代表流速。通过分析,建立代表流速和断面平均流速的关系。利用这种关系,测得代表流速即可推求断面平均流速与断面流量。

分析过程简单介绍如下:

(1)搜集 30 次以上精测法(或常测法)流量资料,通过绘制断面图及 $\frac{v_m}{v}$ 沿河宽的分布曲线(v_m 代表垂线平均流速,v 代表断面平均流速),选择 $\frac{v_m}{v}$ 比较密集稳定的测速垂线,作为分析对象。

（2）根据初选的垂线，从各次精测法（或常测法）测流成果中，摘出该垂线和测点的实测流速，并计算出代表流速。

（3）以各次精测法（或常测法）的断面平均流速与代表流速点绘制相关图，通过点群中心定一关系线或公式，并计算和统计由关系线查出流速的误差。对照表 9-5 所规定的允许误差限，从几个方案中进行比较，选配最优方案。

表 9-5　各种测速垂线数对数量的标准差

测速垂线数	8～11	12～15	16～20	21～25	26～30	31～35	104
标准差	4.2	4.1	2.1	2.0	1.6	1.6	0

例如：浙江沙湾水文站，流量变化一日内有几次起伏，用一般测流方法的测流历时太长，精度难以保证。为此，经初步分析得出两种方案，与常测法为准的精简误差如下所示。

（1）低水时（$L=140$ m）

$$v=0.944v_代 +0.02$$

$$m=\pm3.5\%$$

（2）高水时（$L=200$ m）

$$v=0.897v_代 -0.07$$

$$m=\pm3.9\%$$

式中：v 为断面平均流速；$v_代$ 为代表垂线的代表流速；L 代表垂线的起点距。

计算出断面平均流速 v，即可算出断面流量。

若断面比较稳定，可选一条或两条测速垂线作为代表垂线。若断面冲淤较大的河段，简测法方案可采用多线一点法，同样可以分析统计其误差，以便抉择。

思考与练习题：

9-1　水文测验中为什么有时用绝对误差表示？有时用相对误差表示？试举例说明。

9-2　什么是随机误差？随机误差有哪些特性？

9-3　系统误差有哪两类？试举例说明。

9-4　什么是不确定度？什么是置信水平？

9-5　不确定度与标准差有什么关系？为什么用 $c\delta$ 表示不确定度？

9-6　什么是随机误差的传播？

9-7　和的误差公式和积的误差公式的形式如何？

9-8　随机误差和系统误差是怎样综合的？

9-9　写出流速面积法测流的误差估算公式及其符号的意义。

9-10　流速面积法各单项误差是怎样计算的？

9-11　流速仪测流方法精简分析的一般步骤如何？常测法和简测法是怎样进行精简分析的？

项目 10　水文自动测报系统

学习目标:

　1. 了解建立水文自动测报系统的意义;

　2. 掌握水文信息采集与传输的形式;

　3. 掌握水文信息处理的单一关系线的拟合技术;

　4. 熟悉不稳定水位流量关系的处理方法;

　5. 了解插值法和排队技术在水文数据处理中的应用;

　6. 熟悉水文信息的存储方式和检索方法;

　7. 熟悉并掌握水文自动测报系统的组成、系统设计及数据处理方法。

重点难点:

　1. 水文信息处理的单一关系线的拟合技术;

　2. 不稳定水位流量关系的处理方法;

　3. 插值法和排队技术在水文数据处理中的应用;

　4. 水文自动测报系统的应用。

10.1　概　述

　　建立水文自动测报系统的目的是对工程设计与水资源的勘测、规划、利用、管理和洪涝灾害的预测、预报及突发性灾害的决策以及科学研究提供所需要的、可靠完整的水文信息和情报。要达到此目的,需要有采集处理信息的设备、快速准确的传输手段、科学规范的管理和一系列可靠的存储、检索软件和硬件。为此,各国水文工作者做出了不懈的努力。

　　目前,一些国家和地区,已有了可以对水位、雨量等水文信息要素进行自动化观测并使之信息化的仪器,可以用有线、无线甚至卫星进行信息传输。在对水文信息的处理方面,已经有功能齐全的各种程序,一些国家已建立了各种水文信息数据库,对用户进行各种有效的服务。

　　我国在建立水文自动测报系统方面也做了不少的工作。一些自动化、信息化的仪器正在研制,并广泛开展了计算机处理水文数据工作,水位、流量、含沙量及降水量处理的全国通用程序已通过鉴定并在全国生产中运用。大部分流域、地区已建成水文信息数据库,全国正在规划和筹建全国水文信息数据库网络。

10.2　水文信息的采集与传输

　　水文信息的采集有两个基本目的:(1)确定某地区的水文情势,为规划、设计以及掌握水资源的情况进行方向性的决策;(2)预报洪水动态及长短期供需水的趋势。由于信息采集的目的不同,信息采集的形式及传输的方式也不同。后者对得到水文信息的时间将更为重要。

10.2.1　水文信息的采集形式

水文信息的采集形式与水文数据观测的发展阶段有关,一般有以下四种形式:

(1)由人工直接观测,其成果是书写的各种数据报表;

(2)由一般老式记录仪器进行自记观测,其成果为表明水文要素变化过程的线图,如自记水位计得到的过程线,自记雨量计画的雨量记录图等;

(3)用较新的非传送自记化仪器进行观测,其成果为能输入至计算机的水文信息,如穿孔纸带、磁带、等固态存储器记录;

(4)用完全自动化的记录仪和传送器的仪器来采集水文信息,它可以通过有线或无线,甚至用人造地球卫星直接传输。

10.2.2　观测数据的信息化处理

观测数据的信息化处理是指将实测或记录的观测数据或曲线转换成计算机能够识别的数据信息。对于人工观测数据输入至信息系统的最常用方法是用计算机终端输入至计算机。有些国家的水文数据中心有各种不同的人工转换装置。如:有一种装置叫符号读识卡片,把观测结果写在卡片上,转换装置就会自动地将它转换成计算机能够识别的信息。

把记录图纸信息化处理的最常用手段是采用数字化仪。数字化仪可以给出等时距的读数,沿着曲线的轨迹等增量地连续读入符号,从而把观测到的曲线记录下来,信息化地存储起来或者直接输入至计算机。

10.2.3　水文数据的信息化采集

水文数据的信息化采集,是采用适当仪器,使所采集的水文数据信息能直接为计算机识别,这是水文仪器发展的一个方向。

水位观测通常使用浮子式或气压式自记水位计,其记录部分可采用能将水位代码穿孔于纸带上的水位记录器。目前,已对纸带数字记录器作了改进,较多地采用磁带数字记录器。水位记录纸带(磁带)可直接输入至计算机,亦可通过一定信息转换装置变换成计算机可识别的信息存储起来。

降水数据对于洪水预报是非常重要的信息。尤其对于暴雨区,增大雨量站的密度,加快雨量信息传播的速度,对于加长洪水预报的预见期,提高洪水预报的精确度更有现实意义。我国暴雨区较多,因此,很多地区对于建立自动测报水文信息系统具有很高的积极性。带有记录器的自记雨量器的感应器,最常用的是虹吸式和翻斗式雨量器。翻斗式雨量器是把雨量信息化,使用比较方便。磁带雨量记录器、传送式雨量器是直接把雨量信息记录(存储)或传送出去的装置。其中,有一种形式是仪器可以通过公众电话系统接受询问,另一种形式是按照一定的准则用无线电来启动或传动信息,还有是直接连续向数据处理中心传送信息。

对于流量信息的采集,一般是通过在水文站上进行流量测验来率定水位流量关系,通过水位过程来推求流量过程。因此,对于流量过程的信息采集,最好的办法是确定水位流量关系的稳定过程,这样便可以用信息化的水位过程来推求任何时候的流量。若能确定出一定的流量计算公式,也可用便于信息化的其他水文要素来计算出流量。用较为灵便的流量测验方法,如用溶液法、超声波法等进行经常性的、信息化的流量测验,也可得到流量过程。

10.2.4　遥感用于水文信息的采集

遥感就是不通过直接接触来探测一个物体的特征。遥感器可以是在地面上的、空间的或卫星上的。已在水文工作中试验过的遥感技术包括有近红外线摄影、远红外线扫描、雷达扫描以及紫外线扫描等。在扫描方法中,为输入信号用电子操纵来产生类似照片的影像。

不同波段的影像,所显示物体间影像效果是不一样的,因此各不同波段相片上所产生的解象能力也不同。流域状况表示水文要素形成的下垫面条件,水系状况则反映了河道特征。利用遥感技术进行流域及水系状况的调查,可以准确地查清流域的范围、面积、河长、河网密度、河宽、河流弯曲度等情况。这是因为不同的地理、地貌情况,在不同波段的图片上,其光谱效应是不同的,利用图片对各种地物加以判释,即可得出流域及水系的特征。如:卫星照片 MSS4 对水体有一定的透视能力,根据水体清澈状况的不同,可以不同程度地透视水下地形,MSS6 卫片的光谱特征与河流的含沙量几乎呈线性关系;MSS4 的图像则能判断水质污染引起的生态平衡失常,采用 MSS6、MSS7 可以研究土壤水量的情况等。

10.2.5　水文信息的传输

水文信息传输的可靠性及传送速度对于水文信息自动测报系统是非常重要的,因为时间对于水文预报而言,有时就意味着生命和财富。

民用有线通讯线路有时被用作水文信息的传输工具。但是这种传输方式,遇到特大暴雨时会被破坏,平时也容易被干扰,因此可靠性不高。另外,在传输时,人的干预无法避免,而用较先进的信息化仪器得到的信息又无法传输,因此,这种传输方式是仅适用于人工观测的较低级的传输方式。

无线电无线传输也是一种常用的传输方式。一般人工观测测站可以借助于一般无线电台传输水文信息。特别重要的测站,可以专设无线电台,汛期专门输送水文信息。无线电信息可以通过专门的译报程序,翻译成人们能直接识别的报表,加快了水文信息的传送速度。但是,一般电报接收装置与专门水文信息系统的计算机网络联网多有不便。因此,一些重要地区都建立有自己单独的微波传输系统,与水文信息处理的计算机形成网络,专门为水文预报、工程调度服务。微波传输提高了水文信息传送的可靠性,加快了水文信息处理及服务的速度,但是这样的测报系统需要较多的资金及较高级的管理人员,且微波传输的距离不宜太长,因此其广泛建立与使用受到了限制。

对于远距离传输,人造地球资源卫星是一种更先进的传输工具。它可以有大量的信息通道,同时传输和处理多种水文信息,并可把测到的一些信息化的水文信息传输到水文信息处理中心(中心计算机),尽快地处理、决策,为国民经济各部门服务。

10.3　水文信息的处理

10.3.1　单一关系线的拟合

在水文数据处理中,经常用一些水文要素间的关系来推求难以观测到的水文要素的变化过程。如:用水位流量关系来推求流量过程,用单断沙关系推求断沙过程等。在这些关系中,最常见到的基本关系线为单一关系线。在率定这些水文要素间的关系时,人工处理一般是通过关系点的点群中心,用适线法定出关系曲线。用计算机进行处理时,一般用一定的关系方程对实测的关系点进行拟合。

1. 曲线拟合中的数学模型

用一定的数学模型来拟合单一曲线的工作,过去做过不少的尝试。人们所用过的数学模型有幂指数型、抛物线型、双曲线型、线性逐步回归及浮动多项式等。

幂指数方程是流量数据处理中最常用的方程,其形式为

$$Q = C(h + \alpha)^{\beta}$$

式中:Q 为流量;h 为反映水位高低的变量;C, α, β 为常数。

抛物线方程是最早用来拟合水位流量关系的方程之一,其形式为

$$Q = A_0 + A_1 Z + A_2 Z^2$$

式中:Q 为流量;Z 为水位;A_0, A_1, A_2 为待定常数。

双曲线方程,其形式为

$$\frac{(Q - d)^2}{a^2} - \frac{(Z - c)^2}{b^2} = 1$$

式中:a, b, c, d 为待定常数;Z, Q 分别为水位与流量。

大家知道,一些函数可以展开为幂级数,通过展开整理,其级数的形式相同,一般形式为

$$Q = A_0 + A_1 h + A_2 h^2 + \cdots + A_m h^m + \cdots$$

式中:$A_0, A_1, \cdots, A_m, \cdots$ 为常数;h 为反映水位高低的变量。

若取上式的 $m+1$ 项对原函数进行逼近,则以上级数可以用最高次为 m 的多项式表示,即

$$Q = A_0 + A_1 h + A_2 h^2 + \cdots + A_m h^m \tag{10-1}$$

多项式方程是精度较高、通用性较强、目前应用较多的方程形式。

线性逐步回归数学模型的方程形式为 $Q = b_0 + b_1 x_1 + b_2 x_2 + \cdots + b_n x_n$。它是应用最小二乘法原理,对所形成的正规方程组进行线性变换,成为标准化正规方程。在求解标准正规方程组时,不是直接求解,而是根据其对因变量有无显著贡献,把那些贡献不大的自变量函数剔除掉。为达到此目的,首先从只包括一个自变量函数的回归方程开始,接着是有两个自变量函数的回归方程,并反复进行。

(1)对已在回归方程中的自变量函数进行显著性检验,显著者保留;

(2)对不在回归方程中的其余自变量函数挑选最重要的一个自变量函数进入回归方程,直到最后回归方程中再不能剔除任一自变量函数,也不能再引入自变量函数为止。

由于这一方法是通过对自变量函数逐步筛选来完成的,故称为逐步回归。

2. 浮动多项式配方程模型

浮动多项式配方程模型是用最小二乘法选配项数不等的若干个多项式方程,根据《水文年鉴编印规范》规定的单一线精度指标及单一曲线的水文特性,从若干个方程中选取符合水文特性的最优多项式作为最终选配的方程。

（1）最小二乘法选配多项式方程。若有 n 个观测点，选配 $m+1$ 项的多项式方程，其自变量为 h，因变量为 Q，则每一个测点都应有一关系式，n 个测点有 n 个关系式（$n>m+1$），即

$$\left.\begin{aligned}
Q_1 &= A_0 + A_1 h_1 + A_2 h_1^2 + \cdots + A_m h_1^m \\
Q_2 &= A_0 + A_1 h_2 + A_2 h_2^2 + \cdots + A_m h_2^m \\
&\vdots \\
Q_n &= A_0 + A_1 h_n + A_2 h_n^2 + \cdots + A_m h_n^m
\end{aligned}\right\} \quad (10-2)$$

由于各个测点都有误差，各个测点并不严格满足式（10-2），因此式（10-2）为一矛盾方程组。最小二乘方原理，就是使所配方程与每一实测点的离差平方和为最小，即

$$\sum_{i=1}^{N} \left[Q_i - (A_0 + A_1 h_i + A_2 h_i^2 + \cdots + A_m h_i^m) \right]^2 = S$$

取极小值。要满足此条件，只需对各待定系数求偏导数，并使其等于零，即

$$\left.\begin{aligned}
\frac{\partial \sum_{i=1}^{N} \left[Q_i - (A_0 + A_1 h_i + A_2 h_i^2 + \cdots + A_m h_i^m) \right]^2}{\partial A_0} &= 0 \\
\frac{\partial \sum_{i=1}^{N} \left[Q_i - (A_0 + A_1 h_i + A_2 h_i^2 + \cdots + A_m h_i^m) \right]^2}{\partial A_1} &= 0 \\
&\vdots \\
\frac{\partial \sum_{i=1}^{N} \left[Q_i - (A_0 + A_1 h_i + A_2 h_i^2 + \cdots + A_m h_i^m) \right]^2}{\partial A_m} &= 0
\end{aligned}\right\} \quad (10-3)$$

该方程组有 $m+1$ 个待定系数，有 $m+1$ 个方程，有唯一解。方程组（10-3）求出偏导数后的形式为

$$\left.\begin{aligned}
A_0 \sum_{i=1}^{N} h_i^0 + A_1 \sum_{i=1}^{N} h_i + A_2 \sum_{i=1}^{N} h_i^2 + \cdots + A_m \sum_{i=1}^{N} h_i^m &= \sum_{i=1}^{N} Q_i h_i^0 \\
A_0 \sum_{i=1}^{N} h_i + A_1 \sum_{i=1}^{N} h_i^2 + A_2 \sum_{i=1}^{N} h_i^3 + \cdots + A_m \sum_{i=1}^{N} h_i^{m+1} &= \sum_{i=1}^{N} Q_i h_i \\
&\vdots \\
A_0 \sum_{i=1}^{N} h_i^m + A_1 \sum_{i=1}^{N} h_i^{m+1} + A_2 \sum_{i=1}^{N} h_i^{m+2} + \cdots + A_m \sum_{i=1}^{N} h_i^{2m} &= \sum_{i=1}^{N} Q_i h_i^m
\end{aligned}\right\} \quad (10-4)$$

方程组（10-4）称为正规方程组。此方程组为一线性方程组，其系数矩阵与自由项组成方程组的增广矩阵。解方程组（10-4）便可求出各待定系数 $A_0, A_1, \cdots, A_m$，即求出了有一确定项数的多项式方程。

　　（2）浮动多项式。如上所述，解方程组（10-4），仅求出一项数确定的一个多项式方程，改变多项式的项数，则可用上述方法求出多个方程。因此，要建立浮动多项式首先要确定多项式的最多项数。实践表明，一般多项式最多项数取 12 项就足够了，而对数浮动多项式的最多项数取 8 项即可。

　　要选取最优多项式，应有一个精度指标。关系方程的精度可以用一定置信水平的关系方程的不确定度来衡量。

　　一定置信水平的关系方程的不确定度与实测关系点对关系方程的标准差、选用关系方程的形式、水位的高低和实测点的测次等因素有关。

　　在反映关系方程精度情况的诸因素中，对于测次一定的数据，其关系点偏离关系方程的相对标准差是最重要的指标。在项数不等的多个多项式方程中，实测点偏离关系线的标准差 S_y，建议用式（10-5）计算为

$$S_y = \sqrt{\sum_{i=1}^{N} \left(\frac{Q_{ci} - Q_i}{Q_{ci}}\right)^2 / (N - f)} \qquad (10-5)$$

式中：Q_i 为实测值；Q_{ci} 为关系方程推算值；N 为测次数；f 为自由度损失值，一般等于多项式的项数。

　　项数不等的多个多项式方程中，相对标准差小者为优。

　　（3）方程检验。SD 244—87《水文年鉴编印规范》对单一关系线的定线有着具体规定。如：对于单一水位流量关系规定为水位流量关系点的分布，若 75% 以上的点与关系曲线的偏离相对误差：流速仪高、中水不超过 ±5%，流速仪法低水及水面浮标法不超过 ±8%，可定为单一线。同时 SD 244—87《水文年鉴编印规范》还规定进行符号检验、适线性检验、偏离数字检验等。对于单一水位流量关系，一般测站为一下凹的增值曲线，因此不允许曲线反曲。计算机所拟合的水位流量关系方程应从以上几方面来检验所定方程的合理性。

　　由于计算机拟合方程时用的是最小二乘法，一般情况下符号检验与偏离数字检验作用不明显，而适线性检验比较有效，其检验公式为

$$u = \frac{|K - 0.5(n-1)| - 0.5}{0.5\sqrt{n-1}} \qquad (10-6)$$

式中：n 为测次数；K 为水位按高低排序后，相邻点偏离关系方程的符号异号的次数。

　　适线性检验为单侧检验，否定域仅在相邻点同号一侧，因此，若置信水平取 95% 时（$\alpha = 0.05$），则 $u < 1.64$ 为合格。

　　单一曲线，其线型一般应符合一定的水文特性。如：单一水位流量关系方程一般不允许出现反曲。而用计算机拟合多项式方程时，有时会出现反曲。这是因为用最小二乘法拟合多项式方程时，其线型主要取决于测点分布。出现反曲现象的测点分布特点是：一般测次较少，且分布不均，流量偏小的测点较多或有流量特别偏小的测点。图 10-1 为高水出现反曲的实例。

　　造成方程反曲测点分布的原因，有水文测验方面的，也有洪水本身特性造成的。如：有的测站涨水历时很短，且测验条件困难，水位流量关系本身为一幅度很小的绳套曲线，这样就会造成落水测点较多、且流量偏小，用多项式定线时出现反曲的现象。

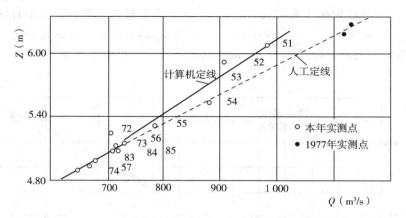

图 10 - 1　某站 1980 年高水部分水位流量关系

　　造成方程反曲的另一个原因是所用多项式的项数太多。直线方程谈不上反曲,二次三项式,其二阶导数为一常数也不会出现反曲,四项式其二阶导数为一直线方程,可能出现一次反曲(反曲处二阶导数为 0)。项数越多,反曲的可能性越大,若 n 个测点,选配 n 项的多项式(各个测点相互独立),将配出通过每个测点的多项式,画出曲线将为扭曲很大的曲线。

　　由于选配的多项式方程会出现反曲现象,因此,在使用浮动多项式时,对明显可造成反曲的测点分布,在定线时应加以处理。如:加进一些历史上的高水控制点,如图 10 - 1 所示,加进了 1977 年两控制点,即可使方程改观。

　　对于有些方程可能造成的反曲,在浮动多项式中加进反曲检查来加以排除。

　　反曲检查的方法可以根据方程的形式,求其二阶导数,其小于零者为反曲。亦可按一定的水位间隔推求流量,若相邻点水位差 ΔZ 为一常数,其相应推出的流量差为 ΔQ,若 ΔQ 随着水位的增高逐渐增大,则属正常,反之,则为反曲。如图 10 - 2 所示,ΔZ 为常数时,$\Delta Q_2 < \Delta Q_1$ 为反曲。反曲的多项式为不优的多项式。

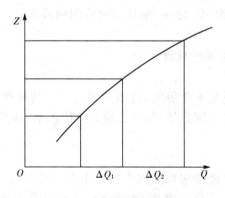

图 10 - 2　反曲的检查示意图

　　综上所述,若所拟合的方程能通过适线性检验且反曲检查标准差合格,即得到一个合格的单一关系方程。

　　(4) 浮动多项式配方程模型。浮动多项式配方程模型是以上"(1)、(2)、(3)"部分的综合,即用最小二乘法选配多个多项式方程,并计算关系点偏离关系方程的相对标准差,相对标准差小者为优,从多个多项式方程中,挑选出精度最高,并能通过适线性检验、反曲检查及标准差合格的单一关系方程。图 10-3 即浮动多项式配方程模型所定的单一水位流量关系曲线。

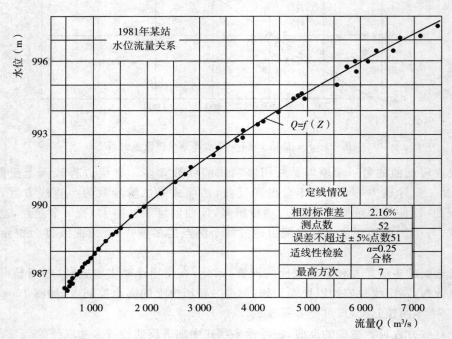

图 10-3 浮动多项式拟合的某站水位流量关系

图 10-4 为浮动多项式配方程模型的框图。其功能是:一组实测点距总测次为 N,自变量为 h,因变量为 Q,从直线方程逐次加 1,选配最多项为 MN 的 $MN-1$ 个多项式方程,经最优比较和反曲检查、适线性检查,从 $MN-1$ 个多项式中选出最优多项式作为选配的方程。其多项式的系数,存放于数组 Ax 之中,最优多项式的项数存放于之 KK 中。

10.3.2 不稳定水位流量关系的处理

1. 单值化处理

不稳定的水位流量关系是非单值的,这给使用计算机定线带来一些不便。把不稳定的水位流量关系通过一定的水力因数处理,使之成为单值关系,这是用计算机进行定线最常用的方法。

(1)抵偿河长法。

抵偿河长法是利用 1/2 抵偿河长处的水位与下断面流量之间的单值关系,使复杂的水位流量关系成为单一关系的方法。其中,本站水位后移法是把本站的实测流量与本站测流时的平均时间后移 1/2 抵偿河长传播时间的水位建立关系,从而使受洪水涨落影响下的绳套曲线变成单一关系。

后移时间的确定,可以发挥计算机运算速度快的特点,对后移时间进行优选。对于受洪水涨落影响的测站,若有一后移时间 Δt,它可以使 t 时流量与 $t+\Delta t$ 时本站水位有最小二乘

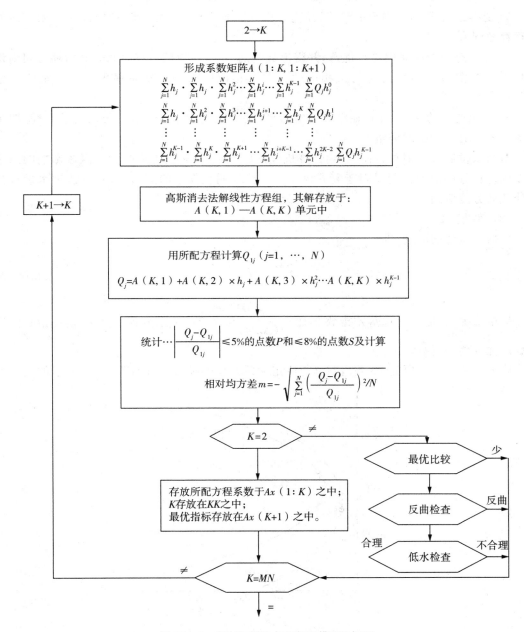

图 10-4 "浮动多项式配方程模型"框图

意义上的最佳拟合,且有最小的相对标准差,则认为 Δt 为此测站的最佳后移时间,即 1/2 抵偿河长的传播时间。由于一个测站的后移时间变化不大,而不同测站的后移时间相差较大,因此优选时,最好能输入一个接近于本站最佳后移时间的初值。

综上所述,本站水位后移法用计算机处理的步骤如下:

1) 给后移时间以初值 Δt,计算各实测流量后移时间 Δt 后的水位 $Z_{t+\Delta t}$;

2) 用浮动多项式拟合 $Z_{t+\Delta t} \sim Q_{t实}$ 关系方程,并计算实测关系点偏离关系方程的相对标准差 S_e;

3）变换 Δt 重复前两步骤的计算，并比较相对标准差 S_e，小者为优，把较优的 S_e 及相应的方程存放起来；

4）在一有限的区间内进行优选，并得出最优的 S_e 及相应的后移时间。此后移时间则认为是 1/2 抵偿河长的传播时间。相应的关系方程即所求的本站后移水位与流量的关系方程；

5）由优选出的后移时间，在已知的本站水位过程中求得后移水位，代入关系方程，即可推求出各个时刻的瞬时流量；

本站水位后移法简单方便，利用计算机优选后移时间，对于主要受洪水涨落影响的测站可以取得良好的效果。但是对于复式洪水绳套流量明显偏小的测站，应对复式洪水进行校正处理后方能应用。

（2）落差指数法。

根据落差法的原理，即

$$\frac{Q}{(\Delta Z)^{\beta}} = f(Z) \qquad (10-7)$$

呈单值关系，通过优选落差指数 β，建立 $\dfrac{Q}{(\Delta Z)^{\beta}}$ 与水位的关系方程。因此，落差指数法的关键是优选落差指数。

通过一些测站的研究，落差指数 β 与所定关系方程的标准差有如图 10-5 所示的关系。

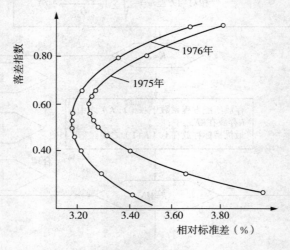

图 10-5　某站落差指数与相对标准差关系

优选落差指数 β 时，可用图 10-5 所示特点，经几次试算即可求出标准差最小时相应的 β 值来。这样可以大大提高优选速度。0.618 法是目前常用的优选 β 的方法。其优选区间在事先确定的 β 可能出现的极大值与极小值之间。按照一定的计算公式，在优选区间计算出两个 β 值来。

$$\left.\begin{array}{l} \beta_1 = \beta_{\min} + 0.382(\beta_{\max} - \beta_{\min}) \\ \beta_1' = \beta_{\min} + 0.618(\beta_{\max} - \beta_{\min}) \end{array}\right\} \qquad (10-8)$$

用 β 与 β_1' 分别计算出与各实测流量点相应的 $\dfrac{Q_i}{(\Delta Z_i)^{\beta_1}}$ 和 $\dfrac{Q_i}{(\Delta Z_i)^{\beta_1'}}$ 值来,并分别选配 $Z_i \sim$

$\dfrac{Q_i}{(\Delta Z_i)^{\beta_1}}$ 与 $Z_i \sim \dfrac{Q_i}{(\Delta Z_i)^{\beta_1'}}$ 两个关系方程并算出相应的标准差 S_1 和 S_1'。比较 S_1 与 S_1' 的大小,

若 $S_1 > S_1'$ 时,则认为最优的 β 在 β_1 与 β 之间。反之,如图 10-6 所示,则认为最优的 β 在 β_1' 与 $\beta_{\min}$ 之间。

当 $S_1 > S_1'$ 时,如图 10-6 所示,第二次优选时,根据式(10-9)算出 β_2 与 β_2':

$$\left.\begin{array}{l} \beta_2 = \beta_1 + 0.382(\beta_{\max} - \beta_1) \\ \beta_2' = \beta_1 + 0.618(\beta_{\max} - \beta_1) \end{array}\right\} \tag{10-9}$$

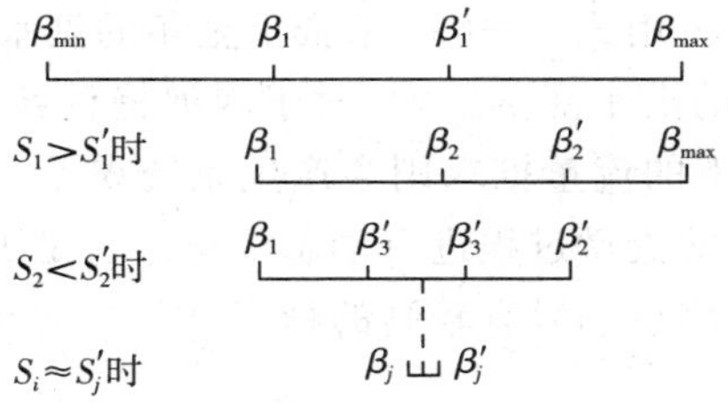

图 10-6　0.618 法优选过程

同时算出 β_2 与 β_2' 相应的标准差 S_2 与 S_2'。反复比较、截取,直至 $|S_j - S_j'| < \delta$ 即 $S_j \approx S_j'$ 时为止。此时的 β 即为所求,其相应的 $Z_i \sim \dfrac{Q_i}{(\Delta Z_i)^{\beta_1}}$ 关系方程为推求流量所用的关系方程。

推流时,应算出各瞬时水位相应的落差,由优选出落差指数 β 及 $Z \sim \dfrac{Q}{(\Delta Z)^{\beta}}$,关系方程,即可计算出各瞬时流量。有些测站,落差的计算是通过两个水位参证站计算出来的,而两个参证站是通过式(10-10)来计算出综合落差。

$$\Delta Z = \alpha \Delta Z_1 + (1-a)\Delta Z_2 \tag{10-10}$$

式中:ΔZ 为综合落差;ΔZ_1,ΔZ_2 分别为两个参证站算出的落差;α 为第一个参证站的落差权重。

α 的确定也可通过计算机优选计算出来。α 与相对标准差亦有类似图 10-5 的关系,因此可根据这种关系求出相对标准差最小时的 α 值。α 也可以用 0.618 法进行优选。但是,由于 α 和 β 的变化范围并不是很大,因此 0.618 法在此处是一种并不优的算法。

2. 洪水绳套曲线的模拟

对于一个测站,往往在不同时期受多种因素的影响,因此,单纯用一种水力因素型方法来推求流量往往得不到很好的效果。人工定线时,一般用连时序法来解决这种复杂的问题。

使用计算机处理可以吸取人工连时序法的优点,同时利用计算机运算速度快的特点,对一些水力因数进行定量计算与分析。洪水绳套曲线的模拟就是用水力因数"+"时序型计算分析的定线推流方法。

对洪水曲线模拟时,首先要用水力因数法求解一标准洪水绳套。标准绳套是能反映测站洪水特性的单式洪水的水位流量关系。所用公式为式(5-69),即

$$Q_m = Q_c \sqrt{1 + \frac{1}{S_c U} \frac{dZ}{dt}}$$

标准洪水绳套主要体现在 $Z \sim Q_c$、$Z \sim \frac{1}{S_c U}$ 两个关系方程上。求解两个方程时,可用校正因素法试算求解单式洪水绳套,即用浮动多项式选配两个关系方程。在有些测站也可用涨落比例法,用平均的水位流量关系代替 $Z \sim Q_c$ 关系,用平均的 $Z \sim \frac{1}{S_c U}$ 来代替 $Z \sim \frac{1}{S_c U}$ 关系方程。

标准洪水绳套求出后,就可用式(5-69)来推求全年的洪水流量过程。但推出的过程只能反映一次孤立洪水情况下的洪水涨落影响,对于因河槽调蓄影响下的复式洪水绳套和洪水涨落与变动回水共同影响下的流量推求则会产生系统误差。这时,可吸取连时序法的优点,利用实测流量点对已推出的流量过程进行动态校正。这是因为:实测流量反映了各种因素对流量的综合影响,且流量测点一般有较高的精度,因此,动态地考虑实测点,可以保证推求的流量有一定的精度。

考虑到同一测站相同水力条件下所形成的洪水绳套形状相似,因此,动态校正时的洪水绳套形状以标准洪水绳套为基础。

校正时,把单纯用标准绳套推出的流量过程,校正到通过每一实测流量点。图 10-7 为两测次不跨峰谷时动态校正的示意图。图中 $K+1$、$K+2$、$K+3$ 为实测水位流量关系点,$K'+1$、$K'+2$、$K'+3$ 为与实测点同水位用标准洪水绳套推得的流量点。通过 $K'+1$、$K'+2$、$K'+3$ 的绳套曲线即用标准绳套曲线推得的水位流量关系曲线。动态校正的目的,就是把通过 $K'+1$、$K'+2$、$K'+3$ 的绳套曲线校正成为通过 $K+1$、$K+2$、$K+3$ 的绳套曲线。校正时,逐段逐点地进行校正,如:为将 I' 校正为 I,需进行如下的计算。

$$BI' = \alpha(\underline{H})$$

$$\alpha = Q_{K+2} - Q'_{K+2} - \Delta Q_0$$

$$\Delta Q_0 = Q_{K+1} - Q'_{K+1}$$

I' 的校正值为

$$\Delta Q = \Delta Q_0 + BI' \qquad (10-11)$$

式中各符号如图 10-7 所示。

当两实测点跨峰、谷时,由于两测次水位差可能很小,甚至两测次水位相等,使校正误差很大,甚至出现计算溢出,这时应改为随时间进行内插校正。I' 的校正值为

$$\Delta Q = \Delta Q_0 + a\left(\frac{\Delta T'}{\Delta T}\right) \qquad (10-12)$$

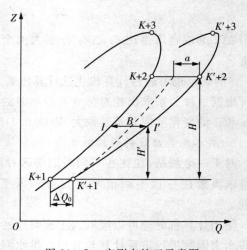

图 10-7　实测点校正示意图

式中：ΔT 为两测次时间差；$\Delta T'$ 为校正点时间与前一测次时间差。

显然，以上校正使推求的流量消除不了实测点的偶然误差。因此，推求流量时，事先应对测点进行初步分析，避免个别错误测点对成果的影响。

10.3.3　插值法

目前我国计算机处理中，很多是用人工定线，输入节点，把曲线转换成数字，用插值公式进行推流、推沙和其他方面的计算。目前所用的插值公式有拉格朗日插值公式中的抛物线插值公式和三阶样条函数插值公式。在此，将着重讨论拉格朗日插值公式及其在计算机处理中的应用。

1. 拉格朗日插值公式

假定已知函数 $y=f(x)$ 在 $n+1$ 个相异点 $x_0,x_1,x_2,\cdots,x_n$ 处的函数值 $y_0=f(x_0)$，$y_1=f(x_1)$，$y_2=f(x_2)$，$\cdots,y_n=f(x_n)$，插值的目的就是求一个简单的函数 $\varphi(x)$，它在给定的 $n+1$ 个点 $x_0,x_1,x_2,\cdots,x_n$ 上取值 $\varphi(x_0)=y_0$，$\varphi(x_1)=y_1$，$\varphi(x_2)=y_2$，$\cdots,\varphi(x_n)=y_n$，而在其他点上，$\varphi(x)$ 可以近似地代替 $f(x)$，函数 $\varphi(x)$ 叫作 $f(x)$，对于点 $x_0,x_1,x_2,\cdots,x_n$ 的插值函数。通常插值函数用多项式表示，所以插值函数又叫插值多项式。$x_0,x_1,x_2,\cdots,x_n$ 叫做插值点或节点。用拉格朗日方法建立起来的插值公式称为拉格朗日插值多项式。拉格朗日插值多项式的形式为

$$\varphi(x)=\frac{(x-x_1)(x-x_2)\cdots(x-x_n)}{(x_0-x_1)(x_0-x_2)\cdots(x_0-x_n)}y_0$$

$$+\frac{(x-x_0)(x-x_2)\cdots(x-x_n)}{(x_1-x_0)(x_1-x_2)\cdots(x_1-x_n)}y_1+\cdots$$

$$+\frac{(x-x_0)(x-x_1)\cdots(x-x_{n-1})}{(x_n-x_0)(x_n-x_1)\cdots(x_n-x_{n-1})}y_n$$

若拉格朗日插值多项式中 $n=2$，拉格朗日多项式是最高次为 2 的抛物线，此时的插值公式叫抛物线插值公式。

2. 单一曲线插值公式的应用

水文数据处理中所遇到的线型，一般为直线的不多，高次方的多项式太繁，且无必要，因此计算机处理中最常用到的是抛物线插值。对于一条水位流量关系曲线，水位 Z 表示自变量，流量 Q 表示因变量，若选取有 n 个节点（$n>3$），其曲线的一段如图 10-8 所示，水位 Z 所对应的流量 Q 式（10-13）计算为

$$Q=\frac{(Z-Z_i)(Z-Z_{i+1})}{(Z_{i-1}-Z_i)(Z_{i-1}-Z_{i+1})}Q_{i-1}$$

$$+\frac{(Z-Z_{i-1})(Z-Z_{i+1})}{(Z_i-Z_{i-1})(Z_i-Z_{i+1})}Q_i \qquad (10-13)$$

$$+\frac{(Z-Z_{i-1})(Z-Z_i)}{(Z_{i+1}-Z_{i-1})(Z_{i+1}-Z_i)}Q_{i+1}$$

式（10-13）需要 3 个节点，又称为一元三点插值公式。

一条曲线一般选取若干个节点，插值时选取最靠近插值点的 3 点代入插值公式，因此对于一条曲线并不是一个插值公式，而是采取分段连续插值的方法把曲线所使用范围的每一水位对应的流量计算出来。

一条曲线插值时，若选取较多的点，可以保证插值的质量。但节点太多，所占用的内存较多，数据加工的工作量大，则不经济。为此要求在保证精度的前提下，尽量地减少节点数目，但最少不得少于 3 个节点。

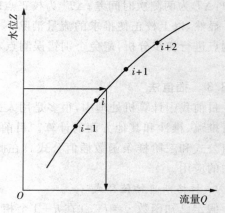

图 10-8　一元三点插值公式使用示意图

节点密度的大小，一般与所求水文要素的精度有关，与曲线的曲率变化情况有关。对于一固定曲线，精度要求得越高，节点数目应越多。由于抛物线插值公式的一阶导数为直线方程，在曲率变化较大，曲线变化可能不为直线变化时应加密节点，来减少曲线曲率的不均匀变化引起的误差。

3. 在处理复杂的水位流量关系时插值公式的应用

复杂的水位流量关系曲线可以看作若干条单一曲线的组合。因此，用插值法处理复杂的水位流量关系，就是把复杂的水位流量关系曲线分解成若干条单一曲线之后分别插值。

用临时曲线法进行数据处理的测站，各个时段的临时曲线可以看作为一条条的单一曲线。而用绳套曲线法进行数据处理的测站，则应把绳套曲线分解成涨水支线和落水支线，分解时一般以峰顶峰谷作分界点，分解出的涨水、落水曲线则当成单独的单一曲线进行插值。如图 10-9 所示的绳套曲线，可以作为 6 条单一曲线来推求流量。

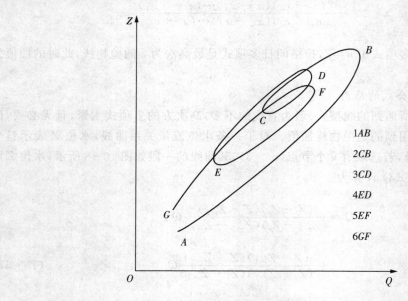

图 10-9　绳套型水位流量关系曲线用插值法推流处理示意图

复杂的水位流量关系使用插值法推流的关键是分解出的一条条的单一曲线间的过渡与连接,即从一条曲线到另一条曲线的自动跳线问题。

实现自动跳线的方法很多。可以输入用每条曲线推流的次数,用某条曲线推流时,当推流次数达到给定的次数后,则自动地跳向另一条曲线推流。也可以给出每条曲线使用的时间,这样和人工进行数据处理的思路一样,在曲线使用的时段内用给定的曲线节点进行插值。也可以给予跳线的第一个水位或时间数据加上一定的信息,当用水位推求流量时判别水位含此信息,则自动地跳向下一条曲线进行推流。

通过较多数据的对比分析,一般一元三点插值基本上能满足推流的精度要求。但在曲线曲率变化较大时,两节点的中点会出现流量不连续的现象。这是因为,中点处若用两组节点代入插值公式,计算出同水位的流量数值经常不等,因此在选取节点时应尽量避免这种现象。

采用三阶样条函数插值,也可以避免不连续现象。该法的基本概念是:在用曲线板绘制曲线时,往往只知道曲线上若干点的位置,用曲线板先连几个点,然后移动曲线板再把另外几个点连接起来,最后把这些点全部连成一条光滑曲线。施工放样时把这样的曲线称为样条曲线。受此启发,对这样的曲线进行数学模拟,得到的函数称为样条函数。

若已知某函数的若干节点及其函数值,而用样条函数作为插值函数对节点范围内所有区间进行插值,这样的样条函数称为样条插值函数。

当样条插值函数在节点上具有一阶到二阶的连续导数,而在各段内它是一个不高于三阶的多项式时,则称此函数为三阶样条函数。很显然,三阶样条函数,把一曲线的各段当作不高于三阶的多项式,而整个曲线由各段多项式"装配"而成,同时由一阶、二阶的连续导数来保证曲线接头处具有一定的光滑性,从而使整个曲线连续光滑。具体方法可参阅有关文献和书籍。

10.3.4　排队技术

数据的排队又叫数据的排序,是水文信息处理中常常碰到的问题。排序的方法很多,亦有各种不同的分类,现简要介绍几种,供应用时参考。

要在多种排序算法中,简单地判断哪一种最好,有时是困难的。因为所用排序的场合、所排数据原来的顺序、数据数目不同,排序方法的优劣标准也会不同。但评价算法好坏总应有一个大多数人能够接受的标准。对于排序,最重要的是算法执行时所需的时间,因此,排序的时间开销可以作为排序技术优劣的标志。排序的时间开销主要可以用算法执行中的比较次数和移动交换次数来衡量,因此,在介绍各种算法时尽量给出这些参数。

为了能对各种算法的速度有一粗略认识,下面给出河海大学李春尧、吴涌虎同志所做的比较实验,其数据都为随机产生。表 10 - 1 即比较实验的结果,从表 10 - 1 中可看出,随数据增多,时间的增加为非线性,各种方法排序时间开销的差别很大。因此,对于较多数据的排序或大宗数据的检索,一定要考虑用较优的算法。

下面,分别对以上几种排序方法加以简介。

表 10 - 1   各种排序方法所需时间对照

方法 \ 数据个数 所需时间	50	100	150	200	250
起泡法	1′03″	5′28″	13′10″	24′06″	36′50″
直接插入法	1′21″	2′10″	2′38″	3′07″	7′47″
折半插入法	57″	1′49″	2′45″	3′41″	6′17″
选择法	55″	3′21″	7′22″	12′53″	20′12″
希尔法	19″	52″	1′40″	2′18″	3′05″

1. 起泡法

起泡法又叫气泡上升法或浮点法,它是一种常用的简单排序方法。

设有一组待排序数 $x_1, x_2, \cdots, x_n$,起泡法排序时是先比较 x_1 与 x_2,若 $x_2 < x_1$,则交换 x_1 与 x_2,然后比较 x_2 与 x_3,若 $x_3 > x_2$,则再比较 x_3 与 x_4,直到比较到 x_{n-1} 与 x_n,经 $n-1$ 次比较和若干次交换,最大的数传到了最后的位置,这叫第一次起泡。再从头开始,比较 $n-2$ 次时,把第二大的数移到 $n-1$ 的位置,叫第二次起泡。每次减 1,重复进行直到排序结束。但是对于仅做有限次起泡后已完全排好序的数据,无需每次都做到最后,例如原数据本来就是排好的数据,仅需做 $n-1$ 次比较就达到全部排序。具体实现时,可以用一特征位 $flag$ 表示本次起泡是否出现交换,若没有交换,则说明已排序完成,故可停止处理。

很显然,起泡法的比较次数与交换次数都与原数据的顺序有关。若初始状态为逆排序时,比较次数和交换次数都达最大,比较次数为 $\frac{1}{2}n(n-1)$ 次,交换次数为 $\frac{3}{2}n(n-1)$ 次。若初始状态为顺排序时,比较次数为 $n-1$ 次,交换次数为 0,都为最小值。

2. 直接插入法

直接插入法是把一个数据在已经排好序的系列中,插入到应列的位置,下面以实例说明之。见表 10 - 2 所列。

表 10 - 2   直接插入法示例

初始系列	[8]	3	2	5	9	1	6
$I=2$	[3	8]	2	5	9	1	6
$I=3$	[2	3	8]	5	9	1	6
$I=4$	[2	3	5	8]	9	1	6
$I=5$	[2	3	5	8	9]	1	6
$I=6$	[1	2	3	5	8	9]	6
$I=7$	[1	2	3	5	6	8	9]

从 $I=2$ 开始,逐次加 1,当 $I=4$ 时,5 的位置应为第 3 个,则 5 插入到位,而后面数依次后移。当 $I=7$ 时,排序结束。

直接插入法的最小比较次数为 $n-1$ 次，最小移次次数为 $2n$ 次，最大比较次数为 $\frac{1}{2}(n-1)(n+2)$ 次，最大移动次数为 $\frac{1}{2}n^2$ 次。

3. 折半插入法

折半插入法是插入法的一种，它挑选插入位置时，不是逐一比较，而是首先与排好序的中间序号的数比较。例如，有 $a_1,a_2,\cdots,a_j$ 为已排好序的数，欲插入数为 a_{j+1}，首先求出 $i=\frac{j+1}{2}$ 序号所对应的 a_i 与 a_{j+1} 比较，看 a_{j+1} 在 a_i 之前还是 a_i 之后，然后再折半比较，直至找出 a_{j+1} 所应在的位置。插入的方法同直接插入法。

很显然，折半插入法比较是挑着比较的，对于绝大多数数据，比较次数可大大减少，因此提高了运算的速度。

对于 n 个记录，折半插入法总的比较次数大约为 $n\log_2 n$。当 n 较大时，显然比直接插入法最大比较次数少得多，但大于直接插入法的最小比较次数。

4. 选择法

选择法也是一种简单的排序方法。它的作法是先在所有记录中选出最小的数，把它与第一个记录交换，然后在其余的记录中再选出最小的数，与第二个记录交换，以此类推，直至排序完成。

选择法总比较次数为 $\frac{1}{2}n(n-1)$，其移动次数最小时为零，最多时为 $3(n-1)$。

5. 希尔排序法

希尔排序法又称缩小增量法，它是插入法的一种，是由 D. L. Shell 在 1959 年提出的。它的作法是首先算出待排数据的序号增量 d，使 x_i 与 x_{i+d} 进行比较，然后缩小增量，使 $d_j=\mathrm{INT}\left(\frac{d_{j-1}+1}{2}\right)$，直到 $d_j=1$。下面以实例说明。$d_0=8$，各趟排序过程如图 10-10 所示。

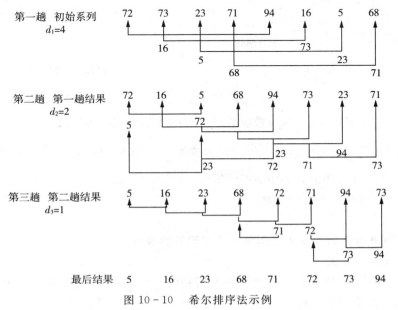

图 10-10　希尔排序法示例

希尔排序法是以不同增量进行插入排序的。本例第一趟增量为 4,第二趟增量为 2,第三趟增量为 1。为了控制一趟中的反复次数,从第二趟开始,由左向右进行比较时,若需进行交换,则交换后的数据要再向左与左边第 d 项比较,直至找到应在的位置。

由于希尔排序法不需要逐项进行比较,故使数据作跳跃式移动,因此就提高了排序的速度。

对希尔排序法算法的分析在数学上尚是一个难题。Knuth 给出希尔法平均比较次数和平均移动交换次数都为 $n^{1.3}$ 左右。

6. 快速排序法

快速排序法又称分区交换排序法,在排序的各种方法中,它也是较快的一种。它的基本思路是通过分部排序来完成整个表的排序。下面给出示例,以了解快速排序法的排序过程。

从图 10-11 中看出,在第一趟排序时,首先给出 $x_1 = 82$ 为标准,依次比较,把比 x_1 大者排在后面,把比 x_1 小者排在前面。为了节省空间,采用从两头向中间夹入的方式,最后找出 x_1 应在的位置。其前都小于 x_1,其后都大于 x_1。第二趟则以 x_1 为分界,分两部分,各部分分别重复第一趟的工作,直至全部排序完成。图 10-11 即快速排序法的排序过程。

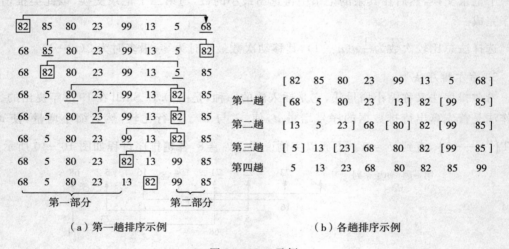

(a) 第一趟排序示例　　　　　　　　(b) 各趟排序示例

图 10-11　示例

快速排序的执行时间:当待排数据为已排好的数据时,其用时最长,第一趟为 $n-1$,第二趟为 $n-2$,总次数 $\frac{1}{2}n(n+1)$ 次。另一极端情况是,每递归调用一次,给定的记录正好为中间,从而把原数据分成两个大小相等的子文件,这时总比较次数为 $n\log_2 n$。

一般交换次数总小于比较次数。

10.3.5　逐日平均值的计算和洪水水文要素摘录的模拟

1. 时间数据的处理

在水文信息中,时间是各水文要素都要用到的信息。因此,在信息处理中,时间信息是工作量最大、花时最多的一种信息量。

我国计算机进行数据处理、水文数据库等软件中,时间数据的最基本形式为

×× ×× ××•××

　月　　日　　时　　分

此数据不同于一般数据,其最大的特点是一种非单一进制、非十进制的综合信息。但是,各种进制及月、日、时、分之间有着基本固定的内在联系。例如,各月的日数基本固定,1日为 24 h,1 h 为 60 min,在没有缺测的数据中,日数与月数是逐 1 递增的,而在后一个日数小于前一个日数时,两者间必有月分界:在每日 8 时都进行观测的情况下,在后一个时分不大于前一个时分时,其间必有日分界。因此,在时间信息的处理和时间信息的输入时,都可根据这些规律,以便减少数据加工的工作量。

在连续观测的水文信息中,时间输入往往只输入时分,此时,应进行如下处理。

(1) 时分数据进制的转换。 时分间为六十进制。 为了方便,输入时分时形式为××•××,即小数后为分,计算机一般运算时,对于高级语言习惯用十进制运算,因此首先要把六十进制的时分处理成十进制的时分。

(2) 在不缺测每日 8 时观测的顺序时间数据中,可根据 $t_{i+1} \leqslant t_i$ 的判别式来判断日分界。

(3) 根据固有的每月的天数和日、月逐 1 递增的特点,可以把每一时间数据都补成为 ×× ×× ××•×× 的形式。

(4) 时间进行运算时,必须把 ×× ×× ××•×× 形式的数据进行分解,然后变成十进制的形式方可运算。把时间数据全部变成累加形式的数据形式进行运算亦有可取之处。

有些测站,较长时间使用相同段次观测水位,为输入方便,把时间数据进行压缩。 例如输入时间为 23,2,8,14,11 520,20 808,… 其意思为从 1 月 15 日开始,观测段次为 2,8,14,20 四段制到 2 月 8 日 8 时结束压缩。相应的程序应把此恢复成每日四个观测时间,以便时间与水位个数相同。

2. 逐日平均值的计算

由前可知,逐日平均值的计算方法有面积包围法和算术平均法,两者比较,前者精度较高,为程序的方便,目前我国计算机进行数据处理全部用面积包围法。

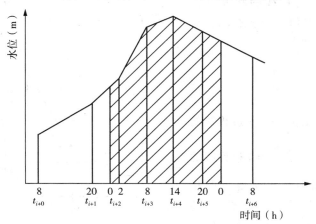

图 10 - 12　日平均计算示意图

计算日平均值至少需要水文要素值和时间两组数据。为尽量减少时间数据加工的工作量,时间数据一般只输入时、分,根据时间数据的规律,就可算出各个数据的月、日、时分来。这样处理必须应有这样的条件,即每日 8 时都要有数据,这样就可以把每日零时的水文要素值内插出来,从而用面积包围法算出日平均值。如:图 10-12 为日平均水位计算示意,图中 t_{i+1} 与 t_{i+2} 之间和 t_{i+5} 与 t_{i+6} 之间有日分界。确定了日分界,就可以内插出零时的水文数值来。其计算公式为

$$Z_0 = \frac{Z_{i+2} - Z_{i+1}}{24 + t_{i+2} - t_{i+1}}(24 - t_{i+1}) + Z_{i+1} \qquad (10-14)$$

零时水位算出后,即可用面积包围法计算出日平均水位。其计算公式为

$$\overline{Z} = \frac{F}{24} \qquad (10-15)$$

式中:F 为图中阴影的面积;$\overline{Z}$ 为日平均水位。

对于月分界,一年中由于每月的天数是基本固定的,因此可以根据每月的天数来确定月分界。只是碰到闰年时,要给予一定的信息来确定 2 月的天数。

对于缺测、河干、连底冻等情况,在程序中可作特殊处理。处理的办法是:要确定它们的开始和结束时间或持续的天数,给其对应的水位赋予某一信息量,作为这些现象的特殊标记。

3. 洪水水文要素摘录的模拟

人工对洪水水文要素摘录时,一般要求经摘录的过程线与原过程线相似,峰形相吻合,峰顶、峰谷相符,峰量基本相等。在以上条件基本满足时要尽量精简摘录点次。这些原则没有严格的数字界限,很难规定一数字指标,因此用计算机进行洪水水文要素摘录时,必须对摘录的一些原则进行概化。

分析洪水水文要素摘录的要求,可以进行这样的概化,即洪水水文要素摘录的测点,应为过程线上斜率变化较大的段次中的测点,并连续地计算各段次的斜率变化,找出这样的指标,就可以既满足过程线相似、峰形相吻合等条件,又能使摘录的测点不是太多。

当考虑到不同测点洪水水文要素摘录标准的统一,计算过程线的斜率变化时,用斜率变化的相对值。令斜率的相对变化率为 δ,其计算公式为

$$\delta = \left(\frac{\Delta x_2}{\Delta t_2} - \frac{\Delta x_1}{\Delta t_1}\right) / \frac{\Delta x_1}{\Delta t_1} \qquad (10-16)$$

式中:$\frac{\Delta x_2}{\Delta t_2}$ 为测点 i 到测点 $i+1$ 过程线的斜率;$\frac{\Delta x_1}{\Delta t_1}$ 为测点 $i-1$ 到测点 i 过程线的斜率;Δx_2,Δx_1 分别为某水文要素的相邻两测点($i-1$ 到 i 及 i 到 $i+1$ 测点)间的差值;Δt_2,Δt_1 分别为 Δx_2,Δx_1 对应的时段,如图 10-13 所示。

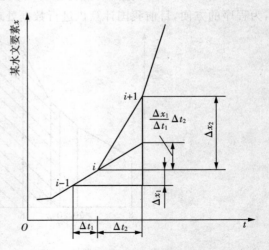

图 10-13　洪水水文要素摘录示意图

算出 $i-1 \rightarrow i+1$ 过程线斜率的相对变化,用摘录标准 δ' 与之比较。当 $|\delta| \geqslant \delta'$ 时,说明水文要素的变化已经达到了摘录标准,这时便对相应点的水文要素进行摘录,否则不予摘录。

考虑到式(10-16)中 $\dfrac{\Delta x_1}{\Delta t_1}$ 可能出现零值,为此对洪水水文要素摘录判别式进行变换。若式(10-17)成立,即

$$\left| \Delta x_2 - \frac{\Delta x_1}{\Delta t_1} \Delta t_2 \right| \geqslant \left| \frac{\Delta x_1}{\Delta x_2} \Delta t_2 \right| \delta' \qquad (10-17)$$

则对 i 点的水文要素进行摘录(图 10-13)。式(10-17)为程序中用到的洪水水文要素摘录判别式。

摘录标准 δ' 的确定,一般可以根据测点数据分析定出。长江水利委员会根据我国一些水文站的验算,选用 $\delta'=0.4$ 进行摘录,成果一般能满足要求。

由于各水文要素间的关系是非常复杂的,因此,一个测站所要摘录的几个要素,在同一时段内的斜率变化也不相同。为了使摘录的水文要素使用时配套,要求几个要素同步摘录,即同时判断,只要有一个水文要素被摘取,其他要素则同时被摘录。

由上述可见,只需用一个判别式来模拟人工对洪水水文要素的摘录。但由于我国各河流洪水特性差异甚大,而且观测段次疏密不一,有时机器摘录与人工摘录差别较大,因此,可以根据本站特点通过试算调整摘录标准或摘录判别式,或改用其他方法进行摘录的判别。

10.4　水文信息的存储和检索

水文信息服务,是水文工作的重要内容。为满足国民经济各方面的要求,我国目前每年刊布水文年鉴 74 册。这些系统的、全面的水文数据正在为我国国民经济建设及科学研究服务。水文年鉴是目前我国水文信息存储的主要形式,同时也是进行水文信息服务的主要工具。随着科学技术的发展,为进一步做好水文信息的存储与服务,目前正在进行着水文数据库的规划、研究和建设工作。

10.4.1　水文年鉴

水文年鉴是按照统一要求和规格并按流域、水系统一编排卷册,逐年刊印的基本水文资料。水文年鉴的内容有正文资料与附录资料。其正文资料的内容有:刊印说明(含各类测站一览表、资料索引及水文要素综合图表)、测站考证、水位与潮位、流量与潮流量、输沙率及泥沙颗粒级配、水温、冰凌、降水量及水面蒸发量等资料和已刊印资料的更正和补充等。

水文年鉴的用途主要是根据需要查阅年鉴中的各水文要素资料。使用时,同一年的不同水文要素可在该年一本水文年鉴中查到,而不同年份的各水文要素,则需查阅不同年份的多本年鉴才能得到。

10.4.2　水文数据库系统

早期的计算机主要应用于数值计算领域。在数值计算中,数据的类型和结构都比较简单,程序设计的重点主要放在算法的表达方面。随着计算机技术的发展,计算机在信息处理

领域得到了广泛的应用。信息处理问题的特点是数据量很大,数据类型多,结构复杂,对数据的存储、检索、分类、统计处理要求高。为满足信息处理的要求,把数据从附属于程序的做法改变为数据与程序的相互独立,对数据加以组织管理,使之能为许多不同的程序所共享,这就是数据库系统的出发点。

　　水文资料的数量是大量的且类型很多,建立水文数据库系统对水文数据进行管理非常必要。水文数据库系统的建立应有一定的条件,首先应有一定容量和一定运算速度的计算机,有容量很大的外存储器,还有一定数量和质量的从事这方面工作的科技人员。

　　目前我国正进行着水文数据库的规划、设计及部分建库工作。

　　我国水文数据库系统分核心数据库与外层数据库。其核心级存储水文年鉴的水位、流量、含沙量、降水量、蒸发量、泥沙颗粒级配、温度、潮水位、潮流量等内容。它是以水文年鉴的数据结构为基础,并参照数据库文件结构加以确定的。外层数据库为其他水文专用数据库,例如有专门为水资源开发利用的水资源数据库,为水文预报用的水文预报专用库、地下水专用库、水质专用库等。

　　我国水文数据库将分三级建立:第一级为国家水文数据库;第二级为大的流域机构、院校等重要的科研机构所建立的水文数据库;第三级为大部分省区所建立的水文数据库。

　　为使各级水文数据库的资料高度共享,避免资料存储的重复或脱节,数据录入时应按严格的录入格式进行。其提供的成果亦按一定的格式提供。水文数据库数据文件命名规划如图 10－14 所示。

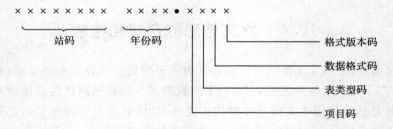

图 10－14　水文数据库文件名结构

　　数据库数据文件名由主文件和扩展名两部分组成,主文件 12 个字符,扩展名 4 个字符,主文件名与扩展名之间用小数点隔开,各种码的含义如图 10－14 所示,其中站码采用水利部统一制定的 8 位顺序数字码表示。

　　水文数据库的存储和检索都以汉字菜单作为用户界面,采用交互方式。数据库中所采用的各种符号尽量地向习惯性的符号靠拢并根据计算机设备情况调整。

　　我国水文数据库主要考虑 VAX11 系列计算机作为数据库的中心计算机的基础之上,目前已开发出的数据库语言 DATATRI EVE、RDB、ORACLE 等。

10.4.3　数据在计算机中的存储方式

　　数据是计算机化的信息。计算机通过对数据的存储、检索来达到实现水文信息存储与服务的目的。

　　计算机所处理的数据绝不是杂乱无章的堆积,而是有着内在的联系,只有分析清楚它们的内在联系,对大量的数据才能有效地进行处理。如:对一个线性表,应知道哪一个元素是表中的第一个元素;哪一个元素是表中最后一个元素;哪些元素在一个给定元素之前或之后;它的存储方式是顺序地邻接存放,还是用指针连在一起的。知道了这些就可以对此线性表中的数据进行处理。

在数据库中存储方式有以下几种:

1. 顺序存储

这种方式主要用于线性的数据结构。结点之间的关系由存储单元的邻接关系来体现。所谓结点是数据结构中的基本单位,对于线性表,表中的每一行称为一个结点。

顺序存储的特点是存储区域被结点的值稠密地填满。在一般情况下,每个结点所占的存储单元并不是一个,而且所占单元数也可以不一定相等,这时顺序存储存放时就不一定那么整齐,但仍然是一个接一个地填满整个区域。

2. 链接存储

这种方法是给结点附加上指针字段。即将结点所在的存储单元分为两部分,一部分存放结点本身的信息,称数据项;另一部分存放结点的后继续点所对应的存储单元的地址,称为指针项。指针项可以包括一个或多个指针,以指向结点的一个或多个后继,或记录其他信息。

3. 索引存储

在线性的结构里,结点可以排成一个序列:$K_1,K_2,\cdots,K_n$,每个结点 K_i 在序列里都有对应的位置数 i,这个位置数就是结点的索引。索引的存储结构就是用结点的索引号 i 来确定结点的存储地址。

4. 散列存储

这种方法的主要思想是根据结点的值来确定它的存储地址。

散列存储中,在结点 K 的字段里取一个或几个字段的值作为关键码 W_{iK},结点 K 所对应的存储地址由函数 $f(Q_{iK})$ 来确定。所以,散列法存储的关键问题是选择散列函数。

以上简单介绍的是 4 种基本存储方法,这些基本的方法还可以组合起来对数据进行存储。

10.4.4　数据的检索

所谓数据的检索就是在数据结构中查找满足某种条件的结点。如:查找某站某年某月某日的日平均流量等。

不同的存储结构,检索的方法也不相同。下面仅简单介绍线性表的检索方法。

1. 顺序检索

顺序检索是一种最简单的检索方法,检索时用待查的关键码值与线性表里各结点的关键码值逐个比较,直到找出相等的结点,则检索成功,或者找遍所有结点都不相等,则检索失败。执行顺序检索时存储方式可以是顺序的,也可以是链接的。顺序检索非常简单,检索前对结点之间并没有排序要求,因此实用中经常采用顺序检索。顺序检索的缺点是检索时间长,其检索的长度与表中结点个数 n 成正比。

2. 二分法检索

二分法检索是一种效率较高的检索方法。检索时要求结点按关键码值的大小排序,并要求线性表顺序存储。采用二分法检索,首先用检索的关键码值与中间位置结点的关键码相比较,这个中间结点把线性表分成两个子表,比较结果如果相等则检索完成,若不相等,再根据要检索的关键码比该中间结点关键码的大小确定下一步检索在哪个子表中进行,这样递归地进行下去,直到找到满足条件的结点或者确定表里没有这样的结点。

3. 分块检索

若要处理的线性表既希望较快地检索,又需要动态变化,则可以采用分块检索的方法。分块检索要求线性表分成若干块,在每一块中结点的存放是任意的,但块与块之间必须排序。假设这种排序是按关键码值递增的,也就是在第一块中任一结点的关键码都小于第二块中所有结点的关键码,第二块所有结点中的关键码都小于第三块所有结点的关键码……另外,还要建立一个索引表,把每块中最大的关键码值,按块的顺序存放在一个辅助数组中。显然这个数组也按上升次序排序。检索时,首先用要检索的关键码在索引中查找,确定如果满足条件的结点存在时它应在哪一块中,检索的方法既可以采用二分法,也可以采用顺序检索,然后再到相应的块中顺序检索,便可以得到检索的结果。

4. 散列表的检索

散列表是一种重要的存储方式,也是一种常见的检索方法,它的基本思想是以关键码的值为自变量,通过一定的函数关系(称为散列函数),计算出对应的函数值来,把这个值解释为结点存储地址,将结点存入这样得到的存储单元里去。检索时再根据要检索的关键码用同样的函数计算地址,然后到相应单元里去取要找的结点。所以又称关键码 — 地址转换法。用散列法存储的线性表叫做"散列表"。在散列表里可以对结点进行快速检索。

在散列表中的检索过程与建立散列表的过程相似,若结点关键码为 key,首先计算散列函数 $h(key)$ 的值,以该值为地址到基本区去查找。如果该地址对应的空间未被占用,则说明检索失败,否则用该结点的关键码值与要找的 key 比较,如果相等则检索成功,否则用函数 I 计算 $I[h(key)]$ 的值。如此反复到某步,或者求出的空间未被占用(检索失败),或比较相等(检索成功)。

5. 基于属性的检索

在实际应用中,常常要检索结果中某个或者若干个属性满足一定条件的结点,我们把这类检索称为基于属性的检索。如:要检索某个流域、某一年、流域面积大于 $500\ km^2$ 测站的最大流量。可以把每个站的数据作为结点,以站码作关键字进行检索。这里某年、流域面积大于 $500\ km^2$ 等都是基于属性的检索。当然前面的检索方法也可以处理这些要求,但花费太大,因为要根据前面要求顺序扫描所有结点。

为有效地处理基于属性的检索,应有特殊的存储形式相配合。用"倒排序"和"多重表"的特殊存储形式可解决基于属性的检索问题。

10.5　水文自动测报系统

10.5.1　系统的组成

水文自动测报系统属于应用遥测、通信、计算机技术,完成江河流域降水量、水位、流量、闸门开度等数据的实时采集、报送和处理的信息系统。

　　按水文自动测报系统规模和性质的不同可分为水文自动测报基本系统和水文自动测报网。水文自动测报基本系统由中心站(包括监测站)、遥测站、信道(包括中继站)组成。水文自动测报网是通过计算机的标准接口和各种信道,把若干个基本系统连接起来,组成进行数据交换的自动测报网络。

　　1. 设备组成

　　水文自动测报系统的设备主要由下列几部分组成:

　　(1)传感器。完成系统需采集的各种参数的原始测量,并将测量值变换成机械或电信号输出。

　　(2)编码。包括信源编码和信道编码。其中,信源编码的功能是在一定的保真度条件下,将测得的参数值变换成数字信号;信道编码的功能是将信源编码器输出的数字信号转换成符合一定规则的数码,以达到适合于信道传输,便于纠、检错等要求。

　　(3)解码。解码过程是编码过程的逆变换。信道解码是根据信道编码规则,将收到的信道码变换为信源码,并检查和纠正数据传输中的差错;信源解码是将信源码复原成测量的参数值。

　　(4)存储/记录。用于按时间顺序存储记录所采集的参数值。存储/记录装置可接在信源编码器的输出端口。

　　(5)键盘/显示。用于显示所采集的参数值,以及用于工作模式的设定和人工观测参数置入等。

　　(6)调制解调。调制的作用是把数字信号变成适合信道传输的已调载波信号,解调则是把接收到的已调载波信号恢复成数字信号。在使用数字信道时,应按数字信道的接口要求进行数据传输,无需进行调制解调。

　　(7)扩展通信口。作为终端和其他数字设备的接口,用于编程或数据下载、发送水情报文等。

　　(8)信道。包括传输电信号的媒质和通信设备。

　　(9)传输控制。对数据的发送和接收全过程进行时序和路径控制。

　　(10)差错控制。检查和纠正数据在传输过程中可能产生的差错。

　　(11)数据处理。包括对接收到的数据进行合理性检查、整理,并存入数据库,生成各种数据文件等。

　　(12)数据输出。数据显示、打印、报警和数据转发等。

　　水文自动测报系统的基本功能框图如图10-15所示。系统组成应由各实际系统的功能要求确定。

　　2. 站点功能

　　水文自动测报系统包含以下4类站点,各类站点有以下功能:

　　(1)遥测站。在遥测终端控制下,自动完成被测参数的采集,将取得的数据经预处理后存入存储器,并完成数据传输。遥测站的设备按照需要增加人工置数和超限主动加报等功能。

　　(2)集合转发站。在某些水文自动测报系统中,为组网需要,由集合转发站接收处理若干个遥测站的数据,再合并转发到中心站。

　　(3)中继站。用于沟通无线通信电路,以满足数据传输的要求。

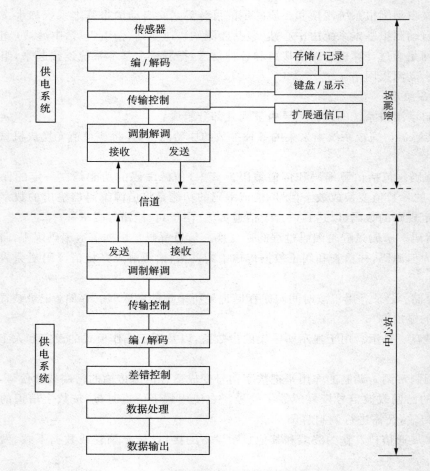

图 10-15　水文自动测报系统的基本功能框架

（4）中心站。主要完成各站遥测数据的实时采集、存储以及数据处理任务，并负责将所采集的实时数据报送给上级和有关部门。在系统规模较大时，根据需要可以设置若干分中心站。

水文自动测报系统应能通过中心站与水文信息网相连，在网络支持下，实现信息共享。

10.5.2　系统设计任务和工作内容

水文自动测报系统的设计任务应按照项目建议书或可行性研究报告的要求，选择系统工作制式和通信组网方案，分配系统各组成部分的技术指标，确定各类接口的技术标准，规定数据流程，完成数据采集、传输和处理各部分的设计，进行主要设备选型，设计软件功能，制定配套部件的研制计划，编制投资预算等。

基本系统设计的工作内容通常应包括：（1）进行现场查勘和采集数据；（2）选择系统工作体制和数据通信方式；（3）选择实现系统功能要求的技术措施；（4）进行数据通信网的设计；（5）论证和选择传输控制方式，制定数据传输规程；（6）进行数据接收、处理、检索软件的设计（如有需要还应进行预报和调度作业的软件设计）；（7）规定各组成部分间的接口标准与数据编码格式；（8）主要设备选型和制定新设备研制计划；（9）提出土建工程、供电系统的建设标准,如有必要可进行专项设计;(10)编制经费预算;(11)拟定建设进度计划与人员培训计划。

　　水文自动测报网的设计,应在联网的各基本系统设计基础上进行,主要是选择网络结构,设计数据传输网,设计与选定通信线路,规定信息流向和制定数据传输规程。还应研究利用该地区现有通信线路的可能性,比较各种通信方式(如有线、超短波、微波、短波、卫星通信等)的优缺点,选定网内每一条线路的通信方式。

10.5.3　基本系统设计

　　1. 工作体制

　　应根据功能要求和管理维护力量,电源、交通、信道质量等条件,按照经济合理、便于维护的要求,选用自报式或查询 — 应答式与混合式工作体制。这3种体制的特点有以下几种:

　　(1)自报式。在遥感站设备控制下每当(或在规定的时间间隔内)被测的水文参数发生一个规定的增减量变化时(如水位涨落 1 cm),即自动向中心站发送一次数据,中心站的数据接收设备始终处于值守状态。

　　(2)查询 — 应答式。由中心站自动定时或随时呼叫遥测站,遥测站响应中心站的查询,实时采集水文数据并发送给中心站。定时自动巡测的时间间隔,可根据数据处理和预报作业的需要,在 15 min 和 0.5 h、1 h、3 h、6 h、12 h 等档次中选择。

　　(3)混合式。由自报式和查询 — 应答式两种遥测方式的遥测站组成的系统,称为混合式系统。

　　进行系统设计,应首先根据可行性研究报告规定的遥测站网布设方案和数据流向,通过分析选择通信方式和中继站位置,拟定数据传输网的组网方案。在基本系统中,超短波通信是数据传输的主要方式,但应充分利用已有通信线路(如邮电通信网、已设报汛电台)。整个系统可以用单一通信方式组网,也可以用几种通信方式混合组网。

　　2. 系统规模和主要技术指标

　　基本系统所包含的遥测站数一般不宜超过 50 个。如系统规模过大,可增设分中心或数据采集站,进行分级管理。

　　(1)数据传输信道误码率。根据所选通信方式规定数据传输信道误码率 P_e。主要通信方式的数据传输信道误码率可按表 10 - 3 确定。所选通信方式所允许的误码率最大值不能满足设计要求时,应重选通信方式,调整组网方案。

表 10 - 3　主要通信方式的数据传输信道误码率

信　道	超短波	短波	微波、卫星	PSTN	GSM	DDN、ADSL、FR
P_e	$\leqslant 1 \times 10^{-4}$	$\leqslant 1 \times 10^{-3}$	$\leqslant 1 \times 10^{-6}$	$\leqslant 1 \times 10^{-5}$	$\leqslant 1 \times 10^{-5}$	$\leqslant 1 \times 10^{-6}$

　　注:PSTN 信道的误码率要求和数据传愉速率有关。

　　数据传输速率应依据通信方式在下列范围内选择。所选通信方式的允许最高数据传输速率不能满足系统数据传输时间要求的,应重选通信方式,调整组网方案。

　　1)超短波信道的数据传输速率可根据系统要求的响应时间在 300 bps、600 bps、1 200 bps、2 400 bps、4 800 bps、9 600 bps 等档次中选择。

　　2)短波信道的数据传输速率可在 75 bps、110 bps、300 bps、600 bps、1 200 bps、2 400 bps

等档次中选择。

3）微波信道的数据传输速率可在 1.2kbps、2.4kbps、4.8kbps、9.6kbps、32kbps、64kbps 等档次中选择。

4）采用邮电公用通信信道的数据传输速率应根据系统使用要求选定。

5）不同卫星通信终端设备的数据传输速率有较大差异，可根据使用要求进行选择。

6）采用数字移动通信信道（GSM、GPRS 等）的数据传输速率可选 9 600bps。

所采用的信道和信道带宽要满足下列要求。

1）超短波信道应优先选用国家无线电管理部门分配给水文遥测系统建设的专用频率。

2）利用公用信道或其他信道时，应根据数据传输要求和信道特点确定传输速率和所需带宽。

3）在确定使用通信方式及其所需带宽时，应尽量提高通信资源的利用率，不宜过多采取专线专用方式。

（2）系统采集参数的精度。系统采集参数的精度，取决于传感器的分辨力和测量准确度，由数据传输、处理带来的误差应不影响数据精度。

1）雨量计。应选择分辨力为 0.1 mm、0.2 mm、0.5 mm 或 1.0 mm 的雨量计。较大降雨量时的误差应用自身实测降雨量与排水量相比较的相对误差检测；较小降雨量时用绝对误差检测。不同分辨力的雨量计测量精度应符合表 10-4 的规定，并达到三级精度要求。

表 10-4　雨量传感器的允许误差　　　　　　　　　单位：mm

分辨力	自 身 排 水 量					
	≤1.0	>10	≤12.5	>12.5	≤25	>25
0.1,0.2	±0.4	±0.4%	—	—	—	—
0.5	—	—	±0.5	±0.4%	—	—
1.0	—	—	—	—	±1.0	±4%

2）水位计。应选择分辨力为 0.1 cm 或 1.0 cm 的水位计。在水位变幅不大于 10 m 的情况下：当分辨力为 0.1 cm 时，室内测试的最大允许误差应为±0.3 cm；当分辨力为 1.0 cm 时，95% 测点的允许误差不应超过±2 cm，99% 测点的允许误差不应超过±3 cm。

3）闸位计。分辨力为 1.0 cm 时，其测量准确度和分辨力与分辨力为 1.0 cm 的水位计相同。

（3）水文自动测报系统的可靠性。包含系统可靠性和设备可靠性两个指标。指标的确定应符合下列要求。

1）系统可靠性用系统在规定条件下和规定的时间内，数据采集的月平均畅通率和数据处理作业的完成率来衡量。系统数据采集的月平均畅通率应达到平均有 95% 以上的遥测站（重要控制站必须包括在内）能把数据准确送到中心站。数据处理作业的完成率 P 应大于 95%。

$$P = \frac{m}{N} \times 100\%$$

式中：N 为按照设计要求完成的数据处理作业的次数；m 为在 N 次数据处理作业中，系统能按时按要求完成的作业次数。

2）系统通过网络向上传输数据的畅通率宜达到 99％ 以上。遥测站、中继站和中心站设备的 MTBF 应不小于 6300 h。

系统的工作环境、电源、防雷接地的设计应符合下列要求。

1）系统的设备应能在下列温度和湿度条件下正常运行：中心站，温度 5℃ ～ 40℃，相对湿度小于 90％（40℃）；遥测站、中继站，温度 －10℃ ～ 45℃，相对湿度小于 95％（40℃）。

2）系统的电源设计应按下列要求进行。

① 中心站交流电源。单相 220V 或三相 380V 允许变幅为 ±10％（50±1）Hz；中心站交流电源必须采取稳压、滤波等措施，保证电源电压值符合设备要求并抑制经交流电源引入的干扰，也可以配备不间断电源等，提高供电系统的可靠性。

② 中心站、中继站、遥测站直流电源。电压的要求为 12V 或 24V，允许变幅为 －10％ ～＋20％，推荐使用 12V；电流的要求为电池提供电流的能力应根据遥测站所配设备的工作电流要求确定。对于使用收发信机的站点，发射功率大于 5W 时，电池提供瞬时电流的能力应不小于 2A，发射功率达到 25W 等级时，电池提供瞬时电流的能力应不小于 10A；容量的要求为全靠电池供电，应能保证设备连续工作 30 d，用太阳能电池浮充供电，应保证设备能长期可靠工作。

3）应保证系统可靠运行，防止从天馈线、电源线、遥测设备与传感器间的信号线引入雷电损坏设备。在系统设计中应采取下列避雷措施：安装避雷针，避雷针的接地电阻应小于 10 欧姆；天线系统应根据具体情况安装合适的避雷装置；交流电源输入端可增加浪涌吸收器、隔离变压器或其他防雷装置。对于遥测站、中继站和中心站的通信控制机，应尽可能采用太阳能电池浮充供电，避免交流电源引雷。在雷电多发地区，交流电源输入端应采用可靠的电源避雷措施；室外电缆应采取良好的防雷措施，防止信号线引雷；交流电源接地、防雷接地和设备接地应各白单独引线接入地网；应用 PSTN 信道时，必须加装电话线避雷器。

10.5.4　系统联网

水文自动测报系统联网设计应根据网络规模、信息流程、信息量、节点间信息交换的频度和节点的地理位置等要求，选择联网信道和数据传输规程，实现与水文信息网的互联。联网设计应符合下列要求。

网络结构选择。各水文自动测报系统中心站与水文信息网连接的网络通常为星形结构。联网通信设计可按以下要求进行。

（1）应优选已建的专用通信网和公用通信网等现有信道组网。新建联网信道，应在满足数据传输速率和可靠性的前提下，按所选网络结构选择通信方式，进行信道设计。

（2）联网信道应根据信息量的大小和速率要求选择带宽，并配置备用信道。

（3）联网信道的通信可以选择一种方式，也可以采用多种方式混合组网。

10.5.5　数据处理系统设计

数据处理系统应包括用来完成数据处理任务的应用软件和支持它运行的软硬件、网络环境。

水文自动测报系统的数据处理应包括以下内容：（1）对本系统遥测数据和其他水文信息

的接收；(2)对实时信息进行处理和数据入库；(3)建立相应的数据库系统,管理实时数据和支持系统运行的有关数据；(4)实时信息的转发；(5)根据系统的应用需求完成信息查询、数据的统计分析等。

数据处理系统设计,根据系统的功能要求,进行应用软件功能模块的划分,完成逻辑结构和数据流程设计；根据系统的规模选择适用的数据库管理系统并完成数据库系统的设计；根据遥测系统接收、发送数据和通信方式的要求,选择通信规程和接口标准,完成数据接收软件的设计；根据系统需要处理的信息种类,完成信息处理和入库软件的设计；根据有关标准和通信协议,完成信息交换软件的设计；完成信息查询和分析软件的设计；确定计算机系统的性能要求,拟定中心站计算机设备选型和外围设备的配置方案；系统安全设计。

数据处理系统应具有:数据接收、数据处理、信息查询、数据转发、数据管理等功能。

在数据处理系统中还可以设置下列扩展功能:(1)建立和管理历史水文数据、基本数据库等；(2)进行水文预报作业以及防洪、供水、发电等水利调度方案的计算和优选；(3)通过接入 INTERNET/INTRANET 等方式,提供信息服务。

应依据系统规模和功能要求,以安全、可靠地实现各项功能为目标配置数据处理系统的硬件和网络设备。无论系统规模大小,都应有实现遥测数据接收、处理、入库,水情信息交换,信息查询和统计计算,以及硬拷贝输出等功能要求的相应设备。仅承担数据接收和转发任务的系统中心站,可不建局域网。

计算机操作系统和应用软件开发工具的选择,应符合下列要求。

(1)服务器的操作系统应选择稳定可靠、多用户、多任务的操作系统,提高系统的可靠性和可维护性。用于开发运行信息接收、处理、转发和查询等应用软件的操作系统,应选用性能优良可靠、被广为采用的操作系统。

(2)应用软件的开发可以根据需要,选择适宜的程序开发工具,提高系统的开放性、可靠性和可维护性。

(3)计算机局域网可以采用以太网、快速以太网、高速以太网协议和 TCP/IP 协议。

思考与练习题:

10-1　水文数据自动化系统的含义是什么?

10-2　我国计算机处理中对于"定线"是如何处理的?

10-3　在曲线与数字的转换上,我国采用了哪些公式,它们各自的思路如何?

10-4　浮动多项式配方程模型的思路如何? 做法怎样? 为什么要进行所配方程的合理性检查?

10-5　对于复杂的水位流量关系,用计算机处理的途径怎样?

10-6　用程序判别日分界有什么好处? 怎样判别?

10-7　水文自动测报系统的组成如何? 数据处理的内容包括哪些?

附　表

符号名称	符　号		符号名称	符　号	
	国际	规范		国际	规范
水位	Z	G	降雨量	P	P
水头	h	h	蒸发量	E	E
总水头	H	H	高程	Z	G
面积	A	F	水深	d	h
集水面积	A	F	比降	S	I
水面宽	B	B	水力半径	R	R
部分宽	b	b	糙率	n	n
流量	Q	Q	质量	m	m
部分流量	q	q	容重		
净流量	R	Y	冰厚	d_y	h_1
冰流量	Q_y	Q_t	粒径	D	D
流速	v	v	泥沙容量	γ	ρ
沉降速度	ω	ω	历时	t	t
含沙量	C_s	ρ	闸门开启高度	e	e
输沙量	Q_s	Q_s	堰高	P	P
湿周	χ	χ	长度	L	L
容积	V	V	是境	T	T
浮标系数	k_f	k_f	距离	L	L

项　目	单　位	取用位数	示　例
水位	米(m)	记至 0.001m	187.987
高程	米(m)	记至 0.001m	7.987
基面	米(m)	记至 0.001m	0.987
流量	米³/秒(m³/s)	取三位有效数字,单小数不过三位	12 600,545,0.765,0.007
径流量	万米³,亿米³	取三位有效数字	56 400,67.9,0.876
径流深	毫米(mm)	记至 0.1m	123.9,4.8,0.009

（续表）

项　目	单　位	取用位数	示　例
径流模数	分米³（秒·公里²） （dm³/（s·km²））	取三位有效数字，单小数不过三位	50.8,0.987
断面面积	米²（m²）	取三位有效数字，单小数不过三位	234,1.23,0.987
流速	米/秒（m/s）	大于或等于1m/s，取三位有效数字； 小于1m/s，取二位有效数字，但小数不过三位	2.67 0.67,0.56
水面宽	米（m）	取三位有效数字； 小于5m，小数不过二位； 大于或等于5m，小数不过一位	1 870,674 4.17,0.36 675,5.9
闸门开启高宽度	米（m）	取三位有效数字； 小于5m，小数不过二位； 大于或等于5m，小数不过一位	1 870,674 4.17,0.36 675,5.9
起点距	米（m）	水面宽大于或等于100m，记至整数； 5m≤水面＜100m，记至0.1m； 水面宽＜5m，记至0.01m	516,124 81.2,5.3 2.33,0.65
水深	米（m）	大于等于5m，记至0.1m； 小于5m，记至0.01m	10.2,5.3 0.98
水面比降	万分率	取三位有效数字	13.5,2.34
含沙量	公斤/米³（kg/m³）	大于等于1kg/m³，取三位有效数字； 小于1kg/m³ 时，取二位有效数字，但小数不小于三位	675 0.76,0.076
输沙率	克/厘米³（g/cm³） 吨/秒（t/s） 公斤/秒（kg/s）	取三位有效数字，但小数不过一位； 取三位有效数字，但小数不过二位	176,8.9 1 230,0.87
输沙量	吨,万吨,亿吨	取三位有效数字	54 300,7.98
侵蚀模数	吨/公里²（t/km²）	取三位有效数字	879,76.9
泥沙粒径	毫米（mm）	取三位有效数字，但小数不过三位	0.655,0.078
降水量	毫米（mm）	记至0.1m	12.5,0.6
蒸发量	毫米（mm）	记至0.1m	11.2,0.4

参 考 文 献

[1] 谢悦波．水信息技术．北京：中国水利水电出版社，2009.

[2] 赵志贡，岳利军，赵彦增．水文测验学．郑州：黄河水利出版社，2005.

[3] 葛朝霞，曹丽青，何金海．气象学与气候学教程．北京：中国水利水电出版社，2009.

[4] 王振龙，高建峰．实用土壤墒情监测预报技术．北京：中国水利水电出版社，2006.

[5] 周忠远，舒大兴．水文信息采集与处理．南京：河海大学出版社，2005.

[6] 水利部长江水利委员会水文局．SL 247—1999 水文资料整编规范．北京：中国水利水电出版社，2000.

[7] 水利部水文局．ISO/TC113 水文测验国际标准译文集．北京：中国水利水电出版社，2005.

[8] 林柞顶．对我国地下水监测工作的分析．地下水，2003，25(4).

[9] 戴长雷，迟宝明．地下水监测研究进展．水土保持研究，2005，12(2).

[10] 英爱文．地下水监测与评价．水文，2006，26(3).

[11] 钱正英，张光斗．中国可持续发展水资源战略研究综合报告及各专题报告．北京：中国水利水电出版社，2002.

[12] 水利部水文司．水文测验规范．南京：河海大学出版社，1994.

[13] 任树梅，朱仲元．工程水文学．北京：中国农业大学出版社，2001.

[14] 徐怡曾．水文资料整编．北京：中国水利电力出版社，1996.

[15] 姚永熙．水文仪器与水利水文自动化．南京：河海大学出版社，2001.

[16] 水利部长江水利委员会水文局．水文资料整编规范．北京：中国水利电力出版社，2000.

[17] 李德仁．误差处理和可靠性理论．北京：测绘出版社，1988.